碳中和城市与绿色智慧建筑系列教材
教育部高等学校建筑类专业教学指导委员会规划推荐教材

丛书主编　王建国

绿色建筑性能模拟与优化设计

Green Building Performance Simulation and Optimization Design

曹世杰　主编

中国建筑工业出版社

图书在版编目（CIP）数据

绿色建筑性能模拟与优化设计 = Green Building Performance Simulation and Optimization Design / 曹世杰主编 . -- 北京：中国建筑工业出版社，2024. 12. --（碳中和城市与绿色智慧建筑系列教材 / 王建国主编）（教育部高等学校建筑类专业教学指导委员会规划推荐教材）. -- ISBN 978-7-112-30629-9

Ⅰ . TU18

中国国家版本馆 CIP 数据核字第 2024N3R876 号

为了更好地支持相应课程的教学，我们向采用本书作为教材的教师提供课件，有需要者可与出版社联系。
建工书院：https://edu.cabplink.com
邮箱：jckj@cabp.com.cn　电话：（010）58337285

策　　划：陈　桦　柏铭泽
责任编辑：柏铭泽　陈　桦　张文胜
文字编辑：赵欧凡
责任校对：芦欣甜

碳中和城市与绿色智慧建筑系列教材
教育部高等学校建筑类专业教学指导委员会规划推荐教材
丛书主编　王建国

绿色建筑性能模拟与优化设计
Green Building Performance Simulation and Optimization Design
曹世杰　主编

*

中国建筑工业出版社出版、发行（北京海淀三里河路9号）
各地新华书店、建筑书店经销
北京海视强森图文设计有限公司制版
北京中科印刷有限公司印刷

*

开本：787毫米×1092毫米　1/16　印张：$18\frac{3}{4}$　字数：354千字
2024 年 12 月第一版　　2024 年 12 月第一次印刷
定价：75.00元（赠教师课件）
ISBN 978-7-112-30629-9
　　（43829）

版权所有　翻印必究
如有内容及印装质量问题，请与本社读者服务中心联系
电话：（010）58337283　QQ：2885381756
（地址：北京海淀三里河路9号中国建筑工业出版社604室　邮政编码：100037）

《碳中和城市与绿色智慧建筑系列教材》编审委员会

编审委员会主任：王建国

编审委员会副主任：刘加平　庄惟敏

丛　书　主　编：王建国

丛　书　副　主　编：张　彤　陈　桦　鲍　莉

编审委员会委员（按姓氏拼音排序）：

曹世杰　陈　天　成玉宁　戴慎志　冯德成　葛　坚
韩冬青　韩昀松　何国青　侯士通　黄祖坚　吉万旺
李　飚　李丛笑　李德智　刘　京　罗智星　毛志兵
孙　澄　孙金桥　王　静　韦　强　吴　刚　徐小东
杨　虹　杨　柳　袁竞峰　张　宏　张林锋　赵敬源
赵　康　周志刚　庄少庞

《绿色建筑性能模拟与优化设计》编写委员会

主　编：曹世杰

编写人员（以姓氏笔画为序）：

　　　　王宇鹏　王俊淇　田　真　冯　驰

　　　　冯壮波　任　宸　冷　红　张瑞君

　　　　党　睿　曹　彬　傅诺迪　谢　辉

　　　　廖云丹

《碳中和城市与绿色智慧建筑系列教材》
总序

建筑是全球三大能源消费领域（工业、交通、建筑）之一。建筑从设计、建材、运输、建造到运维全生命周期过程中所涉及的"碳足迹"及其能源消耗是建筑领域碳排放的主要来源，也是城市和建筑碳达峰、碳中和的主要方面。城市和建筑"双碳"目标实现及相关研究由 2030 年的"碳达峰"和 2060 年的"碳中和"两个时间节点约束而成，由"绿色、节能、环保"和"低碳、近零碳、零碳"相互交织、动态耦合的多途径减碳递进与碳中和递归的建筑科学迭代进阶是当下主流的建筑类学科前沿科学研究领域。

本系列教材主要聚焦建筑类学科专业在国家"双碳"目标实施行动中的前沿科技探索、知识体系进阶和教学教案变革的重大战略需求，同时满足教育部碳中和新兴领域系列教材的规划布局和"高阶性、创新性、挑战度"的编写要求。

自第一次工业革命开始至今，人类社会正在经历一个巨量碳排放的时期，碳排放导致的全球气候变暖引发一系列自然灾害和生态失衡等环境问题。早在 20 世纪末，全球社会就意识到了碳排放引发的气候变化对人居环境所造成的巨大影响。联合国政府间气候变化专门委员会（IPCC）自 1990 年始发布五年一次的气候变化报告，相关应对气候变化的《京都议定书》(1997) 和《巴黎气候协定》(2015) 先后签订。《巴黎气候协定》希望 2100 年全球气温总的温升幅度控制在 1.5℃，极值不超过 2℃。但是，按照现在全球碳排放的情况，那 2100 年全球温升预期是 2.1~3.5℃，所以，必须减碳。

2020 年 9 月 22 日，国家主席习近平在第七十五届联合国大会向国际社会郑重承诺，中国将力争在 2030 年前达到二氧化碳排放峰值，努力争取在 2060 年前实现碳中和。自此，"双碳"目标开始成为我国生态文明建设的首要抓手。党的二十大报告中提出，"积极稳妥推进碳达峰碳中和，立足我国能源资源禀赋，坚持先立后破，有计划分步骤实施碳达峰行动，深入推进能源革命……"，传递了党中央对我国碳达峰、碳中和的最新战略部署。

国务院印发的《2030 年前碳达峰行动方案》提出，将碳达峰贯穿于经济社会发展全过程和各方面，重点实施"碳达峰十大行动"。在"双碳"目标战略时间表的控制下，建筑领域作为三大能源消费领域（工业、交通、建筑）之一，尽早实现碳中和对于"双碳"目标战略路径的整体实现具有重要意义。

为贯彻落实国家"双碳"目标任务和要求，东南大学联合中国建筑出版传媒有限公司，于 2021 年至 2022 年承担了教育部高等教育司新兴领域教材研

案 例 分 析

任正非与华为的"狼文化"

华为的"狼文化",并非强调残忍和反人性,而是狼的其他一些品质和秉性。我们可以重新审视华为"狼文化"的几个定义,了解它的真谛。

像狼一样敏锐嗅觉:"狼文化"的首要之义是敏锐的嗅觉,指的是危机感、远见与设计感。地球每天面临的来自宇宙中"流星雨"般的陨石冲击,使得地球就像一个宇宙靶场。但为什么地球还没有毁灭呢?因为大部分陨石掉到海里去了。做企业不是这样吗?哪位企业家能说自己的企业很成功,从来都是顺境大于逆境?中国企业家光鲜一面的背后,更多的是艰难和心酸。华为25年的历史,就是一个不断面对危机、解决危机的过程。如果华为领导者缺少对内外环境强烈的危机感和忧患意识,华为也许早垮掉了。

像狼一样持续进攻:华为"狼文化"的第二个定义,就是不屈不挠的进取精神、奋斗精神。

西方资本主义发展源自宗教改革,基督教解放了人性,承认人的差异化,从而开创了西方的工业资本主义时代。当年的西班牙、葡萄牙,后来的法国、英国,向全世界扩张殖民地,依靠的就是一种进取精神、清教徒主义的奋斗精神。中国改革开放30多年的快速发展,抛开其他因素,非常重要的原因在于民族的精神力量得到了一次全面释放,这种精神力量就是进取和奋斗精神。

前些年华为倡导"薇甘菊战略",中国改革开放之后,由于贸易的频繁往来,薇甘菊的种子通过货运从南美洲到了深圳,它被称作"疯狂成长的恐怖野草",可以从一个节点上,一年内延展到一千多英里,仅需要极少水分、极少营养就可以迅速地扩张。华为倡导的就是这样一种文化与市场战略。

发扬"狼狈"精神:狼狈精神是任正非关于"狼文化"的第三条定义。华为最初十年中,由于既缺资本,又缺技术,更缺人才,所以倡导一种绝地逢生的个人英雄主义。谁能让这个组织活下来,能给饥饿中的华为带来合同,谁就能够分到更多的蛋糕。我们把任正非比喻成一个海盗头子,领着一群知识型的海盗到海上去抢银子,谁抢到的最多,谁就分得最多。这个海盗头子又是战利品的分配者,在分配过程中如何把效率和公平更好地结合起来?其实很不容易。

狼也需要妥协:如果华为一味地讲奋斗、进攻、薇甘菊式地扩张,那么,在国际化、全球化过程中的任何一个阶段,都很可能会被竞争对手们联手绞杀掉。而且这种"狼文化"也会带来组织内部各种各样的问题。所以当华为全面开始国际化历程时,任正非适时提出了管理哲学的另外6个字:开放、妥协、灰度。

我始终认为,华为是中国各类所有制企业中最具开放精神的企业。此外,内究与实践项目，就"碳中和城市与绿色智慧建筑"教材建设开展了研究，初步架构了该领域的知识体系，提出了教材体系建设的全新框架和编写思路等成果。2023年3月，教育部办公厅发布《关于组织开展战略性新兴领域"十四五"高等教育教材体系建设工作的通知》(以下简称《通知》)，《通知》中明确提出，要充分发挥"新兴领域教材体系建设研究与实践"项目成果作用，以《战略性新兴领域规划教材体系建议目录》为基础，开展专业核心教材建设，并同步开展核心课程、重点实践项目、高水平教学团队建设工作。课题组与教材建设团队代表于2023年4月8日在东南大学召开系列教材的编写启动会议，系列教材主编、中国工程院院士、东南大学建筑学院教授王建国发表系列教材整体编写指导意见；中国工程院院士、西安建筑科技大学教授刘加平和中国工程院院士、清华大学教授庄惟敏分享分册编写成果。编写团队由3位院士领衔，8所高校和3家企业的80余位团队成员参与。

2023年4月，课题团队向教育部正式提交了战略性新兴领域"碳中和城市与绿色智慧建筑系列教材"建设方案，回应国家和社会发展实施碳达峰碳中和战略的重大需求。2023年11月，由东南大学王建国院士牵头的未来产业（碳中和）板块教材建设团队获批教育部战略性新兴领域"十四五"高等教育教材体系建设团队，建议建设系列教材16种，后考虑跨学科和知识体系完整性增加到20种。

本系列教材锚定国家"双碳"目标，面对建筑类学科绿色低碳知识体系更新、迭代、演进的全球趋势，立足前沿引领、知识重构、教研融合、探索开拓的编写定位和思路。教材内容包含了碳中和概念和技术、绿色城市设计、低碳建筑前策划后评估、绿色低碳建筑设计、绿色智慧建筑、国土空间生态资源规划、生态城区与绿色建筑、城镇建筑生态性能改造、城市建筑智慧运维、建筑碳排放计算、建筑性能智能化集成以及健康人居环境等多个专业方向。

教材编写主要立足于以下几点原则：一是根据教育部碳中和新兴领域系列教材的规划布局和"高阶性、创新性、挑战度"的编写要求，立足建筑类专业本科生高年级和研究生整体培养目标，在原有课程知识课堂教授和实验教学基础上，专门突出了碳中和新兴领域学科前沿最新内容；二是注意建筑类专业中"双碳"目标导向的知识体系建构、教授及其与已有建筑类相关课程内容的差异性和相关性；三是突出基本原理讲授，合理安排理论、方法、实验和案例分析的内容；四是强调理论联系实际，强调实践案例和翔实的示范作业介绍。

总体力求高瞻远瞩、科学合理、可教可学、简明实用。

本系列教材使用场景主要为高等学校建筑类专业及相关专业的碳中和新兴学科知识传授、课程建设和教研学产融合的实践教学。适用专业主要包括建筑学、城乡规划、风景园林、土木工程、建筑材料、建筑设备，以及城市管理、城市经济、城市地理等。系列教材既可以作为教学主干课使用，也可以作为上述相关专业的教学参考书。

本教材编写工作由国内一流高校和企业的院士、专家学者和教授完成，他们在相关低碳绿色研究、教学和实践方面取得的先期领先成果，是本系列教材得以顺利编写完成的重要保证。作为新兴领域教材的补缺，本系列教材很多内容属于全球和国家双碳研究和实施行动中比较前沿且正在探索的内容，尚处于知识进阶的活跃变动期。因此，系列教材的知识结构和内容安排、知识领域覆盖、全书统稿要求等虽经编写组反复讨论确定，并且在较多学术和教学研讨会上交流，吸收同行专家意见和建议，但编写组水平毕竟有限，编写时间也比较紧，不当之处甚或错误在所难免，望读者给予意见反馈并及时指正，以使本教材有机会在重印时加以纠正。

感谢所有为本系列教材前期研究、编写工作、评议工作、教案提供、课程作业作出贡献的同志以及参考文献作者，特别感谢中国建筑出版传媒有限公司的大力支持，没有大家的共同努力，本系列教材在任务重、要求高、时间紧的情况下按期完成是不可能的。

是为序。

丛书主编、东南大学建筑学院教授、中国工程院院士

前言

随着经济、社会的快速发展，城市是承载人类生命活动的重要场所，其中包含许多重要的物理环境要素（例如风、热、光、声环境）。快速城市化进程导致了复杂物理环境问题（诸如空气污染、热岛效应、光污染和噪声污染）在多尺度、高密度建筑群中逐渐显现，物理环境品质主要与城市及建筑的绿色、健康、节能、低碳发展有关。实现绿色建筑优化设计、营造健康的物理环境是城市高质量发展的基础保障，也是实现"双碳"目标的迫切需求。

建筑性能模拟在实现绿色建筑设计、改善物理环境等方面是重要的技术手段，通过仿真软件对物理环境品质、能耗、碳排放等变量因素进行模拟预测，为城市规划、建筑设计提供重要参考。性能模拟技术的快速发展也极大地助力了城市与建筑环境的可持续发展，提升了居民舒适度与健康生活水平。

本书主要对绿色低碳视角下城市与建筑物理环境的性能模拟、优化设计等内容进行介绍，便于读者更好地理解性能模拟与优化设计之间的关联性。此外，对绿色建筑性能模拟常用的计算软件、评价方法进行梳理和总结，为相关从业人员提供参考。最后结合典型实践案例，探讨"性能模拟与优化设计"在绿色建筑中的实际应用成效，以便对优化设计效果、物理环境品质、节能减碳效率进行综合分析。截至2024年底，已建成配套核心课程5节并上传至虚拟教研室，建成配套建设项目10项，教材配套课件5个，很好地完成了纸数融合的课程体系建设。

伴随着我国绿色建筑市场的发展，越来越多的建筑设计从业人员对性能模拟产生了浓厚的兴趣。但在实际应用过程中，往往缺乏相应的理论基础和分析工具。因此，有必要向设计师、工程技术人员、广大专业师生介绍绿色建筑性能模拟的相关理论、方法措施及分析软件和工具。特别需要说明的是，本书不是一本纯理论书籍，亦不是一本软件操作使用手册。我们衷心地希望，无论是设计师、技术人员、工程师，还是高校师生，本书都能给您的工作或者学习带来帮助。

在本书的撰写过程中，有幸邀请到河北工业大学孔祥飞教授担任本书的审稿人，且得到了东南大学建筑学院和可持续建成环境研究团队的大力支持，研究团队的研究生张月宁、方新星、周雪、洪思远、鲍思怡、费妹慧、陈思奇、姜岚飞、于汉辉为本书做了部分资料收集、文字编排和图表改绘的工作，在此表示衷心的感谢。同时，本书的出版也得到了国家杰出青年科学基金（52225005）、国家自然科学基金面上项目（52178069）的支持，在此一并致谢。

  由于水平有限，本书还存在许多不足之处，敬请广大读者给予批评指正并提出宝贵意见，以便在将来重印或者再版时进行更正。

本书知识图谱

目录

第 1 章
建筑设计与性能模拟 1

1.1 建筑设计 2
1.2 建筑可持续性 3
1.3 建筑可持续性实践与建筑模拟 6
1.4 本书的主要内容 9

第 2 章
建筑节能和低碳设计 11

2.1 建筑节能与低碳设计概念 12
2.2 建筑节能设计方法 16
2.3 建筑节能与低碳设计标准及案例 20

第 3 章
城市与建筑物理环境 25

3.1 城市物理环境概览 26
3.2 建筑物理环境概览 35
3.3 建筑物理环境与能耗的关系ͺͺͺͺͺͺͺͺͺͺͺͺ 44

第 4 章
建筑风环境 49

4.1 建筑风环境模拟方法ͺͺͺͺͺͺͺͺͺͺͺͺͺͺͺͺͺͺͺ 50
4.2 建筑室外风环境模拟ͺͺͺͺͺͺͺͺͺͺͺͺͺͺͺͺͺͺͺ 57
4.3 建筑室内气流组织模拟ͺͺͺͺͺͺͺͺͺͺͺͺͺͺͺͺͺ 64
4.4 建筑室内外风环境耦合模拟ͺͺͺͺͺͺͺͺͺͺͺ 73

第 5 章
建筑和城市热环境 83

5.1 建筑热环境模拟 84
5.2 城市热环境模拟 95
5.3 建筑热环境优化设计 100

第 6 章
建筑室内空气品质 108

6.1 室内空气品质原理 109
6.2 室内空气品质仿真模拟 115
6.3 室内空气品质仿真模拟案例分析 ... 119
6.4 室内空气品质与建筑设计关联 125

第 7 章
建筑光环境 128

7.1 建筑光学原理 129
7.2 建筑光环境仿真模拟 138
7.3 建筑光环境设计 140

第 8 章
建筑和城市声环境 151

8.1 建筑声环境模拟 152
8.2 城市声环境模拟 169

第 9 章
建筑设计与运维 183

9.1 建筑设计与运维简介 184
9.2 面向运维的建筑设计 187
9.3 案例与展望 202

第 10 章
绿色建筑模拟软件 208

10.1 软件基本原理 209
10.2 软件架构 218
10.3 常用软件介绍 222

第 11 章
绿色建筑评价体系 228

11.1 国际绿色建筑评价体系 229
11.2 我国绿色建筑评价体系 239
11.3 绿色建筑评价案例分析 246

第 12 章
典型案例分析 261

12.1 节能低碳案例分析 262
12.2 环境健康舒适案例分析 268
12.3 节能低碳和环境健康舒适多目标综合设计案例分析 275
12.4 历史建筑保护和改造案例分析 282

第 1 章 建筑设计与性能模拟

随着人们环境保护意识的不断提升,绿色建筑已成为实现全球可持续发展的重要手段。本章旨在解析和强调绿色建筑的内涵及其在现代建筑设计中的核心地位。从绿色建筑的基本理念出发,探讨其在满足人类居住需求的同时,如何实现与自然环境的和谐共生。本章将详细介绍绿色建筑的系统性工程特点,包括建筑本身的优化设计和性能模拟的必要环节,如物理环境模拟、能耗分析、碳排放计算等,旨在全面提升设计品质与环境可持续性。通过本章的学习,建筑设计人员将获得绿色建筑优化设计与模拟技术的初步认识,为后续章节的深入学习打下坚实的基础。

1.1 建筑设计

建筑设计是一门复杂而多层次的学科，涵盖了建筑的结构、形态、空间、材料等方面的创造性设计，既要满足人们基本的居住和工作需求，也要反映社会、经济、文化等多重因素。

建筑是空间、时间、文化、技术、艺术等多方面表达的载体，同时也连接了人与自然。随着文明的进步与社会的发展，建筑从最基本的庇护功能，发展到具备美观的外形和内部布局，再到提供舒适和愉悦的居住和工作空间，人们对于建筑的需求也越来越多样化和复杂化（图1-1）。建筑设计的主要目标是满足特定需求和传达特定信息。例如，古埃及金字塔是为了安葬法老和祭祀活动，古希腊罗马时期的神庙和剧场则是为了宗教仪式和文化表演。宫殿和城墙是皇室生活的场所和国防设施，安置了众多的政治和行政设施，反映了当时的权力和社会秩序。寺庙和祠堂主要是为了宗教活动和祭祀仪式，满足了公众的精神需求，展现了宗教信仰和哲学思想。我国的戏楼和茶馆是为了民众文化娱乐和社交，不仅推动了社会的文化发展，同时也弘扬了传统艺术。在现代社会，建筑设计的范围和要求变得更加广泛和复杂。

建筑是城市的语言。城市的发展与建筑设计的发展息息相关。城市化进程加速，城市规模不断扩大，城市发展对建筑设计提出了更高的要求。建筑需要与城市的功能和形态相协调，需要同时面对土地利用、交通、环境等方面的问题。因此，城市规划和建筑设计需要密切配合，共同构建宜居和可持续发展的城市环境。

城市化是社会经济发展的重要表现和必然结果，而其带来的诸多挑战也越来越无法回避。目前全球人口中生活在城市的人口已经多于农村，预计2050年全球有近70%的人口在城市居住。[1] 城市面积仅占地球表面的不到2%，但城市消耗的能源占世界总量的75%，并产生了50%以上的温室气体排放。[2] 而建筑是城市的主体，也是能源消耗大户，全球大城市建筑能耗平均占社会总能耗的约1/3。据相关研究表明，我国建筑能耗在社会总能耗中的比例逐年上升，目前约占总能耗的1/3。最近几年，我国处于建设鼎旺期，每年建成的房屋面积高达16亿~20亿m^2，超过所有发达国家年建成建筑面积的总和，而97%以上是高能耗建筑。城市对可持续建筑的需求更加迫切。在能源挑战下，可持续性毋庸置疑将成为未来建筑的最大趋势。

图1-1　建筑发展历程

在全球对可持续发展日益重视的背景下，未来建筑设计将继续朝着可持续性、技术化和人性化的方向发展。可持续性是未来建筑设计的重要趋势，包括节能减排、绿色建筑、生态设计等。建筑师需要利用现代技术和设计理念，打造环保、节能、低碳的建筑。随着数字化和智能化技术的广泛应用，建筑变得更加智能、高效和可控。例如，建筑的自动化控制系统可以实现智能化调节室内温度、照明、通风等功能，提高能源利用率和舒适度。从人性化角度出发，未来的建筑设计将更加关注人与环境的互动，注重创造健康、舒适和具有良好用户体验的空间。建筑师需要更加关注人们的心理、文化差异和社交需求，以创造出具有人文关怀和社会价值的建筑。

综上所述，建筑设计在过去、现在和未来都经历着不断的演变和发展。建筑在服务人们变化的需求，从简单的居住和工作需求到更加注重舒适、可持续性和人文关怀。未来建筑设计需要关注可持续发展、技术创新和人性化，塑造宜居、智能和可持续城市环境。

1.2 建筑可持续性

1.2.1 可持续性的含义

可持续发展是指在满足当前时代需求的前提下，不损害或减少满足未来时代需求能力的发展方式。这意味着要协调经济增长、社会包容和环境保护三大核心要素，以确保人类社会的发展不对自然环境造成不可逆转的损害，并且能够提供平等和可持续的生活条件，以满足当前和未来时代的需求。可持续发展追求经济繁荣、社会稳定和生态安全，并将人类全面发展置于核心地位，强调以人为本的发展，以确保人们的福祉和生活质量得到改善。这一概念强调了长期、综合的发展，以平衡不同需求和利益，实现可持续的未来。

1.2.2 可持续发展目标

联合国可持续发展目标（Sustainable Development Goals，SDGs），又称为全球可持续发展目标，旨在解决世界上面临的各种社会、经济和环境问题，以实现全球的可持续发展。可持续发展议程的核心是在2030年之前实现一系列具体的可持续发展目标，以应对贫困、不平等、气候变化等全球性挑战，同时促进人们的福祉和保护地球生态系统。

联合国可持续发展目标共有17个目标（图1-2），每个目标都包括具体的子目标和指标，这些目标旨在促进社会、经济和环境的可持续性，以确保未来时代也能享有丰富的生活和机会。这些目标中（SDGs）中与建筑相关的包括：

（1）SDG11-可持续城市与社区（可持续社区见图1-3）。其中包括三项子目标，分别为确保所有人都能够享有美观、安全、经济的住房，并改善住房条件；提高城市规划和管理的包容性；加强城市文化和自然遗产保护，提高城市的文化包容性。

（2）SDG9-工业、创新与基础设施（图1-4）。该目标中第四、五项子目标提出加强可持续基础设施的建设，促进工业化可持续建设和增加小型工业和其他企业的可持续性。

图1-2　联合国可持续发展目标[3]
（图片来源：改绘自联合国教科文组织官方网站）

图1-3　可持续社区[4]
（图片来源：BAIBARAC-DUIGNAN C, MEDESAN S. Gluing' Alternative Imaginaries of Sustainable Urban Futures: When Commoning and Design Met in the Post-socialist Neighbourhood of Manastur, Romania[J]. Futures, 2023, 153: 103233.）

图1-4　江苏省园艺博览会主展馆区[5]
（图片来源：引自中国城市建设研究院有限公司无界景观工作室-谷德设计网）

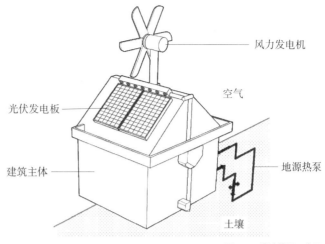

图 1-5 清洁能源示意图

（3）SDG7- 清洁能源（图 1-5）与经济增长。第二项子目标提出应提高可再生能源的份额，促进可再生能源在混合能源中的比例。而第三项子目标针对建筑交通领域提出要提高能源效率，减少能源浪费。

（4）SDG13- 气候行动。其中第二项子目标为通过提高建筑的能源效率，减少温室气体排放。

这些目标旨在推动可持续城市发展、改善住房条件、提高基础设施可持续性、推动清洁能源利用和减少气候变化对建筑和城市环境的影响。这些目标的实现有助于建设更加可持续的城市和建筑，为未来提供更好的生活质量。

1.2.3 可持续建筑

当今世界，建筑业作为一个产值巨大的行业迎来了全新的挑战——可持续性。从建筑材料生产、建筑施工、建筑竣工后的数十年使用以及最终拆除、更新、处理，整个生命周期无不需要消耗大量资源、能源，同时产生的废弃物会对环境造成污染。在全球范围内，建筑行业在 CO_2 排放总量中占比约 37%，[6] 在我国这一比例更高，占比超过了 50%。[7] 在"碳达峰、碳中和"目标下，我国建筑产业节能减排进程持续深化。建筑节能减排战略施行已由"建筑运行阶段"拓展为"建筑全生命周期"，并持续推动建筑节能、产能以及脱能情景实现，以期提前实现碳达峰，助力碳中和目标的实现。[8] 由此可见，建筑行业的可持续性逐渐得到了重视，建筑的可持续性对于环境、经济和社区的发展而言具有重要的意义。建筑行业要如何做好环保，实现可持续发展，引发了广泛的讨论和研究。

可持续建筑可以被理解为一种设计理念，它整合了环境伦理学和建筑学等多学科，以寻求在人类生活环境的建设过程中，最大限度地减轻对环境的负面影响。这种理念强调应高效、节制地使用材料、能源和空间，同时做到关注和保护生态系统整体。在这种设计哲学中，建筑不单单是物质空间的创造，更是一种与环境互动的过程，旨在实现人与自然的和谐共生。

可持续建筑的核心理念是追求降低环境负荷，与环境结合且有利于居住者健康，其目的在于减少能耗、节约用水、减少污染、保护环境、保护生态、保护健康和提高效率。这不仅需要对建筑设计、施工、运营等多个环节进行改造和调整，还需要考虑其可能对建筑全生命周期带来的影响。目前，以绿色建筑和节能建筑为代表的可持续建筑正在逐渐成为主流。被动式建筑是可持续建筑的典型代表，并得到了国家的大力重视，截至2020年3月，全国各省（区、市）已经先后发布76项被动式低能耗建筑发展方案。[9]

1.3 建筑可持续性实践与建筑模拟

1.3.1 建筑可持续性实践

在实践建筑可持续性的过程中，建筑设计行业从业者的角色不容忽视。他们不仅要创造符合人们使用需求的建筑，照顾到建筑的文化社会影响，还要积极且有意识地运用可持续理念，将环保理念融入建筑设计的各个环节，如在选材环节可以选择低碳或可再生的建筑材料，在设计环节可以遵循节能、环保的设计原则，比如合理利用自然光线和自然风，降低建筑的能耗。从更广的角度来看，建筑师和建筑设计行业还承担着教育社会大众，宣传绿色建筑、节能环保理念的责任。他们可以通过设计和实践来向社会示范、推广可持续的建筑理念和技术。

然而，建筑可持续性的实践也面临着诸多挑战。首先，与传统建筑相比，大部分绿色建筑在初期投资上需要更多成本，如节能设备和材料的价格往往较高。其次，尽管有诸多节能、环保的设计理念和技术，但是其具体实施和应用仍需要人们付出更多时间和努力。此外，建筑业的许多环节依旧存在着可持续性的瓶颈，如建筑废弃物处理问题以及施工过程中的污染问题。

对此，建筑设计行业从业者需要积极面对和解决这些问题，充分发挥他们的专业知识和技能，推动建筑业的可持续发展。在此过程中，需要利用各种工具和技术（例如建筑模拟、全生命周期分析等），对建筑的设计方案进行全面的评估和优化。

总的来说，建筑可持续性是留给建筑行业的一项重要的历史使命。建筑设计行业从业者既需要应对挑战，也需要抓住机遇，通过改变设计方法、引入新的技术和工具来共同推动建筑业的绿色化和可持续化。

1.3.2 建筑模拟

建筑可持续性的一大重点是协调不同物理环境之间的关系，并塑造尽可能兼顾局部利益的综合环境。在这个过程中，需要关注到其中的风、热、光、声环境。以热环境为例，建筑热环境设计主要涉及冬季保温和夏季隔热以及为维持室内相对舒适的热环境所需消耗的供暖和制冷能耗，因此用累年最冷月（即1月份）和最热月（即7月份）平均温度作为分区主要指标，累年日平均温度小于或等于5℃和大于或等于25℃的天数作为辅助指标，《民用建筑热工设计规范》GB 50176—2016将全国划分成5个气候区（严寒地区、寒冷地区、夏热冬冷地区、夏热冬暖地区、温和地区），[10]并提出相应的设计要求。与仅依赖我国建筑热工设计气候分区相比，使用建筑模拟进行建筑设计具有以下优势：

（1）个性化和精确的气候数据分析。建筑模拟可以使用当地气象数据，包括温度、湿度、风速和风向等，以更准确地了解具体位置的气候特征。这使得设计师能够更好地理解气候对建筑性能的影响，从而制定更精确的策略。

（2）动态性能评估。建筑模拟不仅仅考虑静态条件，还考虑了时间的变化。它可以模拟不同季节、不同时间段内的建筑性能，从而优化设计以满足各种气候条件下的需求。

（3）节能和环保。建筑模拟可以模拟各种节能措施包括材料选择、建筑外形、遮阳、通风和供暖/制冷系统等，有助于最大限度减少能源消耗和温室气体排放。

（4）室内舒适性。模拟可以考虑室内温度、湿度、光照和空气品质等因素，以确保居住者或使用者在各种条件下都能够享受到舒适的环境。

（5）风险管理和问题预测。通过模拟，可以识别建筑设计中的潜在问题，例如热点区域、不足之处等。这有助于在实际建造之前进行修复，减少后期的维护成本和风险。

（6）满足法规和认证要求。建筑模拟可以帮助建筑设计符合当地、国家或国际的法规、标准和认证要求，如绿色三星建筑认证、LEED、BREEAM等可持续建筑认证标准。

1.3.3 可持续建筑设计中的模拟方法

为了满足新时代建筑设计可持续发展需求，建筑模拟软件在可持续设计中发挥着至关重要的作用，它使设计师、工程师和建筑专业人员能够在整个设计过程中评估和优化建筑的环境性能。通过模拟软件，设计师可以找到设计中的最优解，从最理性和高效的角度完成设计。设计师可以从以下方面进行模拟优化：

能源性能分析软件可以评估建筑的能耗，预测供暖和制冷负荷，并模拟各种节能策略的有效性。它允许设计师优化建筑围护结构设计、暖通空调系统、照明系统和可再生能源集成系统，以最大限度地减少能源使用并提高建筑效率。常见的能源性能分析软件包括 EnergyPlus、DesignBuilder、IES Virtual Environment 等。

采光分析软件可以模拟建筑内的自然采光条件，分析日光可用性、照度分布和眩光潜力等因素。设计师可以通过采光分析来优化建筑方向、窗户大小和位置、遮阳设备和室内装饰，以最大限度地提高自然光穿透率，同时最大限度地减少人工照明能源消耗。常见的采光分析软件包括 DIALux、AGi32、Relux 等。

热舒适度评估软件可以评估建筑室内的热舒适度条件，考虑室内空气温度、湿度和空气流动等因素。它允许设计师评估不同的暖通空调系统配置、建筑材料和被动设计策略，以创建舒适的室内环境，最大限度地减少供暖和制冷能耗。常见的热舒适度评估软件包括：COMFEN、ENVI-met、Fluent 等。

室内空气品质评估可以模拟室内空气品质参数，例如污染物浓度、通风率和空气交换率。设计师可以通过评估通风系统、过滤系统和材料属性，保持健康的室内空气品质并最大限度地减少居住者的污染物暴露。常见的室内空气品质评估软件包括 CONTAM、IES Virtual Environment、FloVENT 等。

通过优化建筑设计和系统，可以帮助设计师最大限度地减少建筑全生命周期内的能源消耗、维护费用和运营成本，从而为建筑业主和居住者节省大量成本。模拟软件使研究人员和从业人员能够探索新技术、新材料和新设计策略，从而促进可持续建筑设计的创新和进步。通过模拟并评估建筑性能，设计师可以突破可持续性的界限，为开发更具弹性、更高效、更环保的建筑作出贡献。总体而言，模拟软件在可持续建筑设计中发挥着关键作用，它为设计师提供创建节能、环保、有利于居住者福祉的建筑所需的基本工具。

由此可见，建筑模拟是实现建筑可持续性的重要工具。但同时，建筑设计从业者也还需提升对建筑模拟以及其他相关工具和技术的使用能力，需要在技术、经济、环保间找到最佳的平衡点，推动建筑业的可持续发展。

1.4 本书的主要内容

本书介绍了如何在绿色、低碳及可持续建筑设计实践中使用模拟仿真等工具，提出建筑设计师应通过设计与模拟的高效联合来提高设计性能。在这个前提下，本书着重地帮助设计人员更好地理解绿色建筑性能模拟与优化设计之间的相关性，即解答环境、能耗及其影响因素的复杂关系。此外，结合典型实施案例，探讨性能模拟与优化设计在绿色节能建筑项目中的应用成效，以便对物理环境品质、能耗及节能情况进行分析。

本书共分为12章，第1章介绍了建筑设计与性能模拟的主要内容及其关联；第2章介绍了建筑节能和低碳设计的概念、方法、相关标准及案例；第3章讲述了建筑与城市物理环境概览（包括风环境、热环境、空气品质、光环境与声环境等）以及物理环境与能耗之间的相关性；第4章至第8章分别介绍了风环境、热环境、空气品质、光环境与声环境的模拟理论和方法，并结合实际案例分析了物理环境模拟在建筑优化设计中的使用过程及其对设计方案的指导作用；第9章讨论了建筑设计与运维的关系，并结合典型案例进行了分析；第10章详细地讲述了绿色建筑模拟软件原理、架构，并对常用软件进行了介绍；第11章介绍了国际、国内常见的绿色建筑评价体系；第12章结合典型案例对绿色建筑性能模拟与优化设计效果进行综合分析。

思考题与练习题

1. 请简述建筑设计与性能模拟的关联。
2. 请阐述可持续建筑的含义与目标。绿色建筑的可持续性体现在哪些方面？
3. 请举例说明建筑环境模拟（包括风、热、光、声环境）需要满足哪些要求？

参考文献

[1] MUKIM M, ROBERTS M. Thriving：Making Cities Green, Resilient, and Inclusive in a Changing Climate[EB]. worldbank，2023-05-18[2023-10-30].
[2] UN-HABITAT. Urban Energy[EB]. unhabitat，2023-10-30.
[3] 联合国教科文组织. 联合国教科文组织与可持续发展目标[EB]. 联合国教科文组织官方网站，2023-10-25.
[4] BAIBARAC-DUIGNAN C, MEDESAN S. Gluing' Alternative Imaginaries of Sustainable Urban Futures：When Commoning and Design Met in the Post-socialist Neighbourhood of Manastur, Romania[J]. Futures, 2023, 153：103233.
[5] 中国城市建设研究院有限公司无界景观工作室. 第十一届江苏省园艺博览会主展馆区景观设计[EB]. 谷德设计网，2023-10-29.

[6] United Nations Environment Programme. 2021 Global Status Report for Buildings and Construction: Towards a Zero-emission, Efficient and Resilient Buildings and Construction Sector[R]. Nairobi, 2021.

[7] 中国建筑能耗与碳排放研究报告（2022年）[J]. 建筑, 2023（2）: 57-69.

[8] 中国建筑节能协会能耗统计专业委员会. 中国建筑能耗研究报告（2020）[R]. 中国建筑节能协会能耗碳排放专委会微信公众号, 2020-12-31.

[9] 赫生鑫, 陈旭, 曹恒瑞, 等. 被动式低能耗建筑政策梳理及分析展望[J]. 建设科技, 2020（8）: 5.

[10] 柳孝图. 建筑物理[M]. 4版. 北京: 中国建筑工业出版社, 2024.

第 2 章 建筑节能和低碳设计

  本章主要从概念、方法和现有成效（例如标准、案例）等方面介绍建筑节能与低碳设计相关内容。随着数值模拟技术日渐成熟和相关领域产品研发速度的加快，建筑节能与低碳设计的内容也在逐步扩充。例如，建筑能耗模拟常常采用集总参数法，即将房间室内不同位置和室外不同位置处的物理环境参数（例如温湿度、风速等）视为同一值；而结合计算流体力学方法可获取并区分不同位置的空气环境参数，进而提高计算精度。随着清洁能源需求扩大和节能产品成本降低，节能技术与建筑设计相结合的案例也越来越多。在节能减碳需求日益增长的背景下，根据现有的建筑环境知识理论与数值模拟技术进行建筑节能与低碳设计已成为建筑设计过程中的重要环节。

2.1 建筑节能与低碳设计概念

2.1.1 建筑节能与低碳设计目标

提升城乡建筑宜居水平、实现建筑业"双碳"目标是新时期国家重大需求。节能降碳，要抓重点行业，建筑领域是实施节能降碳的重点领域之一。2019年我国建筑运行阶段的 CO_2 排放量约占全社会总排放量的22%。国务院印发的《2030年前碳达峰行动方案》提出，加快更新建筑节能、市政基础设施等标准，提高节能降碳要求。建筑节能对于减少碳排放的贡献突出，尤其是提出"双碳"目标之后。提升建筑能效水平，加快更新建筑节能、市政基础设施等标准，提高节能降碳要求，释放建筑领域节能降碳潜力，有助于节能及绿色发展理念在建筑全领域更有效落地。

2.1.2 建筑节能设计内容

建筑节能设计内容主要包括建筑形体节能设计、围护结构节能设计、建筑设备能效设计和建筑运行管理设计四方面。

（1）建筑形体节能设计：主要通过调整建筑体形系数实现，该系数是建筑与室外大气接触的外表面面积 F 与所包围的体积 V 的比值，通常用 S 表示。外表面面积不包括地面和不供暖楼梯间隔墙与户门的面积。在同等室外气象条件下，建筑的体形系数越大，表明单位建筑空间所分担的散热面积越大，能耗就越高。围护结构总面积与建筑面积之比影响建筑能耗，比值越大，建筑能耗越高。

（2）围护结构节能设计：建筑围护结构包括门窗、墙体、屋面和地面等建筑室内外环境分隔界面，通过提高其保温、防潮、密封等性能可减少建筑冷、热负荷，从而减少建筑设备所需的供暖与制冷能耗。

（3）建筑设备能效设计：即根据节能要求选择能效水平高的照明、空调等设备。照明设备的效率常用发光效率表示，该参数指光通量与功率的比值，表征光源转化电能的能力。建筑空调系统运行效率常以 COP 表示，其表示空调系统制冷量与耗电量的比值。

（4）建筑运行管理设计：随着国内建设进入存量时代，建筑在实际运行过程中产生的能耗和碳排放占比越来越高。在建筑运行过程中通过合理的空调温度设定、主被动供暖和制冷模式之间的切换等方式，可实现建筑节能效益最大化。

2.1.3 建筑节能与低碳设计的关联

根据《2022建筑能耗与碳排放研究报告》，2020年全国建筑全过程能耗总量为 22.7 亿 tce（标准煤当量），占全国能源消费总量比重为 45.5%。建材生产阶段能耗为 11.1 亿 tce，占全国能源消费总量的比重为 22.3%；建筑施工阶段能耗为 0.9 亿 tce，占全国能源消费总量的比重为 1.9%；建筑运行阶段能耗为 10.6 亿 tce，占全国能源消费总量的比重为 21.3%。2020 年全国建筑全过程碳排放总量为 50.8 亿 tCO_2，占全国碳排放的比重为 50.9%。建材生产阶段碳排放为 28.2 亿 tCO_2，占全国碳排放总量的比重为 28.2%；建筑施工阶段碳排放为 1.0 亿 tCO_2，占全国碳排放总量的比重为 1.0%；建筑运行阶段碳排放为 21.6 亿 tCO_2，占全国碳排放总量的比重为 21.7%（图 2-1）。[1]

通过对比发现，全国建筑全过程能耗与碳排放总量变化呈现相似趋势（图 2-2）。建筑能耗与碳排放关系密切，通过有效的节能措施可以在一定程度上缓解建筑碳排放对环境的影响。当然，建筑碳排放不完全等同于建筑能耗，以建筑运行碳排放为例，运行过程中的碳排放同时受建筑运行能耗和建筑用能结构与能源转换水平的影响，图 2-3 列举了在人均建筑当量用电和建筑当量用电碳排放强度两个因素共同作用下，149 个国家的人均碳排放。

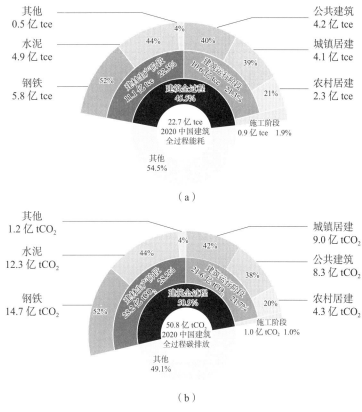

图 2-1 2020 年全国建筑全过程能耗与碳排放总量及占比情况
（a）建筑能耗；（b）建筑碳排放
（图片来源：中国建筑节能协会建筑能耗与碳排放数据专委会. 2022 中国建筑能耗与碳排放研究报告 [R]. 重庆, 2022.）

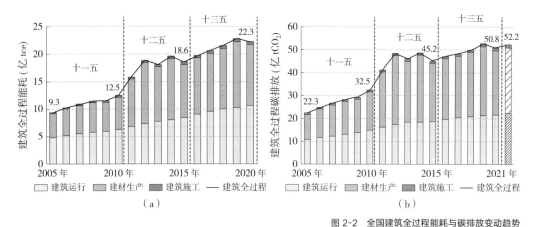

图 2-2 全国建筑全过程能耗与碳排放变动趋势
（a）建筑能耗；（b）建筑碳排放
(图片来源：中国建筑节能协会建筑能耗与碳排放数据专委会. 2022 中国建筑能耗与碳排放研究报告 [R]. 重庆，2022.)

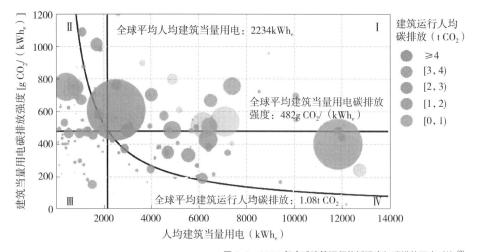

图 2-3 2020 年全球建筑运行能耗强度与碳排放强度对比[2]
注：圆圈大小表示建筑运行碳排放量。
(图片来源：杨子艺，胡姗，徐天昊，等. 面向碳中和的各国建筑运行能耗与碳排放对比研究方法及应用 [J]. 气候变化研究进展，2023，19（6）：749-760.)

图 2-3 中横坐标为人均建筑当量用电，可直接反映各国建筑用能水平，纵坐标为建筑当量用电碳排放强度，其大小主要受各国建筑用能结构、能源系统转换水平决定。圆圈面积表示建筑运行碳排放总量。图中 3 条黑线分别标注了全球平均人均建筑当量用电为 2234kWh$_e$、全球平均建筑当量用电碳排放强度为 482g CO_2/kWh$_e$ 和全球平均建筑运行人均碳排放为 1.08t CO_2。[2]

图 2-3 根据全球平均水平划分为 4 个象限，象限Ⅰ、Ⅱ、Ⅲ、Ⅳ分别代表用能水平高 - 能源结构差、用能水平低 - 能源结构差、用能水平低 - 能源结构优和用能水平高 - 能源结构优的国家。在统计的 149 个国家中，建筑运

行人均碳排放高于全球平均值的 63 个国家中有 57 个分布在第Ⅰ和第Ⅳ象限，说明建筑终端用能水平高是造成人均高碳排放的主要因素。[2]

根据上述分类，挑选典型国家进一步剖析其建筑运行人均碳排放差异的原因。如图 2-4 所示，双曲线簇表示建筑运行人均碳排放，圆心位于同一条双曲线上的国家其建筑运行人均碳排放相等，离原点越远表示人均碳排放越大。从图 2-4 中可以看到，我国人均建筑当量用电较低，是美国、加拿大的 1/5，是日、韩、法、德等国家的 1/2，但我国建筑当量用电碳排放强度较高，是英、美、德、法、日、韩等国的 1~2 倍。印度、巴西和瑞典作为建筑运行人均碳排放较低的 3 个国家，其主导原因却截然不同。瑞典的人均建筑当量用电超过 8000kWh$_e$，但由于瑞典具有极为优异的用能结构和能源转换系统，其建筑电气化率超过 60% 且发电结构中可再生电和核电占 90% 以上，故瑞典建筑当量用能碳排放强度极低，是我国的 1/8，因此综合表现为建筑人均碳排放低。同样是建筑运行人均碳排放低的印度，其主导因素是较低的人均建筑当量用电，实际上印度建筑当量用电碳排放强度很高，印度供电结构中仍有 70% 以上来自煤炭。南非的建筑运行人均当量用电低于全球水平，仅 1737kWh$_e$，但其建筑运行人均碳排放却远高于全球水平，主要原因是其供电结构中有超过 90% 的电力来自燃煤发电厂，电网度电碳排放因子高达 1.06kg CO_2/kWh。[2]

由此可见，建筑运行人均碳排放的主导因素各有不同，建筑用能水平和能源转换系统水平共同决定碳排放强度，大部分发达国家建筑运行人均碳排放远高于全球平均值的主导原因是建筑用能需求大，而能源结构差和转换效

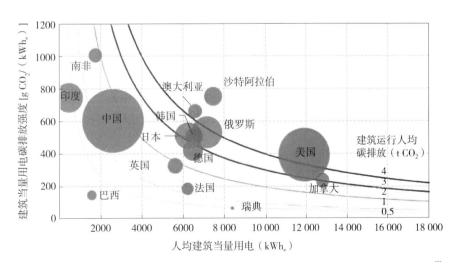

图 2-4　2020 年典型国家建筑运行能耗强度与碳排放强度对比[2]
注：圆圈大小表示建筑运行碳排放量。
（图片来源：杨子艺, 胡姗, 徐天昊, 等. 面向碳中和的各国建筑运行能耗与碳排放对比研究方法及应用 [J]. 气候变化研究进展, 2023, 19（6）: 749-760.）

率低是大部分欠发达国家建筑运行人均碳排放高的主要原因。节能是低碳的基础，我国建筑运行的人均用能强度低于发达国家，但已高于全球平均值，说明应该继续推广绿色低碳生活方式，在能耗和碳排放不出现大幅上涨的前提下实现对于美好生活的追求。我国单位能源消耗碳排放高于全球平均水平，进一步推进建筑运行碳排放降低的主要路径是促进能源转换系统的低碳转型，在提高建筑电气化率的同时配合新型电力系统，实现建筑用电的低碳目标。

2.2 建筑节能设计方法

2.2.1 建筑节能设计方法类型

1. 实验方法

实验方法广泛应用于建筑节能设计中。建筑节能设计的关键步骤之一是保证不同建筑围护结构的传热系数和热惰性指标满足节能标准中的相应要求，而不同材料的导热系数以及围护结构的传热系数即是通过热流计法和热箱法等实验方法确定的。热流计法是通过将热流计安装在被测结构的内表面，同时在结构内外表面热流计位置周边布置热电偶，最终根据热流量和表面温度差读数确定结构换热系数的方法。热箱法则通过在围护结构表面加设热箱并布置热电偶，根据加热箱所消耗的能量与建筑表面温度计算结构的传热系数。图 2-5 展示了热流计法和热箱法的实验场景。

此外，建筑节能效果取决于建筑的热工性能和环境调控设备的运行效率，在实际工程项目的验收中，建筑热工性能和设备运行效率常通过检测方法确定。根据图 2-6，红外热像仪常用于寻找房屋热桥和管线渗漏点，门窗气密性、水密性的检验结果也常通过实验方法确定。

图 2-5 热流计法和热箱法实验场景

图 2-6　建筑表面热像图（左）与门窗水密性实验现场（右）

如上文所述，目前实验法更多地用于节能设计的后评估，即节能成果验证方面。主要是考虑到实验法通常需要构建完整的实验工况和配套设备，实现成本较高，在前期设计阶段采用的并不多。但从工程科学的严谨性来说，通过实验法获得结果是验证下述理论计算方法和数值模拟方法的必要条件。

2. 理论计算方法

自 1959 年美国供暖、制冷和空调工程师协会（ASHRAE）成立以来，以 ASHRAE 手册为代表的设计指南开始广泛应用于各类工程设计。设计指南中的理论计算方法基于建筑热过程的物理模型，刻画了包括通过建筑透明围护结构的太阳辐射得热、通过建筑不透明围护结构的热传导、建筑不同内表面间的长波辐射换热、建筑壁面与空气之间的对流换热和室内热源排放等过程。我国至今在工程项目的节能审查中仍通过建筑传热系数计算公式等简明理论方法，来判断围护结构的热物性指标是否满足节能标准限制。

在早期的建筑热工设计工作中，以建筑热过程模型为基础的理论计算方法主要目标是保证室内可以达到既定的供暖或制冷目标。随着建筑节能观念的提出，以降低房间供暖和制冷负荷为目标的理论推导也逐渐增多。然而由于建筑热过程的复杂性，理论计算方法在工程实践中的效率较低。以通过不透明围护结构的热传导为例，理论求解方法包括了有限差分法、积分变换法、谐波反应法、反应系数法和 Z 传递函数法[3]等，其中涉及积分变换求逆等较复杂、难以人工实现的数学运算，仅实现该一项热过程的计算就会耗费大量人力成本。在建筑规模日渐庞大、功能日渐复杂的情况下，数值模拟方法逐渐代替了人工的理论计算方法在节能设计中的角色。然而需要明确的是，理论计算方法是所有数值模拟方法的基础。

3. 数值模拟方法

随着计算机的普及，数值模拟方法成为目前建筑节能工作采用的主流方法。建筑能耗计算领域的数值模拟程序通常可较迅速地计算中各种热过程的综合作用，进而预计房间维持良好舒适度下的供暖和制冷负荷。过去的数值模拟程序以房间或建筑单体为计算目标，而随着计算机运算能力的提高，以街区为单位的程序也开始出现。本章将介绍建筑能耗模拟工具及目前的研究和工程设计中典型的应用场景。

在运行数值模拟程序之前，考虑到计算机算力的限制，通常需要对房间、建筑或街区模型做合理的简化假设。此外，即便各类建筑能耗模拟软件的界面越来越友好，但使用人员仍需要有良好的专业素养，以正确进行模拟程序的设置和结果分析。

2.2.2　建筑节能措施模拟方法

EnergyPlus 是由美国能源部和劳伦斯伯克利国家实验室共同开发的一款建筑能耗模拟引擎，其功能强大开源免费，是国际上使用最为广泛的建筑能耗模拟软件。其不仅可以用来对建筑的供暖、制冷、照明、通风以及其他能源消耗进行全面模拟分析和经济分析，也能够用于节能评估（LEED 等），但不足之处在于入门较难。本节以 EnergyPlus 为例，[4] 说明建筑节能设计中常见的各种节能措施设置方法。通过对比不同设置下的能耗指标可评估某一技术的节能效果。

1. 建筑围护结构绝热性能设计

建筑围护结构的绝热性能是决定建筑节能表现的关键因素之一。围护结构的绝热性能通常取决于绝热层设置的形式和绝热层的厚度。以墙体为例，常见的绝热层设置形式包括外保温、内保温、自保温和夹芯保温等，除了少数球形表面，壁面的绝热性能随绝热层的厚度增大而提高。既有研究认为外墙外保温做法有利于防止冬季建筑内表面冷凝的出现，而内保温做法则对于需要快速供暖或制冷的房间有节能优势。

EnergyPlus 中可通过设定不同材料的顺序实现不同保温做法之间的对比。在材料设置中需要指定从室内到室外各层材料的厚度、密度、导热系数和比热容，以及表面材料的太阳辐射吸收率和长波辐射发射率。EnergyPlus 还提供 No mass、Air gap 等特殊材料以实现对空腔等特殊构造的建模。

2. 围护结构气密性设计

围护结构的气密性决定了室外空气的渗透量，这一部分热质传递对建筑供暖和制冷负荷的影响可达 10% 以上。我国节能标准要求建筑门窗达到《建筑外门窗气密、水密、抗风压性能检测方法》GB/T 7106—2019 中的 6 级气密性要求，然而既有研究发现现实中绝大多数建筑门窗无法满足这一要求。工程实践中的建筑气密性优化设计仍有很大的提升空间。

在 EnergyPlus 中可通过多种方式建模反映围护结构气密性对建筑能耗产生的影响。在 Ventilation 设置中可设置房间换气率，根据气密性标准的达成条件反算换气率，进而对不同气密性房间的换气率做出估计。容易理解的做法是利用 Infiltration 模块，其通过室内外空气温度差和室外风速计算通过围护结构的渗透量。

3. 遮阳系统优化设计

太阳辐射是影响建筑热过程的关键因素。良好的建筑遮阳设计应满足建筑室内夏季得热量尽可能少、冬季得热量尽可能多的要求。这需要根据建筑所在的地理区位设计合理的遮阳形式。一般而言，水平遮阳在平衡南立面冬夏两季获得的太阳辐射得热方面具有优势，垂直遮阳则在防止西晒等方面具有优势。在明确遮阳形式后，可根据计算结果进一步确定遮阳构件的尺寸。

EnergyPlus 中的辐射计算模块具有良好的精度和计算效率。在 EnergyPlus 中可构建遮阳面或遮阳体，被设为遮阳面或遮阳体的构件其表面温度假定为空气温度，这简化了建筑表面与遮阳体之间的长波辐射换热计算，但保证了必要的精度。得益于 EnergyPlus 的太阳辐射计算效率，目前的研究不仅可以通过数值模拟实验确定节能效果随遮阳尺寸改变而变化的趋势，还可以结合遗传算法等工具自动实现最优的遮阳尺寸设计。

4. 模型预测控制（Model Predictive Control，MPC）策略

如前所述，大部分房间的控制策略以满足室内人员的热舒适为目标。在美国，应通过暖通空调系统满足室内热舒适条件甚至属于法律条文。我国的热工标准也要求按照最不利工况进行设计。在这一导向下，房间在供暖季过热、制冷季过冷的现象时有发生，造成不必要的能源浪费。MPC 策略是电气化时代下提出的理念，也是目前研究的热点。其思路是通过物理模型或数学模型求解特定室外气象条件下同时满足室内热舒适和建筑能耗最低两种条件下的室内温度，继而对空调设定发出指令。因此，MPC 策略是否成功还与天气预报的准确性相关。随着数值模拟计算效率的进一步提升，MPC 策略开始应用于多房间、多系统和大空间的综合控制。

5. 自然通风优化设计

MPC 策略不仅可用来控制房间空调系统的设定温度，还可以用于预测空调系统是否需要开启。利用自然通风实现过渡季节的室内热舒适是建筑节能

的最佳选择；高层建筑普及等现象也为自然通风创造了更好的条件。一般来说，当室外风速和空气温度处在可满足人体热舒适的区间，即可认为满足采用自然通风的条件；而考虑到建筑自身的挡风和蓄热作用，风速和温度区间可能出现一定偏移。

通常情况下，EnergyPlus 同样通过固定的 Schedule 对 Heating/Cooling set point 进行设定。当自然工况下的室内空气温度低于 Heating set point 或高于 Cooling set point 时，空调系统将会开启。要考虑自然通风时段优化实现的节能效果，可先通过 Heating/Cooling set point 确定空调开启时段，而后改变 Ventilation 中的换气量设定进行估计。

6. 蓄冷/热系统设计

建筑自身的蓄热作用会调节能耗峰值出现的时间，而蓄能系统设计则人为地强化了这一调节作用。以特朗勃墙为代表的被动式蓄能设计旨在维持室内空气温度的稳定，而办公建筑中的空调主动蓄能构件则是为了利用夜间低电价时段进行制冷或制热，在日间房间使用时段再将冷量或热量释放。在数值模拟技术的加持下，建筑蓄能构件和系统的设计趋向于精细化。在 EnergyPlus 中可通过加设平板或调整地板的材料层实现改变房间蓄热特性的目的。

2.3 建筑节能与低碳设计标准及案例

2.3.1 现行建筑节能与低碳设计标准

绿色节能建筑的概念起源于二十世纪六七十年代的欧美发达国家。自二十世纪八十年代以来，随着世界范围内能源消耗、资源匮乏等问题日益加剧，绿色可持续建筑逐渐成为国际热点议题。各国在二十世纪九十年代相继开发了适应自身特点的评价标准。

1. 英国建筑研究所环境评估法（BREEAM）

BREEAM 是由英国建筑研究所研发的世界上第一个绿色建筑评价体系，评价结果分为合格、良好、优良和优秀。BREEAM 包括管理、能源、健康舒适、污染、交通、生态、材料、水资源等内容。其评估方式为：当建筑超过某一指标基准时，就获得该项分数，每项指标分值相同。BREEAM 的出现使得建筑的环境性能有了较大的提高，是全球最有影响力的绿色建筑评价体系之一。

2. 美国绿色建筑评估体系（LEED）

LEED 于 1998 年由美国绿色建筑协会发布，目前已成为全球最有影响力的绿色建筑评价体系之一。LEED 有 4 个评估等级，分别是铂金级、金级、银级和认证级。评价内容包括可持续场地、节水、能源与大气、材料与资源、室内环境品质、创新设计、使用材料以本地优先。在每个内容方面，都提出了评定目的、要求、相应的技术级策略和提交评定文档的要求。

3. 日本建筑综合环境性能评价体系（CASBEE）

CASBEE 是由日本可持续建筑学会开发的绿色建筑评价体系，是首个由亚洲国家开发的绿色建筑评价体系，是亚洲国家开发适应本国国情的绿色建筑评价体系的一个范例。其评估方式为：从建筑环境质量和性能以及建筑外部环境负荷两个角度评价建筑。当评价建筑综合环境性能时，需定义一个新的综合评价指标：建筑环境效率指标 BEE。CASBEE 追求计算结果的准确性，通过复杂的计算公式和权重系数来反映建筑真实情况。共分为 5 个等级，分别为：S、A、B+、B-、C，分别代表：特优、优、好、一般、劣。

4. 德国可持续建筑评估体系（DGNB）

DGNB 创建于 2007 年，属于第二代绿色建筑评估体系，由德国可持续建筑委员会与德国政府共同开发研制，具有国家标准性质，覆盖建筑行业整个产业链，整个体系有严格全面的评价方法和庞大数据库及计算机软件的支持。该体系强调从可持续性的三个基本维度（生态、经济和社会）出发，在强调减少对环境和资源压力的同时，发展适合用户服务导向的指标体系，使"可持续建筑标准"帮助指导更好的建筑项目规划设计，从而塑造更好的人居环境。DGNB 评估体系根据得分情况分为铂金级、金级、银级和铜级四个等级，独特之处在于它将建筑经济质量放在与环境质量同等重要的位置上进行评价。

5. 我国建筑节能标准的发展

自 1986 年第一版建筑节能设计标准发布以来，我国建筑节能经历了"三步走"，即在普通住宅供暖能耗的基础上，建筑节能比例逐渐达到 30%、50% 和 65%。30 余年时间，我国发布了居住建筑节能（五类气候区）、公共建筑节能、农村建筑节能、节能产品等标准规范，形成了比较系统的节能技术体系和标准体系。

住房和城乡建设部于 2006 年发布了首部《绿色建筑评价标准》GB/T 50378—2006，对绿色建筑有了明确定义。《绿色建筑评价标准》GB/T 50378—2014 重点关注社会公益性指标，而《绿色建筑评价标准》GB/T 50378—2019

既重视社会公益性指标，也关注"宜居性"指标：安全耐久、健康舒适、生活便利、环境宜居。建筑节能从本质上可理解为碳减排，而节地、节水、节材、减少污染物排放也可理解为碳减排，所以，《绿色建筑评价标准》GB/T 50378—2019[①] 可理解为"碳减排＋全面提升城乡环境宜居水平"。

2.3.2 国内外节能与低碳设计项目案例

我国绿色节能建筑实现跨越式增长（图2-7、图2-8）。截至2020年底，全国城镇当年新建绿色建筑占新建建筑比例达到77%，累计建成绿色建筑面积超过66亿 m^2；累计建成节能建筑面积超过238亿 m^2，节能建筑占城镇民用建筑面积比例超过63%。根据《2030年前碳达峰行动方案》，到2025年，城镇新建建筑全面执行绿色建筑标准。自2008年我国开展绿色建筑认证工作以来，获得绿色建筑评价标识的项目数量逐年增加。如今，全国新建绿色建筑面积从2012年的400万 m^2 增长到2021年的逾20亿 m^2。截至2021年，全国已有绿色建筑面积共85亿 m^2，公共建筑占比51.5%、居住建筑占比47.4%、工业建筑占比0.8%。2021年，城镇新建绿色建筑面积占比达84%，获得绿色建筑标识项目累计达2.5万个。截至2022年上半年，我国新建绿色建筑面积占新建建筑的比例已经超过90%。[5] 以下就国内外典型节能与低碳设计项目提供若干实例。

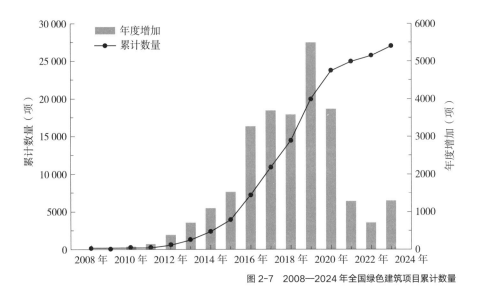

图2-7　2008—2024年全国绿色建筑项目累计数量

---

① 目前该标准已更新到2024年版。

1. 墨尔本像素大厦

像素大厦位于墨尔本市重要地段，达到105项环保要求，是澳大利亚第一个碳中性办公楼。大厦的供水、供能均可自足，它五彩斑斓的外表皮让人印象深刻，其为一个固定的遮阳百叶系统，背后是双层玻璃窗户，内部还配置了光伏板，和谐的组合在外表皮上赋予建筑活力及独特感。该大厦满足了美国LEED标准下的102个要求，是迄今为止全球LEED最高得分的建筑。

2. 美国Kendeda创新可持续设计大楼

Kendeda创新可持续设计大楼建成于2019年，位于美国亚特兰大市的佐治亚理工学院。在美国东南部如此体量的建筑中，其是首个获得生态认证的建筑，具体采用的节能技术包括：高效节能的机电设备，紧凑的建筑外形，每年可提供225%建筑所需能源的330kW光伏顶棚；光伏顶棚为建筑遮阳并收集雨水。水储存在5万加仑（约18.93万L）的水箱中，经处理后用于各种用途，包括饮用；该楼由不含"红色清单"上有害化学品的材料组成，例如双酚A、卤化阻燃剂、邻苯二甲酸盐和甲醛等，虽然这些化学品常见于大多数建筑，但它们已被证明会危害环境及人体健康；来自可持续森林的木材、回收材料及其他材料显著地减少了建筑的隐含碳排放；该项目通过消除99%的建筑垃圾，以及采用从当地回收的材料，例如用于结构平台的再生木材和厕所中的回收石板瓦等，使回收垃圾多于产出垃圾；堆肥厕所几乎消除了将饮用水用于冲马桶的情况，还使排泄物转化为肥料供外部使用。

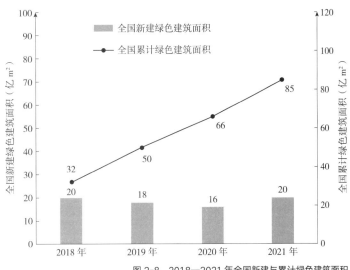

图2-8 2018—2021年全国新建与累计绿色建筑面积

3. 上海中心大厦

上海中心大厦是目前世界第三高的建筑，为中国绿色建筑三星评级和 LEED 铂金认证绿色建筑。为了建造更轻的结构，该建筑采用的不对称设计形式有 24% 的结构扭曲以最小化风荷载。该建筑还设有一个螺旋护墙，并使用风力涡轮机收集雨水用于内部空调系统。该建筑的建造使用了当地材料，包括回收材料。

4. 深圳平安金融中心

深圳平安金融中心是我国乃至东亚地区最先将 LEED 绿色建筑认证作为重要建设指标的超高层建筑之一。在设计建造之初，平安金融中心就秉持低能耗、高性能的可持续建筑理念，积极践行 LEED 五大范畴的可持续策略，在 2017 年便获得了 LEED C+S 核壳结构金级认证。其节能设计技术包括："免费制冷"系统、热回收系统、高性能立面设计、能源再生电梯等。

思考题与练习题

1. 阐述低碳建筑和节能建筑的关联与区别。
2. 举例说明建筑节能设计方法有哪些？
3. 列举建筑节能与低碳设计的相关标准。
4. 结合参与的建筑项目或案例，阐述节能/低碳设计措施的应用效果。

参考文献

[1] 中国建筑节能协会建筑能耗与碳排放数据专委会. 2022 中国建筑能耗与碳排放研究报告 [R]. 重庆，2022.
[2] 杨子艺，胡姗，徐天昊，等. 面向碳中和的各国建筑运行能耗与碳排放对比研究方法及应用 [J]. 气候变化研究进展，2023，19（6）：749-760.
[3] 彦启森，赵庆珠. 建筑热过程 [M]. 北京：中国建筑工业出版社，1986.
[4] EnergyPlus. EnergyPlus Manual (Documentation version 3.0) [M]. Berkeley：The Ernest Orlando Lawrence Berkeley National Laboratory，2008.
[5] 刘加平，王怡，王莹莹，等. 绿色建筑设计标准体系发展面临的问题与建议 [J]. 中国科学基金，2023，37（3）：360-363.

第 3 章 城市与建筑物理环境

城市是承载人类生命活动的重要场所，其中包含许多重要的生命要素。为了维持这一复杂的综合生命系统，城市需要构建满足生命活动的空间载体。在城市区域范围或建筑室内空间，由热、光、声、空气（流速、气味）等因素共同作用的与人们身心健康息息相关的环境条件即是城市建筑物理环境。常见的城市物理环境包括风环境、热环境、光环境和声环境。其中，风环境与热环境对空气品质均有显著影响。

城市物理环境变化对城市的可持续发展尤为重要。优质舒适的物理环境可以促进社会、经济与生态相互融合，保证城市均衡发展。物理环境的状态也与城市是否绿色、健康、节能和低碳发展有关。例如，城市通风不良、下垫面大量硬质化与热岛效应的出现增加了城市的不舒适性，室内的主动通风及降温设施的使用就会不断增加，从而导致建筑能耗较高，加剧全球气候变暖。反之，城市通风顺畅、绿地水景分散布局、利用建筑技术提升建筑的室内舒适度等则能够使得城市与室内外环境都处于较为舒适的状态，从而有效降低城市能耗和外来资源的供应量。因此，熟练掌握建筑与城市物理环境相关概念是设计绿色低能耗建筑、实现城市可持续发展的关键。

3.1 城市物理环境概览

3.1.1 城市风环境

风环境是近年来提出的环境科学术语。风不仅对整个城市环境有巨大影响，而且对室内环境和室内微气候有重大影响。城市风环境与大气系统的风场分布密切相关，其关联性主要表现在空气污染、自然通风、对流热交换、风荷载及城市风害等方面。城市风场分布是复杂的。由于城市下垫面特殊（具有较高的粗糙度），热力紊流和机械紊流都比较强，再加上城市区域的热岛环流，因而不论在城市边界层或城市覆盖层，对盛行风向和风速都有一定影响，使得城市和郊区风场分布差异很大，最终影响城市规划等。[1]

1. 大气边界层沿纵向风速分布

从地球表面到500~1000m高的这一层空气一般叫作大气边界层。大气边界层内空气的流动称为风。描述风有风向、风速两个基本物理量。从城市环境的角度，人们最关心的是在边界层内沿纵向的风速分布情况和水平面风向分布情况。

边界层内风速沿纵向（垂直方向）发生变化的原因是下垫面对气流有摩擦作用和空气层结构的不稳定，其中下垫面的粗糙程度是主要的影响因素。在摩擦力的作用下，紧贴地面处的风速为零，沿垂直向上，越往高处地面摩擦力影响越小，风速逐渐加大。当到达一定的高度时，往上其风速不再增大，把这个高度叫摩擦厚度或摩擦高度，还有人将其干脆称为边界层高度。将该高度处的风速称为地转风风速。

2. 风向分布与规划设计

以我国为例，我国气象工作者的研究指出我国城市规划设计时应考虑不同地区的风向特点，并提出我国的风向应分为下面几个区：

（1）季风区。季风区的风向比较稳定，冬偏北，夏偏南，冬、夏季盛行风向的频率一般都在20%~40%，冬季盛行风向的频率稍大于夏季。

（2）主导风向区（盛行风向区）。主导风向区一年中基本上是吹一个方向的风，其风向频率一般都在50%以上。我国主导风向区大致分为3个地区：常年风向偏西地区，常年吹西南风地区，介于主导风向与季风两区之间地区（冬季偏西风频率约为50%，夏季偏东风频率约为15%）。

（3）无主导风向区（无盛行风向区）。这个区的特点是全年风向多变，各项频率相差不大且都较小，一般在10%以下。我国的陕西北部，宁夏等地在这个区内。

（4）准静风区。简称静风区，是指该区域的静风（风速小于1.5m/s）频率大于50%。我国的四川盆地等属于这个区。

3. 局地环流与规划设计

除了前述属于大气系统决定的风向类型外，各风向分区内还会由于各地点所处地理环境不同而产生局部地区性环流，例如山谷风、海陆风、过山风等。

（1）山谷风的形成多发生于较大的山谷地区或平原相连地带，其风向具有明显的日变性。在山区，白天地面风通常从谷地吹向山坡，而夜间地面风常从山坡吹向谷地。白天山坡受到的太阳辐射比谷地强，山坡上的空气增温大，而山谷上空同高度的空气因离地面较远增温较小，于是山坡上暖空气不断上升，并从山坡上空流向谷地上空，谷底的空气则沿山坡向山顶补充，这样便在山坡与山谷之间形成一个热力环流。下层风从谷底吹向山坡，称为谷风；上层风从山坡吹向谷底，称为山风。夜间形成与白天相反的热力循环（图3-1）。

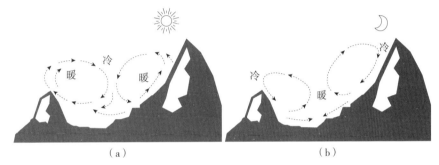

图3-1 谷风和山风的形成过程
（a）谷风；（b）山风

（2）海陆风是受热力因素作用而形成的（图3-2）。地面与海面受太阳辐射增温程度不同，陆地增温强烈，陆地上空暖空气流向海洋上空，而海面上冷空气流向陆地近地面，于是形成海风。夜间地面向大气进行热辐射其冷却程度比海面强烈，于是海洋上空暖空气流向陆地上空，而陆地近地面冷空气流向海面，于是又形成陆风。如果沿海内陆大范围的盛行风和海风方向相反，因海风温度低，所以它在下层，从陆地吹向海面的盛行风的温度高，故暖气流在上层，冷暖空气相遇的交界面上，形成一层倾斜的逆温顶盖。

图3-2 海陆风的形成过程

（3）过山风（图3-3）和下坡风。在山脉的背风坡，由于山脉的屏障作用，通常风速较小，但在某些情况下，气流越过山后，在山的背风面一侧会出现局地较强的风，这种自山上吹下来的局地强风，称下坡风。气流在山的迎风面，因受山脉阻挡，使空气在此堆积并沿着迎风坡上升，这时流线密集，形成正压区，气流过了山顶之后则流线稀疏，形成负压涡流区，气流沿山坡下滑，其下滑速度往往较大。

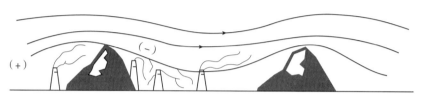

图3-3 过山风示意图

3.1.2 城市热环境

城市热环境是指城市区域（覆盖层或边界层内）空气的温度分布和湿度分布。随着城市化的高速发展，城市区域的温湿度分布表现出与郊区、农村的差异，即出现所谓的城市热污染，直接影响城市区域建筑的室内热环境。

1. 城市热平衡

城市（或城镇、工业小区）是具有特殊性质的立体化下垫面层，局部大气成分发生变化，其热量收支平衡关系与郊区农村显著不同。在市区这个立体化下垫面层中，详细分析计算是相当复杂的。为简单起见，将城市划分为城市边界层和覆盖层两部分。城市覆盖层可看作城市"建筑—空气系统"，其热量平衡方程如下：[1]

$$Q_s = Q_n + Q_F + Q_H + Q_E \qquad (3-1)$$

式中　Q_s——下垫面层储热量；

Q_n——城市覆盖层内净辐射得热量；

Q_F——城市覆盖层内人为热释放量；

Q_H——城市覆盖层大气显热交换量；

Q_E——城市覆盖层内的潜热交换量（得热为正，失热为负）。

（1）城市覆盖层内净辐射得热量

对比城市和郊区，主要有三个方面的差异：

第一个方面是城市覆盖层太阳直接辐射量减小，散射辐射量增加，总辐射量减小。城市大气中由于污染物浓度比郊区大，大气透明度远比郊区小（郊区大气透明系数接近1），使得城市中的太阳直接辐射量减小。而太阳散射辐射量的大小与大气中的气溶胶、烟尘等粒子的浓度大小成正比关系，故城市中的太阳散射辐射强度比郊区强。城市中太阳直接辐射量减小程度较大，太阳散射辐射量却比郊区大，但它增加的量尚不能补偿太阳直接辐射量的损失，所以城市中太阳总辐射量比郊区小。

第二个方面是城市覆盖层表面对太阳辐射的反射系数小于郊区。到达城市下垫面层表面的太阳总辐射不能全部被反射，其中一部分被吸收。

第三个方面是城市覆盖层长波辐射热量交换损失小于郊区。下垫面层的长波辐射热量交换指两个方面：一是下垫面层上表面向天空以长波形式辐射散热；二是指大气以长波形式向下垫面层的逆辐射二者的差值即为下垫面长波辐射热损失，城市区域与郊区自然特性的最大区别在于城市区域的下垫面层是立体化的、城市边界层覆盖层内的大气是受污染的。因此，城市区域的净辐射得热量要大于郊区。

（2）城市覆盖层内人为热释放量

人为热释放量包括由人类社会生产活动和生活，以及生物新陈代谢所产生的热量。在城市中由于人口密度大，工业生产、家庭炉灶、空调及机动车等排放的热量远比郊区大。人为热源分为固定源，移动源，人、畜新陈代谢三类。人为热以固定源为主，其次为各类移动源（机动车等）。人、畜新陈代谢所释放的热量是微不足道的，在计算城市热量收支时，这项热量可以忽略不计。人为热释放量在城市热平衡中的占比主要依据城市维度、城市规模、人口密度、每个人所消耗能量的水平、城市性质以及区域气候条件等而定，并且具有明显的季节性变化和日变化，甚至还会存在周变化，必须就具体城市进行分析，不能一概而论。

（3）城市覆盖层内潜热交换

城市"建筑—空气系统"除了得到太阳净辐射热量和人为热释放量外，其内部还有内热源（或热汇）——潜热交换量。影响城市热环境的潜热交换量主要包括两个物理过程：一是水分的蒸发（或凝结）；二是冰面的升华（或凝华）。当水分蒸发时，由于具有较大动能的水分子流失，使蒸发面温度降低，如果保持温度不变，就必须由外界供给热量，这部分热量等于蒸发潜热。在一定温度下，冰面也对应一定的饱和水蒸气分压力，当实际水蒸气分压力小于饱和值时，有从冰变为水蒸气的现象，这种现象被称为"升华"。在升华过程中也要消耗热量，这部分热量除了包含由水变为水蒸气所消耗的蒸发潜热外，还包含由冰融化为水时所消耗的潜热。与升华过程相反，水蒸气直接转变为冰的过程称为"凝华"。

（4）城市覆盖层与外部大气显热交换

显热交换方式有三种，与地面热传导交换量在城市与郊区基本相同。辐射热交换量已在净辐射得热量中考虑过，因此此处仅考虑对流换热量，这也是影响城市热环境的主要换热方式。城市覆盖层与外界大气对流热交换从机理上可分为两类：一是热力紊流引起向边界层的热空气扩散、城市四周冷空气来补充所产生的热量传递；传热量的大小与气温垂直梯度、城市下垫面的粗糙度等多项因素有关。在无风或小风速条件下，对于较大城市而言，热力紊流是城市热损失的主要方式。与郊区相比，城市下垫面的粗糙度更大，其热力紊流散热量亦大于郊区。二是由于大气系统风力引起机械紊流而产生的由城市向郊区的热量传递。形成机械紊流热量传递的基本条件是：大气系统的风速足够大且市区与郊区空气温差大于 0℃。

2. 城市热岛效应

城市热岛（Urban Heat Island，UHI）是随着城市化而同时出现的一种特殊的局部气温分布现象。当前气候变化是全球共同面临的威胁，高温热浪和城市热岛效应共同引发了城市高温问题，对人居环境、能源消耗、国民健康等造成了严重的影响。城市热岛效应通常表现为城市内部气温远高于郊区与周围乡村，且越接近市中心气温越高。

全球范围的城镇化导致城市下垫面与城市格局变化，从而诱发城市热岛效应。城市热岛效应对居民生活、舒适度、工作效率以及身心健康等诸多方面造成影响。研究表明，我国城市热岛问题十分严峻，我国 90% 以上的省会城市正在面临热岛效应的影响，年平均昼间城市热岛效应强度达到 1.78℃ ± 0.08℃；夏季城市热岛效应平均达到 2.0~3.0℃。城市热岛效应通常在夏季尤为显著，但在冬季也可能存在。

3. 城市热环境的影响因素

（1）城市气候变化因素

城市气候是在不同区域气候的条件下，在人类活动特别是城市化的影响下形成的一种特殊气候。其成因主要有两个方面：首先，城市街道纵横，建筑高低错落，形成较为特殊的立体化下垫面，其对于城市热量的贮存与散发造成一定程度的影响。其次，城市高密度集聚人口导致大量居民生活与生产活动，消耗大量能源的同时产生大量"人为热"和污染物。这些因素引发气候变化的同时，还会影响热平衡，从而导致城市市区气温上升。

（2）城市土地使用因素

随着城镇化快速推进，城市密度逐步增大，城市下垫层愈发复杂，出现许多建筑围合而成的封闭空间。这会降低热量和污染物扩散速度，从而形成高温区。随着城市不断扩张，道路、铺装等面积的增加，其采用的混凝土、沥青等材料在白天大量吸收和积蓄太阳辐射的能量，不断增加城市的得热量；建筑的屋顶也大多采用混凝土屋面板、水泥瓦、大型波纹水泥瓦等，且墙体饰面多呈白色、灰色或淡黄色，不断反射热量到空气中，致使上空增温，对城市热环境都有很大的影响。此外，城市中的水体、森林、绿地等有利于降低环境温度。但如果在城市建设中城市绿地与水体比例降低，就会导致它们改善城市热环境的作用减弱。

（3）微气候因素

微气候指更小范围的气候变化，如某个居住区、街区，甚至一个建筑组团等，由于建筑形态、布局、形式等不同导致相同城市气候条件下微环境的差异，其主要表现在日照状况、气温、湿度以及气流分布等方面。地段下垫面层、建筑群布局、建筑材料等都是影响区域微气候的主要因素，其中，区域下垫面和建筑的影响最大。

在城市住宅用地中，人工构筑的下垫面多为硬性下垫面，其接收到的太阳辐射除部分被反射外，大部分必然用于加热下垫面，进而加热表面附近的空气。被反射的太阳辐射又会被其他建筑或构筑物所吸收，使这些物体表面温度升高并加热周围空气。不同的下垫面对附近空气温度状况会有不同的影响。并且，由于材料的蒸发率不同，下垫面也会对空气的湿度有一定的影响。

建筑的表面也可以被称为"立体下垫面"。这些立体下垫面的存在，也会使进入该区域的太阳辐射对该区域的空气升温作用更加明显。首先，较高的建筑表面遮挡了大量原本应照射到地面上的太阳辐射，这些太阳辐射被建筑表面吸收而使表面温度升高；其次，被地面反射的太阳辐射也被建筑表面吸收或再反射到地面，增加了居住区内的热量积累；另外，原本地面与天空之间的热量交换过程也被建筑遮挡，使这部分能量无法快速发散出去，而被持续保留在居住区内。这些能量最终也会加热居住区内部及周围的空气，导致环境温度进一步上升。综上所述，建筑对居住区内微气候的影响取决于多方面的因素，建筑外表面颜色、绿化、建筑密度、建筑朝向、建筑布局方式等均会影响到居住区内的温度、湿度以及气流。

3.1.3　城市光环境

研究较为广泛的光，是能够引起人视觉感觉的那一部分电磁辐射，其波长范围为380~780nm。波长大于780nm的红外线、无线电波等，以及小于380nm的紫外线、X射线等，人眼都感觉不到。城市照明建设是城市基础设施建设的重要组成部分。从城市照明规划的角度，城市照明含功能照明和景观照明两大部分。

1. 城市景观照明

景观照明是对客观的景用光进行主观的艺术创作，也就是说景观经过照明构成夜景，夜景已包含了光的元素，故称为景观照明。而夜景照明是多年的习惯称谓，《城市夜景照明设计规范》JGJ/T 163—2008 将夜景照明定义为：泛指除体育场场地、建筑工地、道路照明等功能性照明外，所有室外公共活动空间或景物的照明（简称夜景照明）。

城市的结构和细节一般在白天才能够完美地展现，到了夜间，人们只有通过灯光照明来实现其可视性。白天，城市景观的主要光源是自然光。自然光在一天中相对长的一段时间内保持着稳定的暖白色，昼间光线具有较强的单一性。而在夜间人们通过人工光源对城市景观进行照明。由于可以自由地选择人工光源的类型、颜色、投光方式及安装位置，所以夜间光线表现得较为灵活和多样。

通过人工照明的作用，能够在夜景中实现城市景观"图"与"底"转换。并且，白天由于阳光和大气、云层的关系，城市色彩以光影效果为主，对比度较弱。而夜间通过具有较强视觉冲击力、饱和度较高的人工光为城市提供照明，使城市色彩感更加强烈。此外，在城市夜间景观设计中考虑光源的照度、色彩、布局以及投光灯具的高度和角度，可以突出城市中的景观节点与景观系统的连贯性，并增强城市轴线的表现性。

2. 城市功能照明

城市照明的产生是由于人类对照明的客观需要，因此必须把实用性放在第一位。城市照明的首要任务是完善城市功能照明。除了工地、机场等特殊区域外，城市功能照明最主要、最基本的组成部分就是城市道路照明。

（1）城市道路照明的作用

道路是人流和各种车辆的载体，各种交通行为都依赖于对绝对环境的正确认知。当环境亮度过低时，各种交通问题就接踵而来，首要的就是交通安全问题。同时，良好的道路照明还可以提高道路通行能力和道路的引导性，从而提高道路利用效率。并且，良好的道路照明可以消除黑暗，提高视觉距离，阻止犯罪意图，在夜晚保证行人的人身和财产安全。道路和公共空间的照明还对美化城市形象、提升城市品质有重要的作用。不仅能给居民安全自豪感，也能吸引游客。相反，经过没有公共照明的城镇会给人孤独感与恐惧感，难以产生让人停留的吸引力。

（2）城市道路照明的分类

基于道路的所在区域和使用者的不同，城市道路照明有不同的等级标准。国际照明委员会将道路分为4类：双向车行道之间有中间分车带分隔、无平面交叉、出入口完全控制、车辆高速行驶的高速路；快速路、高速行驶道路、双向行驶道路；主要的城市交通干线辐射道路、地区配置道路；连接不太重要的道路、区域配置道路、居住区主要道路；私有道路和通向连接道路（次干道）的道路。

国际照明委员会分级的优点在于依据道路功能、交通复杂性、交通分流情况及交通控制设施的质量好坏来划定道路所需照明的水平，即通过客观的硬指标（道路的实际情况和交通特点）来科学限定照明水平，并不是简单依据道路的宽度，车道的数目和笼统的等级划分来界定。但正如国际照明委员会所解释：道路的描述范围很宽泛，以便它们能适用于不同国家的需求。《城市道路照明设计标准》CJJ 45—2015将城市道路分为快速路、主干路、次干路、支路、居住区道路，具体来说可依城市道路的不同功能特点和不同照明需求划分为不同类型，以国家道路照明标准的各项照明参数为参考基础，包括平均亮度（或照度）、亮度（或照度）均匀度、眩光限制和诱导性等，结合各类型道路的特点，进行二元化的规划设计。

3.1.4　城市声环境

随着工业化快速发展，城市中产生了越来越多的噪声干扰。交通运输、工业生产、建筑建造、居民生活等，无一不产生大量的噪声。

任何一个噪声污染事件都是由3个要素构成的，即噪声源、传声途径和接收者。接收者是指在某种生活和工作活动状态下的人和场所。为有效控制噪声问题，首先要考虑接收者的情况，根据功能需求，确定噪声允许水平；然后调查了解可能产生干扰的噪声源的空间与时间分布和噪声特性；进而分析噪声通过什么传声途径传到接收者处，在接收者处造成多大的影响。如果在接收者处产生了噪声干扰，则考虑采取管理上的和技术上的噪声控制措施来降低接收点处的噪声，以满足要求。

人们生活中存在各种各样的声音，从生理学的观点讲，凡是使人烦恼不安，为人们所不需要的声音都属于噪声。判断一个声音是否属于噪声，主观上的因素往往起着决定性的作用。例如，收音机里播放出的音乐，理应属于乐声，但对刚下班正在酣睡的邻居，就变成了讨厌的噪声。即使是同一个人对同一种声音，在不同的时间、地点等条件下，也会产生不同的主观判断。例如，在心情舒畅或休息时，人们喜欢打开收音机听听音乐；而当心绪烦躁或集中思考问题时，往往会主动关闭各种音响设备。因此，对于一种声音，判断其是否属于噪声，在很大程度上取决人耳对声音的选择以及对声音的主观判断。从物理学的观点讲，和谐的声音叫作乐声，不和谐的声音就叫作噪声。噪声就是各种不同频率和强度的声音无规律的杂乱组合。综合主观和客观两方面的叙述，概括起来讲，凡是对人体有害的和人们不需要的声音统称为噪声。

城市中的噪声主要包括交通噪声、工厂噪声、施工噪声等。其中，交通噪声的影响最大，范围最广。

（1）交通噪声主要包括机动车辆、飞机、火车和船舶的噪声。这些噪声源是流动的且影响面很广。在城市区域内的交通干道上的机动车辆噪声是城市的主要噪声。城市交通干道两侧噪声可达65~75dB（A），汽车鸣笛较多的地方噪声可超过80dB（A）。当航线不穿越市区上空时，飞机噪声主要指飞机在机场起飞和降落时产生的噪声，它和飞机种类、起降状态、起降架次、气象条件等因素有关。火车噪声主要由信号噪声、机车噪声、轮轨噪声组成，其中信号噪声随汽笛所用压缩空气压力的不同有很大差别。船舶噪声在港口城市和内河航运城市也是城市噪声之一。

（2）工厂噪声。城市中的工厂噪声直接给生产工人带来危害，同时也给附近的居民带来很大的干扰，工厂噪声调查结果表明，目前我国工厂车间噪声多数在75~105dB（A）范围内，也有一部分在75dB（A）以下，还有少量车间或机器噪声高达110~120dB（A），甚至超过120dB（A）。工厂噪声，特别是地处居民区没有声学防护设施或防护设施不好的工厂发出的噪声，对居民的干扰十分严重。如机械工厂的鼓风机、空气锤、风机，发电厂的燃气轮机，纺织厂的织布机，空调风机等，这些噪声源往往在居民区产生60~80dB（A）甚至到90dB（A）的噪声。此外，居民区内的公用设施如锅炉房、水泵房、变电站等，以及邻近公共建筑中的冷却塔、通风机、空调机等产生的噪声污染，也相当普遍。

（3）施工噪声。随着城市现代化建设的迅速发展，城市施工噪声愈来愈严重。尽管施工噪声具有暂时性，但因为施工噪声声级高、分布广，干扰也是十分严重的。有些工程要持续数年，影响时间也相当长，尤其是在城市已建成区内的反复施工，影响更为严重。近年来，我国基建规模很大，城市建设和开发更新面广量大，施工噪声扰民相当普遍，相关的环境投诉事件数量逐年上升。

3.2 建筑物理环境概览

环境是人们赖以生存与发展的基础。建筑物理则主要研究人在建筑环境中，通过声、光和热等作用，在听觉、视觉和触觉以及平衡感觉中所产生的一系列的反应，主要任务在于提高相关建筑的质量和功能，以创造出适宜人类居住的良好环境。建筑物理是建筑环境科学的重要组成部分。与城市物理环境较为相似，其研究内容为风、热、声、光等环境因素，但研究视角有所不同。建筑物理环境的研究对象多为建筑室内或建筑室外（建筑周围环境），且更加关注人在空间中的视觉、听觉、触觉等感受以及对室内空气品质的要求。[2] 总而言之，对物理环境的研究，无论是城市层面还是建筑层面，学者们的最终目的都是更有效地提高人居环境质量。

3.2.1 建筑风环境

建筑风环境包括室内风环境和室外风环境两部分。

1. 室内风环境

室内风环境主要指建筑通风。建筑通风一般指将新鲜空气导入人们停留的空间，以提供呼吸所需要的空气，除去过量的湿气，稀释室内污染物，提供燃烧所需的空气以及调节气温。新风虽然不存在过量的问题，但超过一定限度的话，必然会伴随着冷、热负荷过多等问题，带来不利后果。

建筑通风同时还可以起到降温效果，即利用通风使室内气温及内表面温度下降，改善室内热环境，以及通过增加人体周围空气流速，增强人体散热并防止因皮肤潮湿引起的不舒适感，以改善人体热舒适。空气的流动必须要有动力，利用机械能驱动空气（如鼓风机、电扇等），称为机械通风；利用自然因素形成的空气流动，称为自然通风。自然通风是夏季被动式降温最常用的方式之一，在空调设备未被大量使用之前是夏季炎热地区降低室温、排除湿气、提高室内热舒适度的主要手段。

2. 室外风环境

室外风环境一般指建筑周围的气流分布。建筑单体周围的气流变化，大致可分成以下几种基本模式：①室外气流遇到建筑的阻碍时大约在墙面高度的1/2处分成向上气流和向下气流，左、右方向则分成左、右两支气流；②当气流流经建筑的隅角部，会产生气流的剥离现象，气流与建筑剥离，风速则沿着剥离流线加强，形成建筑周围的强风区；③沿着建筑迎风面侧墙面的气流到屋顶后，气流发生剥离，然后其受上层压力的作用逐渐下降 $3H\sim6H$（H 为建筑的高度），然后到达地面；④在建筑的背后会产生回流紊流，沿墙面上升也会产生紊流气流；⑤建筑横向风在剥离之后有下降的趋势，下降气流与下部的风合流会形成强力风带，轻则影响行人的步行，重则可能破坏建筑，这就是平常所说的高楼风；⑥建筑在迎风侧承受正压，在背风侧承受负压，这两者之间存在的压力差往往决定着紊流的流向。

建筑群之间的通风，常常以建筑间距作为通风评价的标准，但是建筑单体周围空气流动的基本模式尚不足以说明建筑群的自然通风状况。在建筑群中，不同建筑高度的房屋穿插排列对低层建筑的通风状况非常不利，而对高层建筑的通风状况影响不大。当高、低层建筑分开排列时，若低层建筑处于高层建筑之前，那么靠近高层建筑的那排建筑会出现风的逆流现象；若低层建筑处于高层建筑之后，则高层建筑之后的第一排低层建筑的通风效果会非常差，因为高层建筑与其后面第一排低层建筑的间距很难达到高层建筑层高的两倍。除去建筑间距外，建筑群中的通风问题还与巷道的方向和长度、围墙的形式有关，这些也均是建筑师在设计时要加以充分考虑的因素。组合形态的建筑比如"工"字形、"口"字形、"日"字形建筑，可以被看作是多排建筑的组合，其第二排与第一排房屋的间距或者中庭的空间形态、尺度均会影响到后排房屋的通风效率。当风向和建筑的面宽垂直时，建筑腹部的通风效果会很差，即使风向与建筑的外立面呈一定的角度，建筑腹部的通风效率还要取决于建筑翼部的长度。改善这类组合式建筑通风效率的方法有以下几种：一是加大房屋之间的距离，增加中庭的尺寸；二是使建筑变得通透，避免产生封闭的建筑形态，即在建筑的各个方向上留设穿透空间，促使夏季的凉风能够穿越前排房屋到达后排房屋。因为夏季风向的不稳定性，务必在多个方向上留设穿越建筑的洞口。

3.2.2　建筑热环境

建筑热环境主要分为室内热环境与室外热环境。室内热环境一般指由室内温度、湿度、气流及壁面热辐射等因素综合而成的室内微气候。室外热环境也称为室外气候，是指作用在建筑外围护结构上的热、湿物理因素的总称，是影响室内热环境的首要因素。

1. 室内热环境

室内热环境直接影响着居民的生活、工作的品质，甚至人体的健康。研究室内热环境首先要了解人体与周围环境的热交换。

（1）人体热平衡与热舒适

热舒适是指人们对所处室内气候环境满意程度的感受。舒适的热环境是增进人们身心健康、保证有效地工作和学习的重要条件。热舒适度不仅取决于气候因素，还与人体本身的条件（健康状况、种族、性别、年龄、体形等)、活动量、衣着状况等诸多因素有关。人们在某一环境中感到热舒适的必要条件是：人体内产生的热量与向环境散发的热量相等，即保持人体的热平衡。人体与环境之间的热平衡关系如式（3-2）所示。[3]

$$\Delta q = q_m \pm q_c \pm q_r - q_w \quad (3-2)$$

式中 Δq——人体得失的热量，W/m^2；

q_m——人体产热量，W/m^2；

q_c——人体与周围空气之间的对流换热量，W/m^2；

q_r——人体与环境间的辐射换热量，W/m^2；

q_w——人体蒸发散热量，W/m^2。

人体与周围环境的换热方式有对流、辐射和蒸发三种，而换热的余量即为人体热负荷 Δq。当 $\Delta q>0$ 时，体温将升高；当 $\Delta q<0$ 时，体温将降低。如果这种体温变化的差值不大、时间也不长，可以通过环境因素的改善和人体本身的调节，逐渐消除，恢复正常体温状态，不致对人体产生有害影响；若变动幅度大，时间长，人体将出现不舒适感，严重者将出现病态征兆，甚至死亡。因此，从环境条件上应当控制 Δq 值，而要维持人体体温的恒定不变，必须使 $\Delta q=0$，即人体的新陈代谢产热量正好与人体在所处环境的热交换量处于平衡状态。人体的热平衡是人体达到热舒适的必要条件。

（2）室内热环境的影响因素

一是室外气候因素。建筑基地的各种气候因素会通过建筑的围护结构、外门窗及各类开口，直接影响室内的热环境条件。二是热环境设备的影响。这里所说的热环境设备是指以改善室内热环境为主要功能的设备，例如用于冬季供暖的电加热器，用于夏季制冷、去湿的空调、风扇等。只要使用得当，就可以有效影响室内热环境的某个或几个因素，改善人体舒适性。三是其他设备影响。在一般民用建筑中，还有灯具、电视机、冰箱等家用电器，这些设备在使用过程中也会散发热量。但这些设备散发的热量对室内热环境的影响程度普遍较小，主要取决于室外的气候状况、建筑空间的大小以及所使用的设备的种类和功率。尤其是住宅中厨房对室内热环境的影响，家庭厨房所用的燃料以固体和气体燃料为主，在燃烧过程中会产生热量、多种废气和水蒸气，如通风不良，将对其他空间的空气状况和热环境产生不利影响。

2. 室外气候

以我国为例，各地区气候差异悬殊，比如北方的大陆性气候、沿海的海洋性气候、南方的湿热气候等。一个地区的气候是在许多因素综合作用下形成的，其中与建筑密切相关的因素有太阳辐射、空气温度、空气湿度、风等。[4]

（1）太阳辐射是地球上能量的基本来源，是决定气候的主要因素，也是建筑外部最主要的气候条件之一。日照和遮阳是建筑设计必须考虑的因素，都是针对太阳辐射进行研究。尤其是建筑外围护结构设计，必须将太阳辐射考虑在内。

（2）室外空气温度是建筑热环境研究的一个重要指标，因为室外空气温度常常是评价不同地区气候冷暖的依据。室外空气温度的变化规律可以被有效利用于研究建筑保温、隔热设计。

（3）室外空气湿度是指室外空气中水蒸气的含量。这些水蒸气来源于江河湖海等水体和潮湿地面的水面蒸发及植物的蒸腾作用，通常以绝对湿度或相对湿度来表示。一般来说，某一地区在一定时间区间内，空气的绝对湿度值变化不大，而相对湿度值则变化剧烈，这是因为空气的饱和水蒸气分压力是随温度变化而变化的。我国各地区的室外空气湿度随季节和地区不同也会产生一定的差异。

（4）风是在水平面上的一个向量，包括方向及大小。风的方向叫作风向，是以风吹来的方向定名的，与一般表示向量的方向相反。为表示风向，一般采取东（E）、南（S）、西（W）、北（N）4个方位。细分的话则采取8个方位，即在前述4个方位之间再加入东南（SE）、东北（NE）、西南（SW）和西北（NW）。气象学上将风速分为12级。[4]

目前常见的蒲氏风级将风力划分为0~12，共13个等级，而我国将风力等级依次划分为18个等级。

3.2.3 建筑室内空气品质

在室内环境中，人们对室内空气的各种成分和成分的浓度也十分敏感，这些成分及其浓度决定着空气的质量。现如今人们大部分时间处于室内，室内空气品质对于人体健康的影响比室外更大。因此，保证建筑室内良好的空气品质是建筑设计的重要任务。

1. 空气品质问题产生的原因

造成室内空气品质低劣的主要原因是室内空气污染，一般分为三类：物理污染（如粉尘）、化学污染（如有机挥发物）和生物污染（如霉菌）。这些污染在近年来日益受到关注。其主要原因为：一是近年来的建筑设计更强调建筑性能，导致建筑密闭性增强和新风量减少；二是新型合成材料在现代建筑中大量运用，但其中一些会散发对人体有害的气体；三是散发有害气体的电器产品的大量使用；四是传统集中空调系统的固有缺点以及系统设计和运行管理的不合理；五是厨房和卫生间气流组织的不合理；六是近年来工业发展伴随的污染排放增加，汽车数量增多也造成了尾气排放增加,造成了室外空气污染。

2. 室内空气品质对人的影响

室内空气品质对人的影响主要有以下三个方面:①降低生活舒适度。很多空气中的化学污染物质都具有一定的气味和刺激性。尽管其浓度可能未达到导致人的机体组织产生病理危害的地步,但依旧会导致人员感到嗅觉上的不适和心理烦躁不安。②危害人体健康。一些健康方面的专家现已达成共识,认为一些疾病和工业厂房内空气品质不好有很大关系。但是人们对于那些非工业厂房如办公室、娱乐场所和住宅内的综合征仍然认识不足。虽然一些国家针对工业污染制定了法律和法规(属于劳动保护范畴),但是对于住宅内的室内空气污染,只有很少国家制定了一些规范。这主要是由于调查室内综合征相当困难,而室内空气品质对人体的影响不像工业污染那么显著,因此较难对室内空气品质对人的健康影响给出结论。现在一般认为较差的室内空气品质可能引起病态建筑综合征(SBS)、建筑相关疾病(BRI)和多种化学污染物过敏症(MCS)。③影响人的工作效率。室内空气品质的好坏和劳动效率的高低有着密切的联系。由空气品质问题导致的病态建筑综合征也会妨碍正常工作,造成工作损失。因此,室内空气品质问题必须引起足够重视。

3. 室内空气污染控制方法

室内空气污染物由污染源散发,在空气中传播,当人体暴露于污染空气中时,污染物就会对人体产生不良影响。室内空气污染控制可通过以下三种方式实现:源头治理、通新风稀释、空气净化。

从源头治理室内空气污染,是治理室内空气污染的根本之法。一是消除污染源。二是减小室内污染源散发强度。三是污染源附近局部排风。对一些室内污染源,可采用局部排风方法。譬如厨房烹饪污染可通过抽油烟机解决,厕所异味可通过排气扇解决。

通新风是改善室内空气品质的一种行之有效的方法,其本质是提供人所必需的氧气并用室外污染物浓度低的空气来稀释室内污染物浓度高的空气。随着新风量加大,室内空气品质不满意率下降。考虑到新风量加大时,新风处理能耗也会加大。因此,针对实际应用中采用的新风会有所不同。

空气净化是指从空气中分离和去除一种或多种污染物,实现这种功能的设备称为空气净化器。使用空气净化器,是改善室内空气品质、创造健康舒适室内环境的有效方法。空气净化是室内空气污染源头治理和通风稀释不能解决问题时的重要补充。此外,在冬季供暖、夏季使用空调期间,采用增加新风量的手段来改善室内空气品质,需要将室外进来的空气加热或冷却至舒适温度而耗费大量能源，使用空气净化器改善室内空气品质，可减少新风量，降低供暖或空调能耗。

3.2.4 建筑光环境

创造良好的建筑光环境需要考虑两部分内容，一部分是天然采光，一部分是建筑照明。天然采光是利用天然光源来保证建筑室内光环境。在良好的光照条件下，人眼才能进行有效的视觉工作。天然光能够最大限度发挥人眼的视觉功效，且充足的天然光照更有利于人的身心健康。在室内充分利用天然光，还可以减少室内照明灯具的使用，起到节约资源和降低碳排放的作用。

1. 天然采光

（1）天然光源的特点

太阳是昼光的光源，昼光主要由两部分构成：一部分是太阳直射光，即部分日光通过大气层入射到地面，具有一定的方向性，会在被照射物体背后形成明显的阴影。另一部分是天空漫射光，即日光通过大气层时遇到大气中的尘埃和水汽，产生多次反射而形成，能够使白天的天空呈现出一定的亮度。

地面照度来源于太阳直射光和天空漫射光，其比例随着太阳高度与天气的变化而变化。晴天时，地面照度主要来源为太阳直射光，其在地面形成的照度占总照度的比例随太阳高度角的增加而加大，阴影也随之愈加明显。全阴天时室外天然光均为天空漫射光，物体背后没有阴影，天空亮度分布比较均匀且相对稳定。多云天介于二者之间，太阳时隐时现，照度不稳定。图3-4为晴天时太阳直射光与天空漫射光的照度变化。

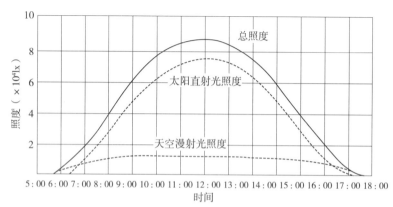

图3-4 晴天时太阳直射光与天空漫射光的照度变化[3]
（图片来源：朱颖心. 建筑环境学[M]. 4版. 北京：中国建筑工业出版社，2016.）

（2）光气候和采光系数

建筑室内的天然光线是随室外天气改变的。良好的采光设计需要对建筑所处地域的室外照度情况和气象因素充分了解，那么光气候特点和光气候分区就尤为重要。光气候是由太阳直射光、天空漫射光和地面反射光形成的天然光平均状况。我国根据室外天然光年平均总照度值大小将全国划分为Ⅰ~Ⅴ类光气候区。再根据光气候特点，按年平均总照度值确定分区系数，即光气候系数 K（表3-1）。

光气候系数 K 表3-1

光气候区	Ⅰ	Ⅱ	Ⅲ	Ⅳ	Ⅴ
K	0.85	0.90	1.00	1.10	1.20
室外天然光设计照度（lx）	18 000	16 500	15 000	13 500	12 000

2. 建筑照明

天然光虽然有很多优点，但是它的应用受到时间和地点的限制。建筑内不仅在夜间必须采用人工照明，在某些场合，白天也需要人工照明。人工照明的目的是按照人的生理、心理和社会的需求，创造一个人为的光环境。人工照明主要可分为工作照明（或功能性照明）和装饰照明（或艺术性照明）。

（1）人工光源按其发光机理可分为热辐射光源、气体放电光源和其他光源。热辐射光源靠通电加热钨丝使其处于炽热状态而发光，气体放电光源靠放电产生的气体离子发光。我国生产的部分人工光源的色温和显色指数见表3-2。人工光源发出的光通量与它消耗的电功率之比称为该光源的发光效率，简称光效，单位为 lm/W，是表示人工光源节能性的指标。由于照明能耗不可忽视，因此评价人工光源的指标包括反映其能耗特性的光效，以及反映其照明性能的显色性。

我国生产的部分人工光源的色温与显色指数 表3-2

光源名称	色温（K）	显色指数
白炽灯（100W）	2800	95~100
镝灯（1000W）	4300	85~95
荧光灯（日光色，40W）	6700	70~80
荧光高压汞灯（400W）	5500	30~40
高压钠灯（400W）	2000	20~25

（2）灯具是光源、灯罩及其附件的总称，分为装饰灯具和功能灯具两

种。功能灯具是指满足高效、低眩光要求而采用控光设计的灯罩，以保证把光源的光通量集中到需要的地方。任何材料制成的灯罩都会吸收部分光通量，光源也会吸收少量灯罩反射光，因此需要考虑灯具的效率。灯具效率被定义为在规定条件下测得的灯具发射的光通量与光源发出的光通量之比，其值小于1.0，与灯罩开口大小、灯罩材料的光学性能有关。

（3）在照明设计中，照明方式的选择对光质量、照明经济性和建筑艺术风格都有重要的影响。照明方式按灯具的布置方式可以分为四种。第一种是一般照明，指在工作场所内不考虑特殊的局部需要，以照亮整个工作面为目的的照明方式。第二种是分区一般照明，指在同一房间内由于使用功能不同，各功能区所需要的照度不相同，需要首先对房间进行分区，再对每个分区做一般照明的方式。第三种是局部照明，指为了实现某一指定点的高照度要求，在较小范围或有限空间内，采用距离作业对象近的灯具来满足该点照度要求的照明方式。第四种是混合照明，指工作面上的照度由一般照明照度和局部照明照度合成的照明方式。

3.2.5 建筑声环境

在声环境的研究中，无论是城市声环境还是建筑声环境，讨论最广泛的是噪声对人们工作效率以及身心健康的影响。本节主要介绍建筑声环境的营造方式。

1. 不同类型建筑声环境设计要点

各类型建筑的声环境设计首先应明确建筑设计需满足《民用建筑隔声设计规范》GB 50118—2010中的"安静"要求。

（1）住宅建筑的声环境设计要点包括：一是居住区、住宅配套修建的停车场、儿童乐园、健身活动场地的位置选择，应避免对住宅产生干扰；二是在邻近交通干道或其他高噪声环境建造住宅时，应根据《民用建筑隔声设计规范》GB 50118—2010中规定的限值，设计具有相应隔声性能的建筑围护结构；三是在确定住宅建筑形体、朝向与剖面设计时，应仔细分析各类噪声源（例如电梯井，连接邻户的水、暖、电、气管道可能引发噪声、振动）可能产生的干扰，并采取适宜的降噪、隔振措施；四是商住楼内严禁设置迪斯科用房、练歌房，也不得设置其他高噪声的商用房。

（2）学校建筑的声环境设计要点包括：一是邻近交通干道的学校建筑，宜将运动场沿干道布置，作为噪声隔离带。二是学校建筑（群）自身产生噪声的固定用房及设施（例如校办工厂、健身房、音乐教室、餐厅等）与教学楼之间应有足够的噪声隔离带；如与其他教学用房设于同一教学楼，应分区布置并采取必要的隔离措施。三是教学楼如有门窗面对学校运动场，教室外墙至运动场距离不应少于25m。四是音乐教室、练琴房、多媒体及语音教室应有适当的混响时间以满足听声要求。

（3）医院建筑的声环境设计要点包括：一是综合医院的总平面设计，应考虑建筑对环境噪声的隔声作用。例如门诊楼可沿交通干道布置，但与交通干道的距离应考虑降噪要求。若病房楼接近交通干道，病房不应设于临街一侧，否则应采取必要的隔声降噪措施。二是医院的医用气体站、制冷机房、柴油发电机房等有噪声源的设施，其位置设置应避免对建筑产生噪声干扰。条件许可时，宜将噪声源设置在地下，但不宜毗邻主体建筑或设在主体建筑下。三是使用时发出瞬态冲击噪声与振动的房间（例如体外震波碎石室、核磁共振检查室等）不得与病房、人工生殖中心等特别要求安静的房间毗邻，并应对其围护结构采取隔声和隔振措施。四是听力测听室应做全浮筑房中房设计。

（4）办公建筑的声环境设计要点包括：一是拟建办公建筑的用地确定后，应利用对噪声不敏感的建筑或办公建筑中的辅助用房降低噪声，减少内、外噪声源对办公用房的影响。二是面临城市干道及户外其他高噪声环境的办公室、会议室，应依室外环境噪声状况及允许噪声级，设计具有相应隔声性能的建筑围护结构。三是采用室内声屏障设计计算，这是专门为既定范围内一个或几个确定位置设计的、用来降低特定噪声的部件，是不需要改变其他环境条件设计的可拆卸或可移位的声屏障，可用作开放式（分格式）办公室的隔断及类似的构件。

2. 建筑的吸声降噪与隔声降噪

（1）吸声降噪原理

由于总体布局或其他技术、经济原因，可在建筑内界面布置吸声材料（构造）以改善室内的听音条件和减少噪声干扰。在室内产生的噪声可达到一定的声压级，如果室内界面有足够数量的吸声材料，则混响声的声压级可以得到显著的减弱，且任何暂态噪声（例如门的碎击声）也将很快被吸收（就空气声而言），因此室内会显得比较安静。对于相邻房间的使用者来说，室内混响声的声压级的高低，同样有重要影响。因为"声源室"的混响声压级决定了两室之间的隔声要求，所以降低室内混响噪声既是为了改善使用者所处空间的声环境，也是为了降低传到邻室的噪声。在走道、休息厅、门厅等交通和联系的空间，宜结合建筑装修适当使用吸声材料。如果对窄而长的走道不作吸声处理，走道就起着噪声传声筒的作用；如果在走道顶棚及侧墙墙裙以上作吸声处理，则可以使噪声局限在声源附近，从而降低走道混响声的声压级。

（2）隔声降噪的原理

根据现有的或预计会出现的侵扰噪声声压级、建筑内部噪声源的情况以及室内安静标准，设计人员即可确定围护结构所需的隔声能力，并选择适合的隔声材料和构造。就相邻两室之间的隔声减噪设计而言，要能达到预期的隔声效果，除设计隔墙自身的隔声性能外，还有一些必须考虑的影响因素。例如隔墙的面积，隔墙是否存在薄弱环节（包括与隔声性能差的门窗部件组合，缝隙、空洞等），侧向传声途径和接受室内的背景噪声、吸声处理等。

3.3 建筑物理环境与能耗的关系

建筑物理环境与能耗之间的关系是现代建筑领域中备受关注的重要议题。随着全球对能源资源的不断消耗和环境可持续性的日益关注，人们越来越认识到建筑物理环境在能源消耗和环境影响方面至关重要。建筑的物理环境与能耗之间的紧密联系不仅影响到个体建筑的能源效率，还对全球能源可持续性和环境保护产生了深远的影响。通过深入了解这些关系，可以更好地规划和设计未来的建筑，以创造更加节能、环保和可持续的建筑环境。

3.3.1 建筑能耗的形成机理

1. 建筑供暖

在冬季，由于室外温度低，为保持室内舒适的温度就需要不断地向房间提供热量，以弥补通过围护结构从室内传到室外的热量。在供暖地区需设置供暖设备，室内需要有适当的通风换气。建筑的总得热包括供暖设备的供热（占70%~75%）、太阳辐射得热（通过窗户和其他围护结构进入室内，占15%~20%）和建筑内部得热（包括炊事、照明、家电和人体散热，占8%~12%）。这些热量再通过围护结构（包括外墙、屋顶和门窗等）的传热和空气渗透向外散失。建筑总失热包括围护结构传热耗热量（占70%~80%）和通过门窗缝隙的空气渗透耗热量（占20%~30%）。

因此对于供暖建筑来说，对能耗影响较大的几个方面是：建筑外表面积、围护结构保温性能、门窗气密性。这些因素均通过影响建筑内部热环境和人体热舒适度，从而影响供暖设备的使用，最终影响建筑供暖设备的能源消耗。[5]

2. 建筑空调

夏季空调降温，建筑的室温允许波动范围为±2℃。夏季时，太阳辐射通过窗户进入室内，形成太阳辐射得热。同时，外墙和屋顶吸收了部分太阳辐射，并将热量传入室内，这构成了传热得热。此外，由于围护结构导致的室内外温差也会引起热量传递，增加了传热得热。通过门窗的空气渗透还会带来额外的热量，称为空气渗透得热。除此之外，建筑内部的炊事、家电、照明以及人体散热也会产生热量，构成内部得热。

建筑外墙、屋面、门窗等影响室内热环境，从而影响建筑内部空调设备的使用，最终影响建筑空调能耗。节能主要围绕室内热环境进行调控：①抑制室内产生热；②促进室内热吸收；③抑制热进入室内；④促进热向室外散失。

3. 建筑通风

自然通风是普遍采用的一种改善建筑热环境、降低空调能耗的技术。采用自然通风的根本目的是取代（或部分取代）空调制冷系统。这一取代过程有两点重要意义：一是实现有效被动制冷。当室外空气温湿度较低时，自然通风可以在不消耗不可再生能源的情况下降低室内温度，带走潮湿气体，使空气达到人体热舒适状态，省去风机能耗。这有利于减少能耗，降低污染。二是可以提供新鲜、清洁的自然空气，改善室内空气品质。

3.3.2 建筑物理环境对能耗的影响

影响建筑能耗的因素较多，包括室外气候、建筑形态和布局、围护结构、建筑通风、采光等物理环境因素。其中室外气候和建筑物理环境因素起着重要的作用，直接影响建筑负荷及空调能耗、照明能耗等。[6]

1. 建筑风环境对能耗的影响

建筑风环境是建筑节能设计中的一个重要方面，良好的风环境有助于降低建筑的能源消耗，促进污染物扩散，提高室内舒适性，营造健康舒适的人居环境。建筑风环境对建筑能耗的影响，主要体现在它对建筑内部的通风、空气流动和热量传递的影响。

（1）自然通风。建筑室外风环境会直接影响建筑内部的自然通风效果。适当的通风可以改善室内空气品质，降低热量积聚，从而降低建筑对空调制冷和净化设备的需求。如果建筑自然通风条件较好，风压产生的空气流动可以帮助室内热空气从建筑中排出，提供更舒适的室内环境，替代部分空调制冷能耗。

（2）建筑外墙。建筑的外墙构造可以影响室外风对建筑的作用。例如，建筑外墙暴露在强风中，风力可能会增加墙体的传热，导致需要更多的供暖或空调制冷能源来维持室内热舒适度。

（3）气流路径。建筑室内的气流路径会受到建筑自然通风的影响，通过对建筑室内进行合理的气流路径设计（开窗位置、方向、窗洞大小等），能够有效利用自然通风降低室内温度和湿度，减少室内空调设备的使用频率，降低能源消耗。

2. 建筑热环境对能耗的影响

建筑热环境不仅关系到人体的舒适度和健康，也关系到建筑能耗和污染物排放，关系到人与城市、资源、环境的可持续发展。建筑热环境的研究是以人体热感觉和环境适应性为核心的热舒适性研究，解决满足人体舒适要求的建筑热环境构建问题。[7] 建筑热环境对能耗的影响主要体现在它直接影响了建筑内部的热量传递和室内温度控制，影响建筑室内空调和供暖设备使用，从而影响建筑能耗。

（1）室内温度控制。如果室内温度过高或过低，就需要采用设备（耗费更多的能源）来保持室内温度在舒适范围内。例如，由于季节变换，夏季室内温度较高，则消耗更多空调制冷能耗降温；冬季室内温度较低，则需要更多供暖能耗升温。

（2）建筑外墙隔热和密封性。如果建筑外墙的隔热和密封性不足，外部热量或冷空气可以透过墙壁、窗户和屋顶进入室内，或者室内热量可以泄漏出去。这将导致建筑供暖和制冷系统需要消耗更多的能源来维持室内温度，保持热舒适度，从而增加能耗。

（3）采光和日照条件。合理的建筑采光设计可以减少建筑对照明系统的依赖，从而降低电力消耗。直射的阳光也可以在冬季为室内提供额外的被动加热，减少冬季供暖建筑的供暖需求，替代部分建筑供暖能耗。

（4）热负荷管理。根据季节、天气、人员和设备使用情况有效进行热负荷管理，调整建筑供暖系统和空调制冷系统的运行，从而减少不必要的能源浪费。

3. 室内空气品质对能耗的影响

室内空气品质与能耗的关联主要体现在对室内空气品质的管理和维护，通常需要使用空气净化设备对室内空气进行净化处理，这需要消耗一定的能源。

（1）通风系统。为了维护良好的室内空气品质，建筑通常需要安装通风系统。这些系统可以提供新鲜空气，排出污染物和 CO_2 等，从而确保居住者的健康和舒适。然而，运行通风系统需要耗费能源，尤其是在需要大量空气循环的情况下，例如在人口密度较高的区域或需要强制排风的特殊环境中。

（2）空气过滤和净化。为提高室内空气品质，建筑会采用空气过滤和净化系统，以去除尘埃、花粉、细菌、病毒等污染物。这些设备的使用也会增加能源的消耗，尤其是高效的过滤和净化系统。

（3）建筑密封性。密封性较强的设计可能会导致建筑室内空气难以流通，需要更多地使用通风和循环设备，从而导致建筑能耗增加。

4. 建筑光环境对能耗的影响

建筑光环境与人的身心健康、工作效率和人工光源的能源消耗有密切联系。良好的建筑光环境有益于人们的身心健康，还可以有效地减少人工光源的使用时间。

（1）照明需求。充足的自然采光可以减少人们对人工照明的需求。如果建筑能够有效利用自然光，就可以减少室内电灯的使用，这对于办公楼、学校和住宅等都是适用的。

（2）照明系统效率。照明系统的设计和效率对能源消耗也至关重要。采用高效的照明技术，如 LED 照明，可以降低建筑的用电成本，减少电力需求。智能照明系统可以根据建筑自然采光的光线水平和各房间的使用需求自动调整照明强度，提高能源利用效率。

（3）日照和太阳能利用。合理的日照设计可以充分利用太阳辐射来增加室内温度，减少冬季供暖系统的能源消耗。太阳辐射也可以提供自然的供暖和照明，降低电力和热能的消耗。此外，通过建筑的设计和布局还能影响室内光线的分布和透射，合理的光环境设计可以最大限度减少室内阴影和光线浪费，提高自然采光效果，降低照明能源消耗。[8]

5. 建筑声环境对能耗的影响

建筑声环境是指建筑内部和周围环境中的声音水平和声音特性，是建筑舒适性评价的一个重要方面。尽管建筑声环境与能耗的直接关联不如热环境或风环境显著，但仍然会通过以下方式影响建筑能耗：

（1）建筑的隔声性能。声音在建筑中传播会穿过建筑的墙壁、地板和顶棚。如果建筑的隔声性能不足，外部噪声或来自建筑内部的声音会进入室内，导致居住者不得不采取一定的措施来抵消噪声，例如使用音箱来播放音乐（乐声高于噪声）。这些设备的使用会增加额外的能源使用，从而增加建筑能源消耗。

（2）居住者行为。高噪声环境会通过居住者行为影响建筑能耗。如果噪声水平较高，人们可能会采取开、关窗户的举动，但这也会影响室内环境品质，为减轻环境不适感，人们会进一步使用空调系统，这些行为将会增加额外的电力消耗。

思考题与练习题

1. 什么是城市物理环境？如何通过城市规划设计优化城市物理环境以最大限度地降低碳排放？
2. 简述建筑能耗的主要构成。
3. 建筑物理环境可以从哪些方面影响建筑能耗？建筑环境设计如何促进城市的低碳与可持续发展？

参考文献

[1] 刘加平,赵敬源. 城市环境物理 [M]. 北京：中国建筑工业出版社,2011.
[2] 柳孝图. 建筑物理 [M]. 4 版. 北京：中国建筑工业出版社,2024.
[3] 朱颖心. 建筑环境学 [M]. 4 版. 北京：中国建筑工业出版社,2016.
[4] 杨柳. 建筑物理 [M]. 5 版. 北京：中国建筑工业出版社,2009.
[5] 宋德萱. 建筑环境控制学 [M]. 南京：同济大学出版社,2023.
[6] 胡姗,张洋,燕达,等. 中国建筑领域能耗与碳排放的界定与核算 [J]. 建筑科学,2020,36（S2）：288-297.
[7] 党睿. 建筑节能 [M]. 4 版. 北京：中国建筑工业出版社,2022.
[8] 刘加平,谭良斌,何泉. 建筑创作中的节能设计 [M]. 北京：中国建筑工业出版社,2009.

第 4 章 建筑风环境

本章聚焦于建筑室内外风环境模拟方法及其在绿色建筑设计中的应用，概述了风环境模拟的基础理论，以图解化方式介绍建筑室内外风环境概念，通过实例分析了建筑（群）设计与规划方法对室内外风环境的影响，为绿色建筑性能优化提供参考。

在城镇化快速发展的背景下，城市与建筑环境恶化（例如城市热岛、空气污染等），能源浪费、碳排放增加等问题日益凸显。风环境是解决此类环境问题时需要考虑的一个关键因素，如何把握风环境或气流的分布特性并加以优化设计，对营造健康舒适城市环境、实现绿色低碳与可持续发展具有重要影响。建筑风环境模拟作为可视化分析手段，使建筑设计者能够更直接地了解气流分布特性并达到优化设计的目的。

在建筑设计或城市规划中，室内外风环境与建筑（群）形态、布局、朝向以及室内风口、门窗位置等参数之间存在密切关联。如何根据不同情景下的环境需求，对风环境模拟与设计参数进行协调处理，也是需要慎重考虑的问题。本章侧重于介绍风环境与建筑本身的相互作用，这对打造健康舒适、节能低碳的建筑环境空间具有积极意义。

本章介绍了建筑风环境模拟方法，重点阐述了模拟理论、湍流模型与边界条件等内容；详细分析了建筑室外风环境模拟与规划设计的关系，从室外风环境概念、气流分布特性、规划设计方法三个方面阐明了建筑室外风环境模拟在规划设计中的应用；在建筑室内风环境模拟方面，主要介绍了室内气流组织概念、通风方式与类型、评估参数等内容，在模拟方法基础上提出了室内风环境（气流组织）优化设计方法；详细梳理了建筑室内外耦合模拟的基本原理，并对耦合模拟结果进行解释分析，强调了室内外风环境之间的相互关系，结合具体应用案例加以深入说明，为工程实践提供有效参考。

4.1 建筑风环境模拟方法

4.1.1 建筑风环境模拟理论

随着计算机技术、数值仿真技术的发展，计算流体力学（Computational Fluid Dynamics，CFD）方法因为其有效性和准确性，在建筑风环境模拟领域的应用越来越广泛。采用CFD数值模拟技术对建筑风环境进行优化设计，可以大大降低计算成本，缩减方案修改迭代周期。CFD模拟计算的基本原理是数值求解控制流体流动的微分方程，得出流动场在连续区域上的离散分布，从而模拟流体流动情况。因此，全面了解流体流动的微分控制方程有利于设计师快速、高效地解决工程实践问题。

1. 流体流动控制方程

流体流动控制方程（连续性方程、Navier-Stokes方程等）在建筑风环境模拟中扮演着重要角色，深入了解这些方程是掌握建筑风环境模拟方法的关键。连续性方程也称为质量守恒方程，它基于质量守恒原理，描述了流体流动的连续性，即质量在流动中保持守恒。动量方程是描述流体运动的另一个关键方程，它基于牛顿第二定律，描述了流体中速度、压力和外部力（重力或其他力）之间的关系。关于流体流动控制方程的具体表达形式，此处不作详细阐述。但对于建筑领域从业者，通过理解风环境相关的流体流动数学原理，可以更精确地求解CFD模拟问题以支持绿色建筑优化设计。

2. 风环境模拟与设计的关联

建筑风环境模拟不仅仅是计算流体力学方法的简单应用，模拟与设计之间的相互作用对于改善室内外风环境和指导建筑优化设计也至关重要。对于大部分建筑设计师来说，通过CFD数字化模拟方法了解不同方案的风环境设计优势或缺陷，有利于在前期设计阶段做多方案比较研究。然而，在建筑初始以及扩初设计中，影响风环境质量的关键因素可能是局部设计参数，例如建筑朝向、窗户位置等（建筑朝向对风环境的影响见图4-1）。设计人员可以根据前期的模拟结果进行快速分析，提取影响建筑风环境的关键参数，进而针对这些参数进行局部优化（替代全局设计方案的迭代修改），以此提升建筑整体设计效率和质量。这对城市和建筑（或建筑群）的绿色设计具有重要意义。

通过将风环境模拟技术与设计理念相结合，更有利于提升设计人员对风环境的重视程度，也更好地帮助他们理解建筑设计本身。建筑环境模拟与设计操作流程见图4-2。关键步骤主要体现为以下几个方面：

（1）建立物理模型。这是建筑风环境模拟的第一步，通常根据初始设计方案的建筑几何模型建立物理模型（可进行适当简化），用于求解模拟问题。

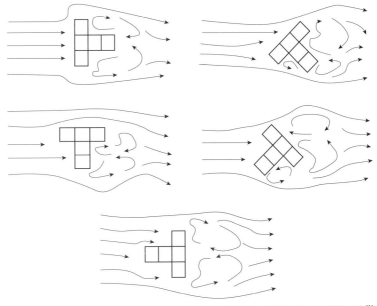

图 4-1 建筑朝向对风环境的影响[1]
(图片来源：田真，晁军.建筑通风[M].北京：中国产权出版社，2018.)

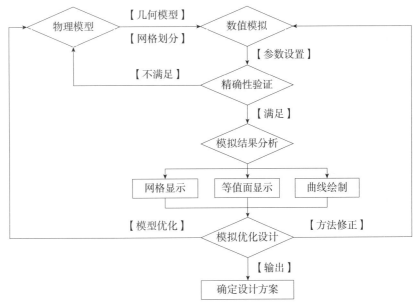

图 4-2 建筑环境模拟与设计操作流程

所完成的任务包括几何建模和网格生成，可以通过 GAMBIT、ICEM 等软件建立几何模型（或者从 AutoCAD、SketchUp、Rhino 等软件导入），再由软件自动生成网格。

（2）数值模拟求解。根据物理模型网格以及不同情景下的设计需求，确定数值求解的流体流动控制方程，选用合适的离散算法（有限元法、有限体积法和有限差分法等）将控制方程离散为代数方程，继而对代数方程进行迭代求解。

（3）精确性验证。模拟结果的精确性对于设计的可靠性至关重要，往往涉及模型验证和结果准确性评估，以确保模拟结果与实际情况符合。所完成的任务包括实验对比验证和敏感性分析。通过对比分析模拟和实验结果，可以更好地检验误差来源和模型局限性（包括几何模型、网格质量等）。敏感性分析又称为网格独立性验证，主要目的是验证网格和数值模拟结果无关，即当网格数量增加至一定程度时，结果不再明显变化。

（4）模拟结果分析。主要是对模拟结果（如风速场）进行可视化处理，可以通过专业后处理软件（例如 CFD-Post、Tecplot、Paraview 等）进行常用的后处理操作，包括网格显示、等值面显示、曲线绘制等。在模拟结果分析的基础上，进一步结合数理统计方法量化识别模拟结果的变化趋势，以提供建筑优化设计决策支持。

（5）模型优化设计。将分析结果用于设计性能评估，进而指导建筑优化设计。根据前期设计方案的模拟结果进行风环境性能评估，提取设计方案中的关键影响参数（比如建筑朝向、窗口大小与位置等），进而结合回归分析、控制变量等数学优化方法对这些参数进行局部迭代优化 [返回执行步骤（1）、（2）、（3）、（4）]。

（6）确定设计方案。通过对设计参数进行局部优化，确定相对较优的设计方案。需要注意的是，在工程设计中，设计师不仅要满足风环境优化目标，还需要兼顾其他环境参数（例如温度、湿度和污染物）的设计需求，而往往没有一个项目是可以满足所有的环境目标。所以，对设计师而言，永远没有最佳的设计方案，必须加以协调。

3. 模拟的优势与局限性

建筑风环境模拟具有诸多优势：①节约设计成本，例如通过在设计前期阶段识别问题，可避免在施工和运营阶段的不必要修整和额外开支；②通过合理分析模拟结果，可全面评估建筑性能，利于开展综合优化设计等。

不过，建筑风环境模拟也存在一些局限性：①模拟需要大量计算资源，包括高性能计算机处理能力和存储空间，大型项目的模拟成本可能显著增加；②模拟结果受到模型简化和求解算法的影响，引入了一定程度的不确定性，因此在工程应用中需要谨慎处理不确定性，以避免错误的设计决策；③模型的准确性验证通常需要实验数据的支撑，但在某些情况下，获取验证数据较为困难，这可能限制了模拟可行性；④复杂建筑模型的模拟计算可能需要花费较长的时间，不适用于需要快速决策的设计项目，且模拟时间也受到计算资源的限制。

4.1.2 建筑风环境湍流模型

湍流是自然界中常见的流动现象，具有高度复杂的非线性特性。在建筑环境中，湍流对建筑内部及其周围的气流、传热和传质都有显著影响。因此，了解湍流现象对于建筑风环境模拟至关重要。湍流的特点体现在以下几方面：①湍流流动不规则且无法通过简单的规则性模型来描述，主要表现出无序的涡旋结构和多尺度波动；②湍流现象涉及多个尺度的能量级联，从大涡旋到小涡旋，形成一种多层次的湍流结构；③湍流可以有效地扩散和混合空气中的热量、水蒸气和污染物；④湍流流动会导致能量耗散，将机械能转化为热能，这是湍流的重要特征。

湍流模型是一种用于描述湍流现象的数学模型，其作用在于预测湍流特性，为科学研究和工程设计提供依据。在建筑设计中，湍流模型旨在更准确地预测建筑室内外湍流现象，以更有效地获取风环境分布规律。湍流模型的基本原理是将湍流分解为不同尺度的涡旋，然后通过数学公式描述它们之间的相互作用。这些公式可以用来计算湍流的速度、压力、温度等物理量，从而预测湍流行为。

在建筑风环境模拟中，选择适当的湍流模型是确保模拟准确的关键因素。不同类型的湍流模型对湍流现象的不同特征和复杂程度提供了不同的建模方法。在建筑风环境模拟中，常见的湍流模型有基于雷诺平均 Navier-Stokes（Reynolds-averaged Navier-Stokes，RANS）方程的湍流模型和基于大涡模型（Large Eddy Simulations，LES）的湍流模型。虽然直接求解方法（Direct Numerical Simulation，DNS）无需对湍流流动进行任何简化或近似，并且有较高的计算精度，但由于其对网格尺寸要求较高，往往需要采用很小的时间和空间步长，计算成本高昂。因此 DNS 在建筑风环境中的应用相对较少。

RANS 模型是一类基于时间平均的湍流模型，它将流场物理量分解为时间平均部分和脉动部分，并分别对这两部分进行建模、最终求解得到时间平均的控制方程。虽然 RANS 模型相对复杂，但其计算效率高，解的精度也基本可以满足工程实际需要，适用于更多类型的流体流动模拟，包括城市或建筑风环境。在 RANS 模型中，比较常用的模型包括 k-ε 模型、k-ω 模型等。其中，k-ε 模型有标准 k-ε 模型、RNG k-ε 模型、Realizable k-ε 模型等，k-ω 模型有标准 k-ω 模型、Shear Stress Transport k-ω（SST）模型等。

LES 模型是一种高度复杂的湍流模型，它直接模拟大尺度的湍流涡旋，而将小尺度湍流部分通过子网格模型来描述。LES 模型常适用于高雷诺数流动和需要更高准确性的模拟，但计算成本较高，通常用于复杂建筑群风环境。在 LES 模型中，Smagorinsky-Lilly 亚网格尺度模型的应用较为成功。[2]

该模型最早由 Smagorinsky 提出，至今仍然被广泛应用于流体力学的多个领域，例如精准预测密集建筑群内的流动特征或流动分离。

综合来看，选择湍流模型应根据模拟问题的复杂性、计算资源的可用性以及所需的准确性来进行权衡。设计人员可以根据具体案例选择合适的湍流模型以确保风环境模拟结果的有效性。例如在进行单体建筑尺度的风环境模拟时，Realizable k–ε 模型已被证明在捕捉单体建筑周围流体分离等流动特征方面具有性能优势，因此被广泛应用。

4.1.3 建筑风环境边界条件

在建筑风环境模拟中，边界条件是模拟的基础。准确定义和设置边界条件对于确保模拟结果的准确性、可靠性和稳定性至关重要。如果边界条件的设置不合理，模拟结果可能失去实用价值，也不能用于建筑设计决策和性能评估。建筑风环境模拟的常用边界条件包括：来流风、来流湍流动能与湍流耗散率、出口与壁面边界条件等。对于复杂的建筑风环境模拟问题，边界条件的设置可能更加复杂，因为需要同时考虑多个输入参数和不同的流场流动情况。这需要使用者具备扎实的领域知识，以正确定义和设置边界条件，确保模拟方法及模拟结果的可行性。

1. 来流风边界条件

来流风边界条件是建筑风环境模拟中的重要边界条件之一，它直接影响建筑内部的空气流动、温度和污染物分布等。来流风边界条件设置的核心参数包括风速和风向等，这些参数决定了室内外空气的流动状态（例如速度、轨迹等），进而对建筑通风环境和热舒适产生显著影响。建筑设计师需要准确测量和描述这些参数，以确保模拟结果的准确性。在建筑风环境模拟中，通常考虑两种不同的来流风条件：梯度风和速度入口。梯度风是指由于气压差异引起的风，通常应用于城市尺度风环境模拟，见图 4-3。

梯度风的具体表达式如下：

$$U(z) = U_{\text{ref}} \times \left(\frac{z}{z_{\text{ref}}}\right)^{\alpha} \tag{4-1}$$

式中　U 和 U_{ref}——来流风速和参考高度的平均来流风速，m/s；

　　　z 和 z_{ref}——垂直高度和参考垂直高度，m；

　　　α——地面粗糙度系数。

不同于梯度风，速度入口则是一种采用恒定风速的边界条件，通常用于模拟建筑室内空气流动或其他特定情况。建筑设计师需根据不同模拟问题选择适当的来流风条件。为了准确描述来流风条件，建筑设计师通常需要使用

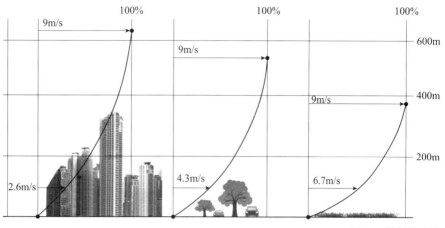

图 4-3 梯度风示意图

气象或环境数据，包括风速、风向、温度等，这些数据可以通过气象站等监测仪器获取。同时，风速、风向等参数可能随时间和空间而动态变化，特别是在复杂的城市环境中。因此，在进行不同场景的风环境模拟时，需要考虑这些参数的变化特性，利于准确模拟建筑室内外风场分布情况。

2. 来流湍流动能与湍流耗散率

来流湍流动能和湍流耗散率是描述来流风条件中湍流特性的重要参数，对建筑室内外空气流动模拟具有关键作用。来流湍流动能是湍流流场中的能量密度指标，表示湍流流动的强度和能量级联，它的值取决于风速的波动性。湍流耗散率表示湍流动能被耗散为热能的速率，是湍流流场中的另一个重要参数。它提供了关于湍流流动中能量耗散的信息。湍流耗散率通常需要从来流条件或湍流模型中获得，并用于描述湍流流场的动态行为。准确设置来流湍流动能和湍流耗散率是确保模拟结果准确性的关键步骤。

来流湍流动能和湍流耗散率的值受多种因素的影响，包括地理位置、地形和建筑周围环境等。因此，在模拟建筑风环境时，需要考虑这些因素对于参数值的影响，通常需要根据实际情况对来流湍流动能和湍流耗散率进行参数调整和设置。这可以通过合适的湍流模型来实现，设计师需要根据模拟的目标和建筑的特性来选择合适的参数值，以确保模拟建筑室内外湍流流动的可行性和准确性。这些参数的精确描述将有助于设计师更好地理解建筑风环境，为建筑设计和性能评估提供了基础。

3. 出口边界条件

出口边界条件属于目标计算区域外部边界条件，也会对模拟结果的准确性和可靠性产生直接影响。首先，需要明确定义出口边界的形状和位置。

建筑出口可以是一个平面、一个开放的窗户、一个通风口或其他类型的出口。出口边界的位置通常位于建筑的某个部位，比如建筑的最高点或最远端（图4-4）。出口边界条件的类型往往取决于模拟问题的性质。一般来说，出口边界条件可以分为自由出口、压力出口和周期性边界等。自由出口常用于模拟区域与外部环境之间无阻碍的气流交换。通过设定出口处的静压力，压力出口常用于模拟计算区域的气流离开该区域的情况。当计算区域的出口与入口相连时，周期性边界条件可用于模拟风环境的循环。针对不同类型的出口边界条件，需要定义和设置相应的参数。例如，在压力出口条件下，需要设置出口的静压力值。在自由出口条件下，需要确保在出口处没有气流反射或干扰。

图4-4　建筑出口位置（最高点或最远端）示意图

4. 壁面边界条件

壁面边界条件决定了建筑内部表面的气流分布。不同类型的建筑表面具有不同的气流特性。因此，在建筑风环境模拟中需要准确定义和设置不同类型的壁面，如墙壁、窗户、顶棚等。在建筑风环境模拟中，通常使用无滑移壁面条件来模拟实际壁面的摩擦效应。这种边界条件要求流体在壁面处的速度与壁面的速度相同且不能穿过壁面。壁面函数是用于描述流体在靠近壁面处的速度和剪切应力变化的一种数学模型。y plus 是用于描述在壁面处流体黏性效应的无量纲参数。具体来说，y plus 是离壁面最近第一层网格的壁面距离与壁面摩擦速度的比值。根据不同壁面摩擦速度（粗糙度）、流动分离和湍流特性，一般采用标准或增强型壁面函数来处理靠近壁面处的空气流动问题。

4.2 建筑室外风环境模拟

4.2.1 建筑室外风环境概述

建筑室外风环境模拟是建筑设计不可或缺的组成部分。其重要性主要体现在以下几个方面：室外风环境与人类的舒适感紧密相关，直接影响人们在建筑周围及室内的主观体验。通过模拟方法来优化室外风环境，既可以确保建筑周围具有健康适宜的通风环境，也能改善建筑内部的空气环境品质。室外风环境的研究对于建筑节能效率评估也至关重要。优化建筑周围风场有利于降低建筑供暖和制冷成本，减少建筑能源消耗，进而实现绿色建筑可持续设计目标。因此，深入了解和模拟建筑室外风环境是建筑设计过程中不可缺少的一环，为打造更健康、更节能的绿色建筑提供了科学支持。

在建筑室外风环境模拟中，理解一些基本概念和术语（例如风速、风向及其频率分布等）至关重要，这些术语构成了设计人员分析室外风场分布特性的理论基础。①风速是指空气流动的速度，通常以米每秒（m/s）为单位，是描述风场强度的关键参数。②风向表示气流的运动方向，通常以度数来表示。例如风来自西北方叫西北风。在陆地上风向常用 16 个方位来表示。[3] ③风速/向频率分布是描述特定地点风速/向频率和强度分布的图表或图形（图 4-5），有助于了解该地风的特性。通常以风速频率图或概率密度函数表示。④气象数据与室外风环境密切相关，包括温度、湿度、大气压力等参数，这些参数常常在室外风环境模拟中使用。

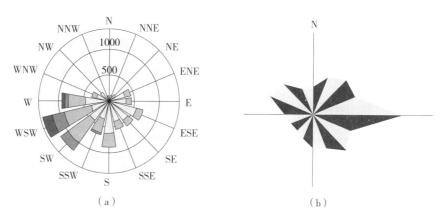

图 4-5 室外风向与风速分布图
（a）某地风向频率分布图；（b）某地全年风速、风向分布图

4.2.2 建筑室外气流分布特性

1. 单体建筑附近的气流分布

单体建筑附近的气流分布是指在建筑周围的空气流动模式。这些流

动模式受到多种因素的影响，包括建筑的形状、高度、周围地形、气象条件等。压力分布与单体建筑附近空气流动密切相关，包括正压区和负压区（图4-6）。当风吹向单体建筑时，因受到建筑的阻挡，迎风面上的压力值大于大气压，从而产生正压区。当气流绕过建筑屋顶、侧面以及背面时，这些区域的压力值小于大气压，从而产生负压区。正压区通常出现在气流分离点上风侧，而负压区则出现在气流分离点下风侧。然而，当气流绕过建筑表面时，建筑几何形状可能导致部分气流分离并产生湍流和漩涡。此现象对于建筑周围的风环境具有关键影响，可能造成气流不稳定以及表面风压不均匀等。

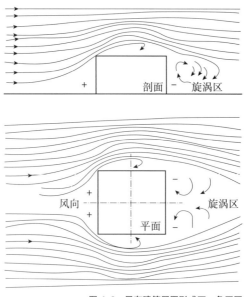

图4-6 风在建筑周围形成正、负压区

2. 建筑群内部的气流分布

除了单体建筑附近的空气流动，建筑群内部的气流分布也是建筑室外风环境模拟的重要内容之一。建筑群内部气流分布是一个复杂问题，涉及建筑布局非均匀性、高度差异等多个因素。不同的建筑群排列方式、朝向和高度可能导致不同的气流模式，例如产生阻挡效应或形成通风廊道等。了解建筑布局如何影响气流分布，有助于建筑设计师更好地优化建筑布局（例如建筑高度、密度等），以获取良好的室外通风效果。

在建筑群内部，高层建筑可能对周围建筑产生阻挡效应，进而导致空气流动速度产生剧烈变化。举例来说，高层建筑周围易形成静风区，但高层建筑之间的狭窄通道可能导致周边风速急剧增加。这种现象对于风场分布的非均匀性具有显著影响。因此，建筑设计师需要了解阻挡效应的发生条件及其带来的潜在影响，合理优化建筑群风环境。

通风廊道是指建筑群内部可能形成的气流通道，通常与建筑之间的距离、建筑密度和城市地形等因素有关。这些通道可以改变建筑群内部的风速和风向，从而对建筑群内的气流分布产生影响。在城市规划与设计中，建筑设计师常常利用建筑群布局优化设计形成通风廊道，用来引导空气流动或上升，从而改善室外通风环境。了解如何通过模拟方法验证通风廊道设计的合理性，是建筑设计师需要熟练掌握的基本技能之一。

4.2.3　场地设计对室外风环境的影响

1. 建筑布局场地设计

建筑布局是影响建筑室外风环境的关键因素之一，对于改善建筑周围风环境至关重要。本小节主要以建筑位置、建筑朝向两个参数为例，阐述建筑布局场地设计方法对室外风环境的关键影响作用。

建筑位置的选择应考虑多个因素，包括地理条件、周围环境、土地规划利用等。在建筑选址中，应优先选择良好的地形和气象环境条件（包括来流风主导方向、风速等参数），避免因不利的地理或环境条件而造成空气直流、风速过大等问题。举例来说，建筑设计师可以合理利用城市道路、绿地、河湖水面等公共开放空间将风引入到建筑周围（城市主要道路通风廊道示意图见图 4-7）。[4]

建筑朝向对于室外风环境具有重要影响。由于建筑迎风面最大的压力出现在与风向垂直的面上，所以在有盛行风的地区应尽量使建筑纵轴垂直于主导风向。例如，我国大部分地区夏季主导风向是南或南偏东，因此传统建筑设计多为坐北朝南，即使在现代建筑中，也以南或南偏东为最佳朝向。选择

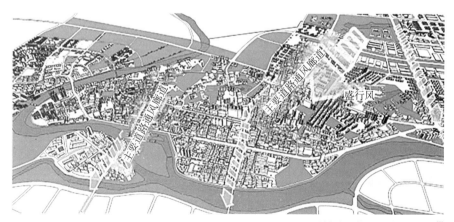

图 4-7　城市主要道路通风廊道示意图 [5]

（图片来源：王桂芹，胡燕，郑伯红. 基于道路气流特征的城市广义通风廊道模拟研究——以衡阳县为例 [J]. 铁道科学与工程学报，2020，17（6）：1586–1594.）

此类朝向也有利于避免东、西方向太阳直晒。对于朝向不理想的既有建筑，应采取有效设计措施妥善解决通风不良的问题。需要注意的是，有些地区由于地理环境的影响，主导风向与风玫瑰图（参考图4-5）并不一致，则应根据实测的主导风向来优化建筑朝向。通过建筑朝向优化设计，可最大化利用自然风资源，同时提高室外环境舒适性。

上述内容强调了建筑布局中的位置、朝向参数对室外风环境有重要影响。关于建筑布局本身，不同排列方式下的建筑外部风环境状况也存在很大的差异性。建筑群的排列方式包括行列式、错列式、围合式、周边式等（图4-8）。一般来说，错列式可使风从斜向导入建筑群内部，较行列式、周边式更好。当采用行列式布置方式时，建筑群内部的风场因风向投射角不同会产生很大变化。周边式对来流风的阻挡较为严重，这种排列方式通常只适用于冬季寒冷的地区。[3]

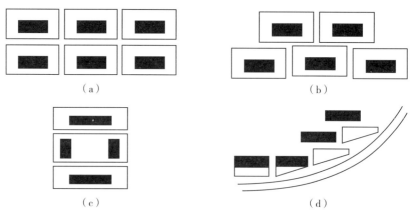

图4-8 建筑排列方式示意图
（a）行列式；（b）错列式；（c）围合式；（d）周边式

此外，当风吹向建筑后，必将在其背后产生旋涡区，旋涡区在地面上的投影又称风影。在建筑风影以内，风力弱，风向不稳定。因此对于组合式建筑，需要考虑上风位建筑形成的风影区及其对下风位建筑的影响。对于平行排列的多组建筑，若风向投射角度为45°，可形成较大的风影区，若投射角度为90°，风影区面积会进一步增大，从而对后排建筑风环境也产生更大影响。从建筑布局因素出发，应尽可能避免建筑长轴垂直于主导风向，减少前排建筑风影区对后排建筑通风的干扰。

2. 建筑高度和形状设计

在建筑群体空间组合中，每座建筑都会对其周围气流造成影响，建筑的高度往往直接影响其周围风场的复杂性（图4-9）。高层建筑通常会导致风速

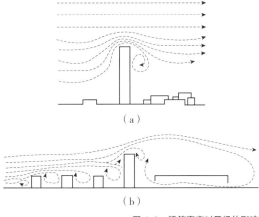

图 4-9 建筑高度对风场的影响
（a）高层建筑周边风场示意图；
（b）高低层建筑之间风场示意图

的增加和湍流的产生，尤其是在建筑顶部和邻近地面区域。在建筑群空间布局设计时，若按照前高后低的方式布置，前栋高层建筑会形成较大的旋涡区而使得后栋较低的建筑风环境变差。在高层建筑的前方有低层建筑时，也会造成强旋风，易对周围风环境带来不利影响。[3]

在低层建筑处于高层建筑的上风向情况下，低层建筑对高层建筑的上层风环境影响较小，靠近地面区域的气流被低层建筑阻挡，在背风区域产生风影。当低层建筑密度较小、高度较低，且位于高层建筑上风向时，风影区面积较小，低层建筑周围的风速与风压变化较小；当低层建筑密度较大、高度较高时，对气流的阻挡较为明显，气流通过低层建筑群后，到高层建筑底部时风速与风压明显衰减，并在低层建筑背风面形成涡流，影响高层建筑底部空间（行人高度）的风环境。一般来说，在群体建筑空间组合中，如果低层建筑位于高层建筑的上风向时，低层与高层建筑的间距应至少为低层建筑高度的1~3倍。[4]

建筑形状也会影响室外风环境效果。例如，采用流线型设计的建筑通常更容易实现自然通风，从而减少建筑对机械通风系统的依赖。某些建筑形状可能会导致气流在建筑表面分离，产生不稳定的湍流区域。建筑的几何特征如边缘形状、弯曲角度，对气流分离起到关键作用。锐角和陡峭的边缘可能会导致气流在表面分离，形成湍流区域。这种分离也会导致表面压力分布的不均匀，进而对建筑自然通风造成影响。与此同时，光滑表面有助于空气更流畅地流过建筑，减少分离的可能性。相比之下，粗糙或多凹凸的表面可能会产生湍流，增加阻力和风压。因此，在建筑设计中推荐采用流线型设计方法。

3. 优化评估与设计

在建筑或建筑群规划和设计中，如何利用科学方法以实现室外风环境合理优化成为关键问题，应在模拟基础上对室外风环境质量进行量化评估，确保建筑实际投入运行后达到预期的风环境营造效果。设计师可以采用多目标优化、参数化研究、灵敏度分析和寻优算法来实现风环境优化评估与设计。

（1）多目标优化

多目标优化方法可以在综合考虑多个设计目标时帮助建筑设计师找到最佳解决方案。这些目标可以从优化室外舒适性、空间功能性、环境可持续性以及空间美观性等方面出发。多目标优化是一个反复迭代的过程，需要多次计算比较,在数值模拟计算中也有很多相同的操作步骤。以某村镇住宅室外通风环境优化设计研究为例,围绕"居民主观舒适感受""群体建筑的通风性能"以及"室外风环境对室内通风的影响"3个方面进行多目标优化评估,主要针对舒适风速区比率、风速比、建筑前后压差3个评价因子构建计算表达式,以直观表达室外通风性能,便于建筑方案的优化及比选(表4-1)。

某村镇住宅室外通风环境多目标评价体系[6] 表4-1

评价内容	评价因子	评价方法
居民主观舒适感受	舒适风速区比率	夏季:风速小于5m/s,舒适风速为0.5~2.9m/s;舒适风速区比率越大,通风越好 冬季:风速小于5m/s,舒适风速为0.5~2.0m/s;舒适风速区比率越大,通风越好
群体建筑的通风性能	风速比	夏季:最大值不超过2,平均值越大,越有利于通风 冬季:最大值不超过2,平均值越大,越有利于通风
室外风环境对室内通风的影响	建筑前后压差	夏季:75%以上建筑前后压差保持在1.0~2.0Pa; 冬季:最大压差不超过5.0Pa

(2)参数化研究

通过变化建筑布局、高度、形状等设计参数,进行参数化研究可以帮助建筑设计师评估这些关键设计参数对室外风环境的定量化影响,并找到最佳组合参数。以住宅建筑布局方式的参数化设计为例,选取围合式、行列式、错列式等布局样式进行对比研究。该研究在模拟住区建筑距地面1.5m处的风速值大小和平均风速基础上,选取舒适风面积占比为评价指标,从住区室外风环境的整体舒适性角度进行量化评价,最终确定建筑室外风环境风速处于1~5m/s之间的区域为舒适风区域。结果表明:围合式布局内部舒适风面积占比最优,错列式次之,行列式最小(表4-2)。

(3)灵敏度分析

灵敏度分析可以帮助建筑设计师确定哪些设计参数对风环境优化最为敏感,从而针对性地进行评估和优化。以内廊式教学楼室外通风环境优化设计研究为例,对教学楼进行走廊尺寸、教室尺寸、侧窗洞口及横向高窗的优化,并对这些要素进行灵敏度计算,得出各参数对通风环境的影响程度。灵敏度S_i的定义是项目效益指标变化的百分率与不确定因素变化的百分率之比[8],计算公式如下:

$$S_i = (\Delta L/L_n) / (\Delta P_i/P_{i,n}) \quad (4-2)$$

式中 ΔP_i——某参数(i)值P_i的变化量;

$P_{i,n}$——某参数(i)的设定值;

ΔL——由于参数变化引起的目标变化量;

L_n——基础值,此处取适宜风速区的风速(0.2~1m/s)。

某住宅不同建筑布局下的模型参数[7]　　　　表4-2

建筑布局	风速分布图	舒适风面积占比
围合式		67%
行列式		39.8%
错列式		58.3%

注：U为风速。

（4）寻优算法

遗传优化或粒子群优化等寻优算法也为建筑风环境评估与优化设计提供了科学支撑，利于设计师在复杂多样的设计方案中寻找到最优解，以满足特定的风环境需求。例如，将建筑设计和遗传算法相结合，可以为基于建筑全年室外风环境舒适性为目标的建筑体块生成研究提供新的研究方法。灵活多样的单元式建筑体块相关形态特征可通过参数化设计思维来量化，而这些参数可以作为遗传算法的输入变量，从而协助建筑设计师通过优化建筑参数得到室外风环境更优的建筑体块设计方案。以某综合体设计作为研究对象，首先确定以优化室外风环境为目标的遗传算法函数。在一般情况下，夏季人体在风速小于0.1m/s的情况下会感觉闷热，而在风速达到0.5m/s的情况下会感觉舒适，冬季情况下人体不希望有吹风感。因此，该研究将优化目标函数设置如下：

$$f(v) = |v_{sum}-0.5| + v_{win} \quad (4-3)$$

式中　$f(v)$——场地中风速平均值，m/s；

　　　v_{sum}、v_{win}——场地中夏季、冬季风速值，m/s。

目标函数值越小，对应的体块组合方式所产生的室外风环境越优。通过该目标函数筛选室外风环境较好的体块组成方案，从而更有效满足舒适性、可持续设计目标。

4.3 建筑室内气流组织模拟

4.3.1 建筑室内气流组织的概念

建筑室内气流组织的重要性在于其直接影响着室内空气品质、人员舒适性以及建筑能源效率。通过合理设计气流组织，可以确保新鲜空气的充分供应，降低室内污染物浓度和改善室内通风环境，有利于确保居住者和工作人员的舒适与健康。同时，室内气流组织的优化设计还可以减少热不均匀性，提高室内舒适性，并降低通风系统的能源消耗，减少建筑能源浪费，从而对提升能源效率产生积极影响。

狭义的室内气流组织概念指的是上（下、侧、中）送上（下、侧、中）回或置换送风、个性化送风等具体的送回风形式。广义的室内气流组织是指一定形式的送风口和送风参数所带来的室内气流分布。其中，送风口的形式包括风口（送风口、回风口、排风口）的位置、形状、尺寸，送风参数包括送风的风量、风速的大小和方向等。本节所讨论的内容即为这种广义的室内气流组织。

室内气流组织与室外风环境之间存在紧密关系，这一关联对建筑设计和室内风环境营造具有重要影响。首先，室外风环境的关键特征，如风速、风向和湍流强度，直接影响室内气流的运动方式和速度。建筑所处的地理位置和地形条件会决定其周围空气的流动状况，例如海滨地区常伴随海风，而城市中心则可能受到高楼大厦风洞效应的影响。建筑的高度、形状和朝向等关键参数也会影响室外风场的分布，从而对室内气流组织分布产生影响。其次，室内气流组织的优化设计可以充分考虑利用室外风环境。例如，在夏季炎热天气中，通过巧妙地引导室外风进入建筑内部，可以实现自然通风并提升降温潜力，降低空调系统负荷，提高建筑能源效率。

4.3.2 建筑室内通风方式与类型

上文介绍了建筑室内气流组织的概念及重要性，合理的气流组织优化设计是保障室内通风环境品质的关键环节。建筑室内通风一般指将新鲜空气导入人们所停留的室内空间，以提供呼吸所需要的空气，并稀释室内空气污染物等。本小节将着重介绍气流组织与建筑室内通风的关系，包括常见的通风方式与类型、典型的气流组织示例等。

1. 自然通风原理

自然通风是指利用自然手段来促使空气流动的通风换气方式。其最大的特点是不消耗动力或者与机械通风相比消耗很少的动力，因而其首要优点是节能，并且占地面积小、投资少，运行费用低。其次是可以利用充足的新鲜空气保证室内空气品质。建筑室内自然通风的基本形式有风压驱动、热压驱动两种。

（1）风压驱动的自然通风

当足够的压力差存在于建筑内外表面，打开界面开口会形成充足的穿越气流，这便是风压驱动自然通风方式的原理。表面正负压力差随着界面形态特征的变化而呈现不同的数值。风压和室外风速呈现正比例关系，室外环境条件对风速的影响较大。如果风速太小，自然通风需要的压力差和气流量将不能被满足，空气流动将不顺畅，可能导致夏季时建筑能耗增加。如果风速太大，将会带来安全隐患并降低室内通风环境品质，可能导致冬季时建筑能耗增加。因此，深入了解风速与风压之间的量化关系对合理设计建筑自然通风至关重要。室外风压的计算公式具体如下。

$$P = \frac{1}{2} K \rho_e v^2 \quad (4-4)$$

式中　P——室外风压，Pa；

　　　K——空气动力系数；

　　　ρ_e——室外空气密度，kg/m³；

　　　v——室外风速，m/s。

建筑表面产生的压力值通常与建筑体形、风向、风速有关，一般由风洞模拟试验测定。

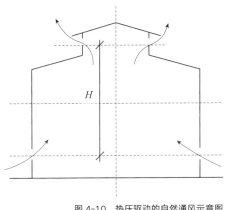

图4-10　热压驱动的自然通风示意图

（2）热压驱动的自然通风

热压驱动的自然通风在解决大尺度空间通风问题时效果显著（图4-10）。在一些夏季室外多是静风状态的地区，需要通过热压通风来进行通风散热，使得气流能够形成循环。影响热压驱动自然通风效果的关键因素主要包括以下三个方面：①热压通风作用和通风换气次数随着室内外温差的升高而提高。②室内外空间贯通度的提高有利于加强室内外气流循环。③热压作用在高敞的室内空间里更为明显。在建筑设计中合理运用热压通风对于提升建筑整体性能具有指导意义。

热压的计算公式如式（4-5）所示：

$$\Delta P = gH(\rho_e - \rho_i) \approx 0.043 H(t_i - t_e) \quad (4-5)$$

式中　ΔP——热压，Pa；

　　　g——重力加速度，m/s²；

　　　H——进、排风口中心线间垂直距离（高度差），m；

　　　ρ_e——室外空气密度，kg/m³；

ρ_i——室内空气密度，kg/m³；

t_i——室内气温，℃；

t_e——室外气温，℃。

热压大小与进、排风口的高度差成正比。内外温差越大，空气密度差也越大，使热压增大，进而增强自然通风效果。因此，在建筑的高处设置排风口有助于热空气的排出，从而引导新鲜空气进入室内，加强室内外空气流通循环。

实际情况下，建筑中的自然通风往往是风压与热压共同作用的结果，且各自作用的强度不同，对整体自然通风的贡献也各不相同。举例来说，工厂的热车间常有稳定的热压可利用；沿海地区的建筑往往风压值较大，因而通风良好。在民用建筑中，室内外温差不大，进、排风口高度相近，难以形成有实效的热压，因此主要依靠风压组织自然通风。但是，风压作用容易受到天气、建筑形状、周围环境等因素的影响，具有不稳定性，在与热压同时作用时可能还会出现相互减弱的情况。通常两种自然通风的动力因素是并存的，其中利用风压通风技术相对简单。因此，在设计过程中应充分考虑各种环境因素，将建筑设计与风环境进行融合，有效提升建筑的通风效果。

2. 机械通风原理

机械通风是一种利用机械手段（风机、风扇等）产生压力差来实现室内空气流动的方式。与自然通风相比，机械通风最大的优点是可控制性强。机械通风通过调整风口大小、风量等因素，可以对室内气流分布进行调节，达到比较满意的通风效果，从而实现室内空气流动和替换。机械通风系统通常包括室外空气预处理、过滤、加热（冷却）、加湿（除湿）等过程，以确保进入室内的空气满足人员舒适和健康需求。机械通风系统通常配备有控制系统，用于监测室内空气品质和环境条件，并根据室内需求调整通风率。这些系统可以基于CO_2浓度等参数来自动控制通风设备运行，形成实时可控的室内通风系统。

机械通风的主要优点之一是可以独立于室外气流条件工作，因此在各种气候条件下都能提供相对稳定的通风效果，适用于建筑内部空间布局复杂、自然通风效果有限或需要特定空气品质标准的情况。机械通风的原理和工作方式对于设计师来说是关键。根据通风模式的不同，机械通风主要分为混合通风、置换通风、层式通风和个性化送风（图4-11）。

（1）混合通风

混合通风是一种将室外空气与室内空气混合使用的通风形式。它通过自然或机械手段将新鲜空气引入室内，并将室内污浊空气排出。混合通风适用于室外空气品质良好且温度适宜的地区。混合通风的优点是简单、经济，能

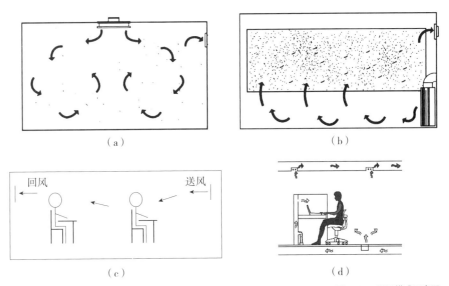

图 4-11 通风模式示意图
（a）混合通风；（b）置换通风；（c）层式通风；（d）个性化送风

够提供较好的室内空气品质，但其在气候极端或空气污染严重的情况下效果较差。

（2）置换通风

置换通风是一种通过将新鲜空气从低处引入室内，同时将污浊空气从高处排出的通风形式。置换通风适用于需要更高室内空气品质的场所，如实验室、医院手术室等。它的优点是能够有效地排除污浊空气，提供较好的室内空气品质。然而，置换通风需要较为复杂的设备，成本相对较高。

（3）层式通风

层式通风是一种区别于混合通风、置换通风的新型通风方式，其工作原理方式如图 4-11（c）所示。一般情况下，层式通风送风口布置在距地面 0.8~1.4m 高度的墙体上，即坐姿状态下人胸腔至头部的高度。层式通风通过在房间墙体中部送风的方式将新鲜空气直接送到人呼吸的区域，在该区域形成一个新鲜的空气层，在该空气层内可以达到较高的热舒适度，并将污染物浓度控制在较低的范围，同时还可以在垂直方向上产生"头冷脚热"的反向温度梯度，更符合人体热舒适感觉规律。[9]

（4）个性化送风

个性化送风是一种根据个人需求提供定向送风的通风形式。它通过在特定位置安装送风装置，将新鲜空气直接送到人员所在的区域。个性化送风适用于需要个体化舒适性的场所，如办公室、学校教室等。这种通风形式可以通过调节送风口的位置、角度和风速来实现。个性化送风的优点是能够提供个体化的舒适性，但需要更精确的设计和调节，以满足不同人员的通风需求。

综上所述，建筑室内通风方式与类型多种多样，但其最终目的都是在室内形成合理的气流组织形式，保证室内污染物及时排除，提升室内空气新鲜度，满足人员舒适性要求等。评判通风环境是否能达到上述要求，就需要借助评估参数指标。

4.3.3 建筑室内气流组织评估参数

在设计建筑室内气流组织时，有一些关键参数可用于描述和评估气流性能，例如空气龄、换气次数、送风可及性、空气分布特性指标、不均匀系数、通风效率等。这些参数不仅有助于设计人员了解室内通风特征，也为通风系统优化设计提供了依据。

1. 空气龄

空气龄是指空气进入房间的时间。在房间内污染源分布均匀且送风为全新风时，某点的空气龄越小，说明该点的空气越新鲜，空气品质就越好。它还反映了房间排除污染物的能力，平均空气龄小的房间，去除污染物的能力就强。空气龄作为衡量室内空气新鲜程度与换气能力的重要指标而得到广泛应用。

从统计学角度来看，房间中某一点的空气由不同的空气微团组成，这些微团的"年龄"各不相同。该点所有微团的空气龄 τ 存在一个频率分布函数 $f(\tau)$ 和累积分布函数 $F(\tau)$。

$$\int_0^\infty f(\tau)\mathrm{d}\tau=1 \qquad (4-6)$$

累积分布函数与频率分布函数之间的关系为：

$$\int_0^\tau f(\tau)\mathrm{d}\tau=F(\tau) \qquad (4-7)$$

某一点的空气龄 τ_p 是指该点所有空气微团空气龄的平均值。

$$\tau_p=\int_0^\infty f(\tau)\mathrm{d}\tau \qquad (4-8)$$

2. 换气次数

换气次数是衡量房间内污染稀释情况优劣（也就是通过稀释所达到混合程度）的重要参数，同时也是估算室内通风量的依据。对于建筑房间，可以通过查相应的设计手册找到换气次数的经验值，根据换气次数和体积估算房间的通风换气量。

一般使用两种示踪气体方法来测量换气次数：上升法和下降法。在上升法中，根据质量平衡可得到通风量 Q 和示踪气体散发量 m、示踪气体出口浓度 C_e 的关系为：

$$Q=\frac{m}{C_e} \quad (4-9)$$

因此在已知示踪气体散发量 m 的情况下，通过测量示踪气体出口浓度可以得出房间的通风量。对于确定体积大小的房间，测出房间通风量后即可求得换气次数。

在下降法中，经过一段时间后，房间排风口在 t 时刻的示踪气体浓度 C 和换气次数 n、房间的示踪气体初始浓度 C_o 的关系为：

$$C_e=C_o e^{-nt} \quad (4-10)$$

如果已知房间的示踪气体初始浓度 C_o，测出 t 时刻排风口的示踪气体浓度，即可求得换气次数。若 C_o 未知，可以测出 t_1、t_2 两个时刻的排风口的示踪气体浓度，通过比例关系消除 C_o，求得换气次数。

3. 送风可及性

为评价短时间内的送风有效性，送风可及性的概念被提出，它能反映送风在任意时刻到达室内各点的能力。假设通风系统的送风空气中包含某种指示剂，并且室内没有该指示剂的发生源，那么室内空气会逐渐含有这种指示剂。具体定义为：

$$A_{SA}(x,\ y,\ z,\ \tau)=\frac{\int_0^\tau C(x,y,z,t)\,\mathrm{d}t}{C_{in}\tau} \quad (4-11)$$

式中　$A_{SA}(x,\ y,\ z,\ \tau)$ ——无量纲数，即在时段 τ 内室内位置 $(x,\ y,\ z)$ 处的送风可及性；

　　　$C(x,\ y,\ z,\ t)$ ——在时刻 t 时室内 $(x,\ y,\ z)$ 处的指示剂浓度；

　　　C_{in} ——送风的指示剂浓度；

　　　τ ——从开始送风所经历的时间，s。

送风可及性反映了在给定的时间内从一个送风口送入的空气到达考察点的程度，它是一个不大于 1 的正数。某点的可及性数值越大，反应送风口对该点的贡献越大。送风可及性只与流场相关，当流动形式确定时，可及性也相应确定。当室内没有某种组分的源存在时，那么由该组分在各风口的输入速率及相应的可及性数，即可预测室内该组分的动态输运（扩散）过程。

4. 空气分布特性指标

空气分布特性指标（Air Diffusion Performance Index，ADPI）定义为满足规定风速和温度要求（有效温度差）的测点数与总测点数之比。有效温度差与室内风速之间存在以下函数关系：

$$\Delta ET = (t_i - t_n) - 7.66(u_i - 0.15) \quad (4\text{-}12)$$

式中　ΔET——有效温度差，℃；

　　　t_i 和 t_n——工作区某点的空气温度和给定的室内设计温度，℃；

　　　u_i——工作区某点的空气流速，m/s。

式（4-12）中，系数 7.66 代表以温度与风速单位为比例的经验系数，单位为℃/（m/s）；系数 0.15 代表参考风速，单位为 m/s。

通常认为当 ΔET 数值在 $-1.7 \sim 1.1$ 之间时，多数人感到舒适。ADPI 值越大，说明感到舒适的人群比例越大。在一般情况下，应使 ADPI 大于或等于 80%。

5. 不均匀系数

在室内目标区域内选择 n 个测点，分别获取各点的风速（温度）值，求其算术平均值。然后根据风速（温度）的算术平均值分别求得均方根偏差。最后将均方根偏差与风速（温度）的算术平均值的比值定义为速度（温度）不均匀系数。不均匀系数的值越小，则代表气流分布的均匀性越好。

6. 通风效率

通风效率 E 定义为实际参与工作区内稀释污染物的风量与总送风量之比，也表示通风系统排出污染物的能力。[10] 当送入房间空气与污染物混合均匀，即排出室内的污染物浓度等于工作区浓度时，通风效率等于 1。一般的气流分布形式（如混合通风）下，通风效率小于 1。若新鲜空气由下部直接送到工作区时，工作区的污染物浓度可能小于排出室内的浓度，则通风效率大于 1。具体表达式如下：

$$E = \frac{C_p - C_o}{\bar{C} - C_o} \quad (4\text{-}13)$$

式中　C_p 和 C_o——分别为排出空气中示踪气体浓度和进风示踪气体浓度；

　　　$\bar{C}$——室内示踪气体平均浓度。

4.3.4　设计方法对室内气流组织的影响

选择适当的通风方式是建筑室内气流组织设计中的关键决策之一。不同的通风方式适用于不同的建筑类型、用途和环境条件。例如，住宅建筑、商业建筑和医疗建筑可能具有不同的通风需求。住宅通风的首要任务是确保室内空气新鲜，并且有效排除可能的有害气体和异味，以维护居住者的健康；商业建筑中通常有较高的人员密度，因此需要更大的通风量，以保证足够的新鲜空气供给；在医疗建筑中，通风系统必须确保高质量的空气环境，以减少疾病传播的风险。一些医疗环境需要特定的气压控制，以控制污染物的传播。总之，合理选择和优化设计通风方式是一项复杂的任务，需要综合考虑空气品质、舒适性、能源效率等多个因素。本小节以某开放式办公室为例，借助 CFD 模拟方法，介绍室内通风方式的优化设计对气流组织分布的影响，进而评估通风性能。本案例中设计了 4 种通风模式，包括混合通风、分区通风、层式通风与置换通风。混合通风模式的送风口采用方形散流器。4 种通风模式的送、回风口总面积均为 $1m^2$、$0.08m^2$，通风量为 $1.73m^3/s$，送风速度为 1.73m/s，送风温度为 25℃。

图 4-12 为 4 种通风模式下的气流组织分布对比结果。在混合通风与置换通风模式下，室内空气混合更均匀。相比于混合通风，置换通风的空气再循环现象更加明显，主要原因为置换通风的送风口数量大于混合通风。具体来说，置换通风的送风口于两侧墙壁处呈现对称分布（每侧墙壁各有 4 个送风口），因此导致送风射流在中间区域产生碰撞，并向上层区域传播扩散。回风口附近的空气可被快速排出室内，距离回风口较远的空气将在室内空间进行再循环。由于层式通风的送风口高度为 1.1m，因此该通风模式可更有效地将空气送至人员活动区域。分区通风的送风射流径直地传输至人员区

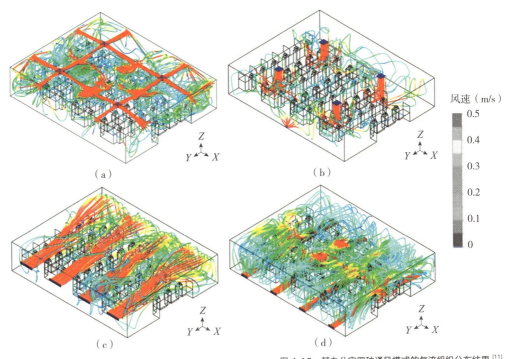

图 4-12 某办公室四种通风模式的气流组织分布结果[11]
（a）混合通风；（b）分区通风；（c）层式通风；（d）置换通风
（图片来源：REN C, ZHU H C, CAO S J. Ventilation Strategies for Mitigation of Infection Disease Transmission in an Indoor Environment: A Case Study in Office[J]. Buildings, 2022, 12（2）: 180.）

域，因此导致室内空气再循环相对变弱，大部分空气直接由回风口排出。混合通风、分区通风、层式通风与置换通风下的室内平均风速分别为0.16m/s、0.18m/s、0.23m/s和0.21m/s。与混合通风相比，分区通风、层式通风和置换通风分别提高12.5%、43.8%和31.3%的平均风速。层式通风与分区通风可为办公室提供更大的通风量，利于改善气流组织性能。

在气流组织分布结果的基础上，结合 $ADPI$ 指标对某办公室4种通风模式的通风性能进行评估，见图4-13。4种通风模式下的 $ADPI$ 均达到80%以上，满足舒适性需求。在所有通风模式中，层式通风下的 $ADPI$ 为最高值（90.5%），相比于混合通风的 $ADPI$（84.2%）增加6.3%。与混合通风相比，分区通风和置换通风的 $ADPI$ 分别提高3.4%和2.4%，在改善通风性能方面具备一定优势。综合上述分析，建议在设计过程中优先考虑层式通风和分区通风模式，以改善人员活动区域的通风环境。

除了通风模式（送、回风口位置）的优化设计，送风口类型、送风量大小（风速）等关键参数的设计也是确保合理室内气流组织的重要组成部分。常见的送风口类型主要有喷口、百叶风口、条缝风口、散流器（方形、圆形和盘形）、旋流风口和孔板等，建议根据房间类型和布局特性，选择更为合适的风口类型。根据不同室内功能需求，可以在合理设计送风量的基础上实施调控措施，确保新鲜空气供应，同时降低建筑通风能耗。

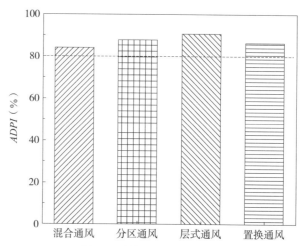

图4-13 某办公室4种通风模式的空气分布特性指标（$ADPI$）[11]
（图片来源：REN C，ZHU H C，CAO S J. Ventilation Strategies for Mitigation of Infection Disease Transmission in an Indoor Environment: A Case Study in Office[J]. Buildings，2022，12（2）：180.）

4.4 建筑室内外风环境耦合模拟

4.4.1 建筑室内外风环境耦合模拟原理

在建筑设计中，掌握室内外风环境耦合模拟的基本原理至关重要，其核心在于模拟室内和室外风环境的交互作用。例如建筑设计中常见的"穿堂风"效应就是室内外风环境耦合作用的具体体现。通过掌握耦合模拟中的关键效应和边界条件设置，设计者可以更好地开展多尺度建筑风环境模拟和优化设计研究。

1. 建筑室内外风环境耦合模拟的关键效应

建筑室内外风环境耦合模拟的基本原理涉及风场耦合效应和时间尺度效应等，需要精确的计算和分析方法来更有效地解释风环境的交互作用。风场耦合效应是指室内外空气流动形成双向耦合和交互作用。室外风场会对建筑外立面施加压力，从而形成风压并导致室内气流分布的变化。同时，室内气流也会影响室外风场，例如通过窗户、排风口、空调外机等构件将室内空气吹向室外空间，对建筑周围局部空气流动形成一定扰动。最终，建筑室内外风环境形成一种双向的耦合效应。这种相互作用可以在几何模型构建（包括室外几何模型和室内空间模型）基础上结合数值模拟计算加以解释。

时间尺度是风环境耦合模拟的另一个关键因素。室内外环境的相互作用通常在不同的时间尺度上发生，从瞬时的风压变化到长时间内的温度参数调节等。建筑室内外风环境耦合模拟需要充分考虑这些不同时间尺度效应对计算模拟的影响，并采用适当的时间步长（包括几秒、几小时甚至几天等）和模拟方法（比如非稳态模拟）来捕捉它们，进而获取更加符合真实情况的模拟结果，提升绿色建筑仿真性能与优化设计效果。

2. 建筑室内外风环境耦合模拟的边界条件

边界条件是建筑室内外风环境耦合模拟中的关键因素，它们定义了室内区域与外部环境的交互方式，主要包括外部环境边界条件、内部边界条件和交界面边界条件等。合理设置边界条件可以更准确地捕捉室内外风环境的耦合效应。

（1）外部环境边界条件一般是指建筑四周的环境条件，包括大气压力、外部风速和风向等，外部风速的设置可以参考4.1.3节中的"1.来流风边界条件"。通过准确设置这些条件，可以更好地分析建筑外部环境对室内环境的影响。

（2）建筑内部边界条件的设置涉及墙壁、窗户、门等构件的布局方式和几何尺寸等属性。这些属性不仅影响了建筑外部空气向室内流动的情况，也影响了建筑内部的气流组织分布规律。内部边界条件的设置需要经过仔细考虑和验证，例如关闭的窗户属于内部边界条件，而开启的窗户可能属于交界面边界条件。

（3）室内外交界面边界条件适用于两个区域的交界处，在此界面上不需要用户输入任何内容，只需要指定其位置。一般情况下，室内外空间的交界处（例如开启的窗户或门等）都默认是整个计算域的内部边界条件，将室内、室外两个区域"隔开"。需要注意的是，在将交界面导入 CFD 模拟软件（例如 Fluent）时，系统会为该界面生成一个相对应的 shadow wall。若将交界面条件由 wall 改为 interior 时，则合并为内部边界条件。

4.4.2 建筑室内外风环境耦合模拟结果解释

建筑室内外风环境耦合模拟的独特之处在于它可以捕捉建筑外部与内部之间的空气流动特性。风场（包括风速、风向等）是耦合模拟的重要输出结果之一，对风场的耦合模拟结果进行合理解释有助于设计者更好地了解气流组织分布情况，也更好地理解建筑室内外风环境之间的相互作用，最终用于有效指导建筑设计与性能评估。

正如前文所述，建筑自然通风是室内外风环境耦合作用的具体体现之一，创造良好的自然通风条件也是绿色建筑设计的基本要求。本小节以不同类型建筑室内外耦合自然通风模拟情景为例，针对风环境耦合模拟结果进行详细分析，包括风速云图、风场流线图和风环境评估结果等，为模拟结果量化评估与绿色建筑优化设计提供参考依据。

1. 室内外耦合风速云图

情景 1 以不同进深、不同分隔度、不同窗洞比的办公楼标准层模型作为建筑风环境模拟的研究对象，分析各平面模型的室内外耦合通风性能。可变设计参数为：①建筑进深。变化规律为进深依次增大，分别为 2 跨、3 跨、4 跨和 5 跨。②分隔度。归纳为自上而下的 4 行，分别基于开敞办公、大开间办公、较大房间办公、小隔间办公 4 种办公室划分模式构建分隔度的变化颗粒度。③窗洞比。依据设计规范中对外窗开启扇的设计规定，窗洞比分别为 1%、2%、3.5%、5% 和 8%。

经 PKPM-CFD 软件模拟，得到如表 4-3、表 4-4、表 4-5 的模拟结果，分别呈现长条状板楼标准层平面、矩形塔楼标准层平面、方形塔楼标准层平面在不同分隔度（自上而下分别为开敞办公、大开间办公、较大房间办公、小隔间办公）、不同窗洞比下的风速云图。结果表明：①内走廊风速较其他房间风速更快，分析其原因为内走廊不临外窗，流经内走廊的风量均为迎风侧房间流入，流出至背风侧房间。内走廊的风流量与迎风侧房间、背风侧房

长条状板楼标准层平面下的风速云图[12]　　　　表 4-3

窗洞比	1%	2%	3.5%	5%	8%
长条状板楼标准层					

矩形塔楼标准层平面下的风速云图[12]　　　　表 4-4

窗洞比	1%	2%	3.5%	5%	8%
矩形塔楼标准层					

方形塔楼标准层平面下的风速云图[12]　　　　表 4-5

窗洞比	1%	2%	3.5%	5%	8%
方形塔楼标准层					

间均等，但其总体积远小于迎风侧房间、背风侧房间且为窄长条空间，因而风在内走廊处快速通过，风速加快。②各房间风速分布不均、门窗洞口连线区域风速快但其余区域风速慢。分析其原因为模拟中将各模型的门窗开启扇简化为洞口，缺少了风流入、流出两端的干扰。建模过程中忽略了房间内家具布置、人员分布等对风流经房间的干扰。③从左至右观察各行 5 个风速云

图，随着窗洞比递增，风速数值逐渐增大。④从上到下观察各列4个风速云图，随着分隔度递增，风速皆未均匀变化。对比风速云图，无隔墙平面相较有隔墙平面，风速更均匀、风向更稳定，这表明隔墙对风场的影响较大。分析其原因为对于无隔墙平面，间隔均质的水平长窗开启扇可近似看作水平线形进风口、出风口，气流分布均匀、稳定。

2. 室内外耦合风场流线图

情景2涉及内廊式和内院式两种宿舍平面方案，对室内外耦合的自然通风流线图模拟结果进行分析。内廊式布局形式进深较大且内廊较为封闭。若要形成穿堂风，则需要将走廊两侧相对宿舍门全部开启。但由于宿舍私密性要求，不可能经常敞开宿舍门。

为了弥补内廊式自然通风的缺陷，设计师对内廊式宿舍平面方案进行提升改造，得出内院式宿舍平面方案布局。内院式宿舍平面方案即在内廊式的基础上增加了一个公共庭院，使得气流能够通过天井改善宿舍的风流场，宿舍的自然通风效果得到了明显提升。为了增强空气的循环流动，在学生宿舍门的上方还增设了下悬通风气窗，从而与阳台—窗户—风口形成自然通风路径，同时也保证了学生宿舍的私密性，可谓"一举两得"。

图4-14为平均风速下内廊式和内院式宿舍楼在1.2m高度处风场流线模拟情况。由图4-14可以看出，内廊式和内院式的风场流线都比较明显，大部分区域气流分布都比较均匀，但内廊式西北角的个别房间区域空气处于流速较慢或停滞状态。内院式方案相比于内廊式方案，其各房间内的气流都比较强，空气流动速度较为均匀，空气更新的频率高，自然通风效果更好。

3. 室内外耦合风环境评估

情景3对住宅转角居室开口的布局（工况Ⅰ）、居室通风开口的位置（工况Ⅱ）、通风开口的面积（工况Ⅲ）3个方面共计12种案例下的自然通风性能进行比较。为了使比较研究中的对应工况具有相同的外界条件，选取典型2梯4户的对称住宅楼平面进行建模，并开展模拟研究。如图4-15所示，由于A户和B户主卧室和书房分别位于南北向的外墙转角，首先对主卧室和书房的不同开口布局进行比较研究，然后对A户和B户客厅阳台开口高度和北卧室窗户开口的相对位置进行比较研究，最后对C户和D户主卧室开口数量和户门通风窗开口面积进行对比研究。

该情景选用Phoenics软件进行室内风环境耦合模拟研究，进而采用空气龄指标对风环境进行量化评估，以综合衡量房间的通风换气效果。Ⅰ-a1和Ⅰ-a2工况下的空气龄值整体低于Ⅰ-b1和Ⅰ-b2工况，4个房间的平均空气龄值在121~161s之间，Ⅰ-a1和Ⅰ-a2的空气龄值分别低于Ⅰ-b1和Ⅰ-b2。转

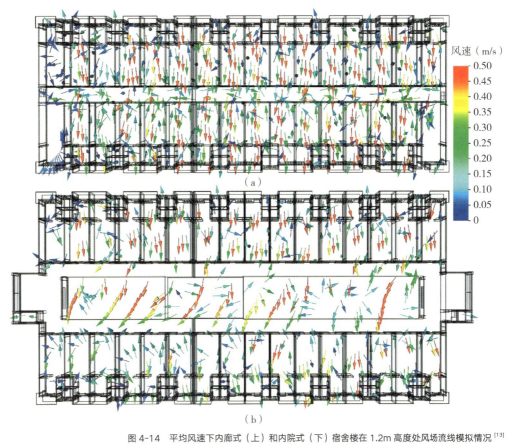

图 4-14 平均风速下内廊式（上）和内院式（下）宿舍楼在 1.2m 高度处风场流线模拟情况[13]
（a）内廊式；（b）内院式
（图片来源：金奇志，郭丹琳，刘宏伟，等 . 两种平面形态宿舍自然通风的 CFD 模拟分析 [J]. 桂林理工大学学报，2022，42（2）：417-424.）

图 4-15 不同开口模式（布局、位置和面积）平面布局图[14]
（图片来源：郭佩艳，易敏，吕太锋，等 . 基于 CFD 模拟的住宅自然通风开口模式优化策略研究 [J]. 建筑科学，2021，37（4）：120-125.）

角居室双侧开口模式有利于形成转角流通风，空气龄更低，风速更快。Ⅱ-a3和Ⅱ-b3的空气龄分布差异较大，Ⅱ-a3自然通风换气速度远远优于Ⅱ-b3，表明住宅开启扇距地过高且开口面积较小易造成较高的空气龄，不利于室内换气。Ⅱ-a4和Ⅱ-b4的平均空气龄分别为92s和148s，Ⅱ-a4的空气龄比Ⅱ-b4小56s。因此房间内采用多个开口错位、远距离布局设计策略比直线或相邻布局更容易形成房间内转角风，使空气龄减小并促进房间内空气流通。Ⅲ-c1空气龄为120s，Ⅲ-d1的空气龄为175s，说明Ⅲ-c1开窗方式能比Ⅲ-d1开窗方式获得更小的空气龄值，有利于促进室内空气流通。Ⅲ-c2的平均空气龄为66s，Ⅲ-d2的平均空气龄为145s。因此，户门通风窗面积对室内通风影响较大。结合入户门结构特点和常用尺度，中间户型户门开设的通风窗尺寸应不小于0.4m×1.2m，开启面积设为可调节以获得合理的自然通风。

4.4.3 建筑室内外风环境耦合模拟应用案例

建筑室内外风环境耦合模拟在建筑设计和规划中具有广泛应用，也是提升建筑设计效率与实际应用性能的关键。本小节提供一个利用Fluent模拟软件完成的室内外风环境耦合模拟的实施案例，仅用以展示建筑室内外风环境耦合模拟方法在建筑设计领域中的应用价值。

1. 案例信息

本案例是对窗户导流板样式（偏转角度、长度）进行优化设计。研究对象为某高校教学楼三层的自然通风教室（图4-16）。教室几何尺寸为14.0m×8.5m×5.0m。靠近走廊一侧设有2扇门和4扇通风窗。靠近外墙侧有12扇推拉窗，4扇窗户用于通风，8扇密封窗用于采光。通过开启外墙侧窗户与走廊侧门或窗户，形成自然交叉通风。外墙侧窗户的尺寸为0.8m×1.1m，走廊侧窗户的尺寸为0.8m×0.7m，门的尺寸为1.1m×2.1m。导流板的偏转角度包括45°、90°、135°，长度包括0.8m和0.4m，进而对不同导流板设计样式下的自然通风效果进行对比研究。

2. 模拟设置

本案例采用ANSYS Fluent软件进行建筑风环境数值模拟，采用不可压缩稳态RANS模型中的RNG k-ε 模型进行湍流模拟，从而更好地捕捉室内外耦合风场流动特性。考虑到窗户导流板对室外空气的诱导作用，本案例采用室外计算域，从而准确模拟室外风环境对室内风场的影响。上游边界距离目标建筑 $5H$（H为教学楼高度，等于30m），下游边界距离目标建筑 $10H$，横向侧和顶部边界距离目标建筑 $5H$。在室外计算域的基础上，采用ICEM软件

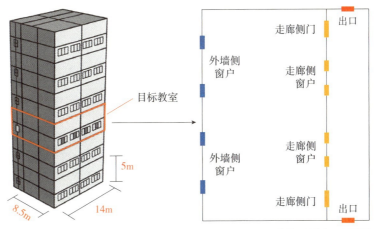

图 4-16 自然通风教室示意图[15]

（图片来源：CHE W Q, DING J W, LI L. Airflow deflectors of external windows to induce ventilation: Towards COVID-19 prevention and control[J]. Sustainable Cities and Society, 2022, 77: 103548.）

创建计算域网格，并对目标建筑周围的网格进行精细化处理（即网格加密）。上游边界采用来流梯度风作为边界条件，参考垂直高度 10m 处的平均来流风速为 2.6m/s。下游边界设置为自由流出口边界条件，横向侧与顶部边界条件均采用对称边界条件，底面边界的几何粗糙高度设置为 1.3m，粗糙高度常数为 7。教学楼壁面、教室壁面以及窗户导流板壁面均采用无滑移壁面条件，导流板的厚度忽略不计。

3. 模拟结果

针对 6 种导流板设计形式（即 6 种模拟工况），首先采用 CFD 数值模拟方法对室内风环境（即风速云图）进行对比研究。图 4-17 为不同导流板形式下的教室内人员呼吸平面风速云图。在 1.2m 高度处，由于导流板将室外空气引入了教室内部，室内风速值得以增加。其中，B1、B2、C1、C2 这 4 种工况下的射流覆盖面积（即室外新鲜空气进入室内空间后形成的送风主流区域）更大。相比之下，A1 和 A2 工况下的风速值更小，射流覆盖面积减小，但室内气流分布更加均匀。

4. 风场评估

为量化自然通风性能，本案例在风速模拟结果的基础上，进一步利用空气分布特性指标（*ADPI*）对不同导流板形式下的通风效率进行评价（图 4-18）。A1 工况下的 *ADPI* 值约为 55%，相比于无导流板工况变化很小，这说明 A1 工况下的导流板形式对通风效率影响不大。B1、B2 工况下的 *ADPI* 值均为 50% 左右，相比于无导流板工况降低了约 6%，说明这两种设计

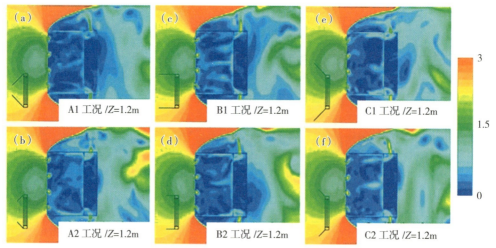

图 4-17　不同导流板形式下的教室内人员呼吸平面风速云图（Z 为该呼吸平面距离教室地面的高度）[15]
（图片来源：CHE W Q, DING J W, LI L. Airflow deflectors of external windows to induce ventilation: Towards COVID-19 prevention and control[J]. Sustainable Cities and Society, 2022, 77: 103548.）

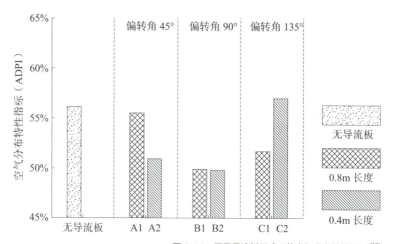

图 4-18　不同导流板形式下的空气分布特性指标[15]
（图片来源：CHE W Q, DING J W, LI L. Airflow deflectors of external windows to induce ventilation: Towards COVID-19 prevention and control[J]. Sustainable Cities and Society, 2022, 77: 103548.）

形式均不利于提升通风效率。C2 工况下的 $ADPI$ 值相比于不使用导流板时有所增加，表明该导流板形式利于改善自然通风性能。

从以上模拟结果可得出以下主要结论：B1、B2、C1、C2 导流板形式下的风速值略大，更有利于将室外新鲜空气引入室内空间从而形成更大面积的射流覆盖。从通风性能角度来看，C2 工况下的导流板形式能在一定程度上提升室内通风效率，但距离实现舒适性目标（$ADPI$ 大于或等于 80%）仍有差距。因此，需要对现有的自然通风优化设计方法进行更新完善，例如在配置窗户导流板的前提下辅助使用机械通风系统。

以上实施案例凸显了建筑室内外风环境耦合模拟方法在建筑设计中的重要性，特别是绿色节能建筑（以自然通风建筑为例）。无论是提供舒适的建筑通风环境，还是改善建筑本身的设计效果，模拟方法都在实现这些目标中发挥了关键作用。通过理解和应用建筑室内外风环境耦合模拟的方法技术，能够更好地推动绿色建筑的可持续发展。

本章介绍了建筑风环境模拟方法，包括建筑室内风环境模拟、建筑室外风环境模拟和建筑室内外风环境耦合模拟，分析了建筑风环境模拟与优化设计间的关联，阐明了建筑风环境模拟在建筑设计与性能优化中的应用，特别是绿色节能类建筑。风环境模拟方法在一些案例中得到了初步应用，其实用性具有较好的验证结果，为有效实现建筑与城市环境多参数（例如温度、污染物等）仿真模拟并提升建筑综合性能提供基础。

思考题与练习题

1. 学习了本章节后，你如何理解建筑风环境模拟与设计之间的关联？
2. 如何理解边界条件在建筑风环境模拟中的作用？边界条件包括哪些类型？
3. 建筑室外、室内风环境模拟与室内外风环境耦合模拟的联系和区别是什么？
4. 已知某房间的尺寸为 2m×2m×2m，设有 1 个送风口和 1 个回风口，送/回风口的尺寸均为 0.4m×2m。请设计 3 种通风模式（考虑不同的送/回风口位置）进行室内风场模拟计算，并选用 2 种以上的评估参数对气流组织进行评价。

参考文献

[1] 田真，晁军. 建筑通风 [M]. 北京：知识产权出版社，2018.
[2] 张少伟. 多尺度城市风环境特性的 CFD 数值模拟与实验研究 [D]. 兰州：兰州大学，2022.
[3] 杨丽. 绿色建筑设计：建筑风环境 [M]. 上海：同济大学出版社，2014.
[4] 李念平. 建筑环境学 [M]. 北京：化学工业出版社，2010.
[5] 王桂芹，胡燕，郑伯红. 基于道路气流特征的城市广义通风廊道模拟研究——以衡阳县为例 [J]. 铁道科学与工程学报，2020，17（6）：1586-1594.
[6] 张华，陈冰，熊明惠，等. 基于多目标评价的村镇住宅室外通风优化设计研究 [J]. 建筑学报，2017（S2）：69-72.
[7] 鲜鑫，李晓虹，游诚，等. 建筑规划设计因子对住区建筑室外风环境的综合影响 [J]. 建筑节能（中英文），2021，49（1）：28-32，41.
[8] 丁玉贤，孙维娜. 严寒地区内廊式教学楼室内自然通风的优化 [J]. 上海节能，2022（1）：111-119.
[9] 林章，周天泰，曾志宽. 层式通风——高温空调下的出路 [J]. 化工学报，2008，59（S2）：

235-241.

[10] 连之伟, 戚大海. 气流组织评价指标的修正[J]. 重庆大学学报, 2009, 32(8): 937-942.

[11] REN C, ZHU H. C, CAO S. J. Ventilation Strategies for Mitigation of Infection Disease Transmission in an Indoor Environment: A Case Study in Office[J]. Buildings, 2022, 12(2): 180.

[12] 宋修教, 张悦, 程晓喜, 等. 平面空间划分对建筑自然通风性能影响的研究[J]. 南方建筑, 2022(3): 56-63.

[13] 金奇志, 郭丹琳, 刘宏伟, 等. 两种平面形态宿舍自然通风的CFD模拟分析[J]. 桂林理工大学学报, 2022, 42(2): 417-424.

[14] 郭佩艳, 易敏, 吕太锋, 等. 基于CFD模拟的住宅自然通风开口模式优化策略研究[J]. 建筑科学, 2021, 37(4): 120-125.

[15] CHE W Q, DING J W, LI L. Airflow Deflectors of External Windows to Induce Ventilation: Towards COVID-19 Prevention and Control[J]. Sustainable Cities and Society, 2022, 77: 103548.

第5章 建筑和城市热环境

建筑是人类与大自然（特别是恶劣的气候条件）不断抗争的产物。建筑的功能是在自然环境不能保证让人满意的条件下，创造一个微环境来满足居住者的安全与健康以及生产生活过程的需要。因此，从建筑出现开始，"建筑"与"环境"这两个概念就是不可分割的。

建筑热环境一般指的是室内热环境。室内热环境主要是由室内气温、湿度、气流及壁面热辐射等因素综合而成的室内微气候。城市热环境主要是指城市区域（城市覆盖层内）空气的温度分布和湿度分布。随着城市化的高速发展，城市区域的温湿度分布表现出与郊区、农村的差异，即出现城市热污染，直接影响城市区域建筑的室内热环境。

本章介绍了建筑热环境相关概念、影响因素及其计算方法，阐述了城市热环境中的热平衡、影响因素和城市热岛问题，并对热环境优化设计方法进行说明，为绿色建筑性能模拟与优化设计实践提供参考。

5.1 建筑热环境模拟

5.1.1 建筑热环境概念和重要性

1. 空气温度

空气温度是室内环境的重要参数之一,也是影响热舒适的主要因素。空气温度是判断空气与其他物体或者系统是否处于热平衡的状态函数,可以反映空气的冷热程度。在微观层面上,空气温度是表征空气中大量分子(氮分子、氧分子、水分子等)热运动强烈程度的物理量,是这些分子热运动的集体表现,具有统计意义。室内空气温度是室内热环境中对人体热感觉最重要的影响因素之一。由于新陈代谢作用,人体会不断地与周围环境进行热交换,而空气温度会对其产生直接影响。当空气温度改变时,人体会通过复杂的体温调节系统来平衡产热和散热,但是这种调节能力具有一定限度。在空气温度过高或过低的环境中,人体的生理和心理都会发生变化。在过热环境中,人的心跳加快,皮肤血管中的血流量也会大幅增加;而在过冷环境中,人体动作灵活性以及情绪都会受到影响;随着环境空气温度继续降低,人的手指、脚和耳朵会产生疼痛感。长期处于这样的极端环境中,人体体温调节系统将会出现各种功能性紊乱及应激状态,严重时甚至会威胁人体的生命健康。因此,在恶劣的自然环境中,对于建筑室内热环境控制以避免极端温度对人体健康的危害显得尤为重要,常用手段有制冷、供暖、通风等。

2. 空气湿度

空气湿度是表示空气中含有多少水蒸气的物理量,它反映了空气的干湿程度,主要有以下三种表示方法。

(1)绝对湿度。每立方米湿空气中所含有的水蒸气的质量,即为该温度和水蒸气分压力下的水蒸气密度ρ_v。它的表达式为:

$$\rho_v = \frac{m_v}{V} \quad (5-1)$$

式中 m_v——水蒸气的质量,kg;

V——水蒸气占有的体积,即湿空气的容积,m^3。

绝对湿度反映了单位容积中所含的水蒸气量。由于容积随温度变化而变化,即使m_v不变,ρ_v也会随温度的变化而变化。所以在计算中,用ρ_v表示空气湿度不方便,故引入含湿量的概念。

(2)含湿量(比湿度)d是指在含有1kg干空气的湿空气中所混有的水蒸气质量。

$$d = \frac{m_q}{m_g} \quad (5-2)$$

式中 m_q——湿空气中水蒸气的质量，kg；

m_g——湿空气中的干空气的质量，kg。

在暖通空调系统中，对空气的加湿、除湿处理，都是用含湿量来计算空气中水蒸气含量的变化。含湿量虽然能确切地反映空气中含水蒸气量的多少，但不能反映空气的吸湿能力，不能表达湿空气接近饱和的程度，因此引入相对湿度的概念。

（3）相对湿度 φ 是指湿空气的绝对湿度与同温度下饱和空气的饱和绝对湿度的比值，或者可以描述为，空气中水蒸气分压力和同温度下饱和水蒸气分压力之比。

$$\varphi = \frac{p_v}{p_s} \tag{5-3}$$

式中 p_s——湿空气中水蒸气分压力，Pa；

p_v——水蒸气饱和分压力，Pa。

相对湿度和含湿量都是表达空气湿度的参数，但意义不同。d 能表示水蒸气含量的多少，却不能表示空气接近饱和的程度；而 φ 能表示空气接近饱和的程度，却不能表示水蒸气含量的多少。

一般情况，室内空气湿度对于人体的影响低于空气温度。然而，在高温或低温环境中，较高的空气湿度会加剧人体的热湿感。在高温条件下，人体主要依靠汗液蒸发散热来维持身体热平衡。但如果环境空气的相对湿度较高，将阻碍汗液蒸发散热，这不利于人体散热。而在低温情况下，较高的空气湿度会增大人体散热量，增加冷感觉。这是因为身体的热辐射会被空气中的水蒸气所吸收，同时衣服在潮湿的环境中吸收水分后其服装热阻会变小。

3. 平均辐射温度

在建筑环境中，平均辐射温度是一个非常重要的参数，经常用于评价热舒适或计算人体辐射散热量。平均辐射温度是一个假想等温围合面的表面温度，它与室内人体（一定位置、姿态和服装）间的辐射热交换量等于该人体周围实际非等温围合面与人体间的辐射热交换量。平均辐射温度随着人体方位角、姿态和服装热阻的改变而改变。

环境热辐射是人体热舒适的重要影响因素。当物体表面温度高于人体皮肤温度时，热量通过辐射从物体向人体传递，使人体受热。当强烈的热辐射持续作用于皮肤表面时，由于热辐射会加热皮肤下面的深部组织和血液，人的体温会上升。当辐射温度高至超出体温调节极限时，就可能会造成人员中暑。而当物体表面温度低于人体皮肤温度时，人体就会向物体辐射散热。在寒冷环境中，人体会因大量散热而受凉，产生感冒等症状。

4. 空气流速

空气是一种典型的流体。当流体局部出现密度差或有外力扰动时，就会引发流动。流动性是流体最基本的特征，空气流速是表示空气流动快慢的物理量。

空气流速影响人体与环境之间的对流换热。环境空气的温度决定了人体表面与环境的对流换热温差因而影响了对流换热量，那么周围的空气流速则是影响了对流热交换系数。在自然对流中，空气流速的主要动力是温差所导致的密度差。当环境温度高于或低于人体表面温度时，会影响人体周围的空气流速，进而影响人体蒸发散热量和排汗速度。空气流速也会影响人体蒸发散热量和排汗速度。风速大时，会提高人体皮肤汗液的蒸发速率从而增加人体的冷感，但出汗速度减慢；风速小时，汗液蒸发散热减弱，但出汗速度加快。

除了影响人体与环境的显热和潜热交换速率以外，空气流速还会影响人体皮肤的触觉感受。人们把气流造成的不舒适的感觉叫作"吹风感"。在较凉的环境下，吹风会强化人体的冷感觉，会一定程度破坏人体的热平衡，因此"吹风感"其实相当于一种冷感觉。当然，在较暖的环境下，吹风也能够促进散热，从而改善人体的热舒适，但是空气流速如果过快，可能会引起皮肤紧绷、眼睛干涩、呼吸受阻甚至头晕。

5.1.2 建筑热环境的影响因素

室内热环境不是孤立的，它受到室外热环境和建筑构造的影响。室外热环境也称为室外气候，是指作用在建筑外围护结构的一切热、湿物理因素的总称，是影响室内热环境的首要因素。建筑所处地的气候条件和外部环境，会通过围护结构直接影响室内环境。在相同的气候区中，不同围护结构的建筑室内热环境不同；在不同的气候区，相似的建筑室内热环境也有所差异。因此，在分析室内热环境之前，有必要了解室内热环境的影响因素。室内热湿环境形成的最主要原因是各种外扰和内扰的影响。外扰主要包括室外气候参数如室外空气温湿度、太阳辐射、风速、风向变化，以及邻室的空气温湿度，均可通过围护结构的传热、传湿、空气渗透使热量和湿量进入到室内，对室内热湿环境产生影响。内扰主要包括室内设备、照明、人员等室内热湿源。

1. 太阳辐射对建筑的热作用

当太阳照射到非透光的围护结构外表面时，一部分被反射，一部分则被吸收，二者的比例取决于围护结构表面的吸收率或反射率。不同类型表面对

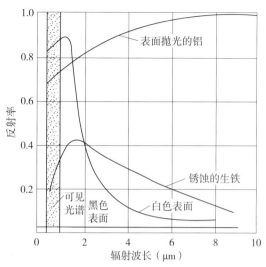

图 5-1 不同类型表面对不同波长辐射的反射率[1]
(图片来源:赵荣义,范存养,薛殿华,等.空气调节[M].北京:中国建筑工业出版社,1994.)

辐射的波长是有选择性的,特别是对占太阳辐射绝大部分的可见光与近红外线波段区有着显著的选择性,图 5-1 给出了不同类型表面对不同波长辐射的反射率,可以看出,黑色表面几乎可以全部吸收各种波长的辐射,而白色表面对不同波长的辐射反射率不同。

因此,对于太阳辐射,围护结构的表面越粗糙、颜色越深,其吸收率就越高,反射率就越低。各种材料的围护结构外表面对太阳辐射的吸收率如表 5-1 所示。如果把外围护结构表面涂成白色或在玻璃窗上挂白色窗帘,就可以有效减少进入室内的太阳辐射热。但值得注意的是,绝大多数材料表面对长波辐射的吸收/反射率随波长的变化并不大,因此可以近似认为其是常数。而且不同颜色的材料表面对长波辐射的吸收率和反射率差别也不大。除抛光的表面以外,一般建筑材料的表面对长波辐射的吸收率基本都在 0.9 左右。

各种材料的围护结构外表面对太阳辐射的吸收率　　　　表 5-1

材料类别	颜色	吸收率	材料类别	颜色	吸收率
石棉水泥板	浅	0.72~0.87	红砖墙	红	0.7~0.77
镀锌薄钢板	灰黑	0.87	硅酸盐砖墙	青灰	0.45
拉毛水泥面墙	米黄	0.65	混凝土砌块	灰	0.65
水磨石	浅灰	0.68	混凝土墙	暗灰	0.73
外粉刷	浅	0.4	红褐陶瓦屋面	红褐	0.65~0.74
灰瓦屋面	浅灰	0.52	小豆石保护屋面层	浅黑	0.65
水泥屋面	素灰	0.74	白石子屋面	—	0.62
水泥瓦屋面	暗灰	0.69	油毛毡屋面		0.86

围护结构外表面的热平衡如图 5-2 所示。太阳直射辐射、天空散射辐射和地面反射辐射均含有可见光和红外线。大气长波辐射、地面长波辐射和环境表面长波辐射则只含有长波红外线辐射。壁体得热等于太阳辐射热量、长波辐射换热量和对流换热量之和。太阳辐射落在围护结构外表面上的形式包括太阳直射辐射、天空散射辐射和地面反射辐射三种,后两种以散射辐射的形式出现。

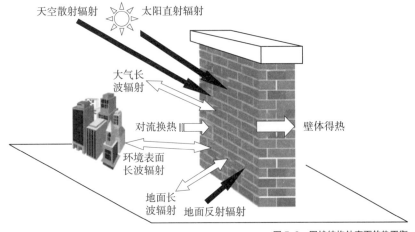

图 5-2 围护结构外表面的热平衡

2. 建筑围护结构的衰减和延迟

由于建筑围护结构的热惯性，通过建筑围护结构的传热量和温度的波动幅度与外扰波动幅度之间不仅有温度波的衰减，还有时间上的延迟。影响衰减和延迟的主要因素是材料导温系数、深度和波动周期。相同深度，导温系数越大，温度波的波幅衰减程度越小，延迟时间越短；导温系数越小，温度波的波幅衰减程度越大，延迟时间越长。深度越深，温度波的波幅衰减程度越大，延迟时间越长；波动周期越大，相同深度的温度波波幅衰减程度越小，延迟时间越长。

3. 内扰的影响

内扰对房间的热作用包括潜热和显热两个方面。人体和设备的散湿均伴随有潜热散热，它们会直接作用于室内空气并立刻影响到室内空气的焓值。照明、人体和设备的显热散热有两种方式：一种是以对流形式直接传递给室内空气，另一种则以辐射形式向周围各个表面进行热量传递，再通过各表面与室内空气进行对流换热，传递给室内空气。

4. 热环境营造设备的影响

这里提到的热环境营造设备主要指以改善室内热环境为主要功能的设备。这些设备在日常生活和工作环境中十分常见，人们常常会使用它们来调节室内的热环境状态，以达到舒适。例如，在冬季供暖使用的电加热器，可以通过热辐射的方式使室内人员感到温暖；在夏季使用的具有制冷、除湿等功能的空气调节器、空气除湿机和风扇等设备，可以通过调节室内空气温湿度、改变空气流速的方式来提升室内人员的舒适性。通常，热环境营造设备是通过辐射或者对流的形式对室内热环境的一个或者多个环境参数产生影响。局部的热环境营造设备对于室内热环境的营造也有很大的影响。由于人员年龄、性别等因素的影响，不同人员对于环境热状态的需求是有差异的。人员根据自身的需求或喜好利用这些设备，可以进一步实现供应与需求的匹配关系，改善室内整体或局部的热环境，从而提升人员的舒适性。

5.1.3 建筑热环境负荷计算方法和原理

建筑热环境模拟分析是建筑环境与设备工程的重要工作基础，其不仅仅包含建筑内制冷、供热设备的相关冷热负荷计算，更为建筑能耗评价以及建筑节能改造提供数据支撑和理论基础。随着建筑行业的发展，建筑热环境模拟分析的主要目标，也从根据制冷、供热系统设计需求进行冷热负荷计算，逐渐转向了满足低碳和节能需求的建筑热湿模拟。

自二十世纪四十年代中期开始，建筑设备研究人员就开始致力于开发建筑负荷的求解方法。经过对计算方法的不断调整，且随着计算机技术的普及以及计算能力的大幅度提升，对整个建筑全年的负荷计算和能耗模拟进行分析的研究得以在计算机上开展。到目前为止，常用的建筑负荷计算方法主要可以分为以下 3 类：稳态计算法、动态计算法和利用各种模拟软件在计算机上进行数值求解的方法，稳态计算和动态计算法的介绍如下：

1. 稳态计算法

稳态计算法即不考虑建筑以前时刻传热过程的影响，只采用室内外瞬时或平均温差与围护结构的传热系数、传热面积的乘积来求取负荷值。对于室外温度的选取，在计算时可以根据不同地区气候特点，或不同需求考虑采用空气温度或室外空气综合温度。一般来说，由于建筑围护结构具有蓄热性能，因此如果采用瞬时空气温度进行稳态计算求解，所得到的冷、热负荷往往偏大。稳态计算的优点在于计算简便，在利用稳态算法计算供暖负荷时，可以在计算蓄热性能不强的轻型、简易围护结构的传热过程且缺乏参考数据时用此方法；如果室内外温差的平均值远远大于室内外温差的波动值时，采用此法误差小，可以满足工程应用要求。

然而，上述用于计算冬季供暖负荷的方法并不适用于计算夏季冷负荷，尽管夏季日间瞬时室外温度可能要比室内温度高得多，但夜间瞬时室外温度却有可能低于室内温度。因此与冬季相比，室内外平均温差并不大，但波动的幅度却相对比较大。如果采用日平均温差的稳态算法，会导致冷负荷计算结果偏小。另一方面，如果采用逐时室内外温差，则忽略了围护结构本身的热物理性能，导致冷负荷计算结果偏大。

2. 动态计算法

为了求解得热和负荷之间的关系，同时考虑围护结构的不稳定传热，需要引入积分变换法来解决这两个问题。积分变换是一种将函数从一个域转换到另一个域的概念。在新的域中，原本复杂的函数可以变得简单，从而可以得到解析结果。这一原理适用于常系数线性偏微分方程，通过进行傅立叶变换或者拉普拉斯变换等积分变换，使得函数呈现较为简单的形式，从而得到解析结果。接着，对变换后的方程解进行逆变换，就可以获得最终解。采用何种形式的积分取决于方程和定解条件的特征。对于板壁不稳定传热问题的求解，可以采用拉普拉斯变换，将复杂函数变为简单函数，即由偏微分方程变换为常微分方程，再变换为代数方程进行求解。

使用拉普拉斯变换法求解建筑负荷的前提是建筑的热传递过程可以用线性常系数微分方程描述，也就是说，系统必须是线性定常系统。对于普通材料围护结构的传热过程来说，在一般的温度变化范围内，材料物性参数变化很小，可以近似看作是常数。因此，使用传递函数来解决是可行的。但是对于围护结构的传热过程，如果材料的物性参数随温度或时间有显著变化，就不能使用拉普拉斯变换来解决输出量的关系。

5.1.4 建筑热环境评价指标

1. 热感觉

热感觉是人对周围环境是"冷"还是"热"的主观描述。尽管人们经常评价房间的冷和暖，但实际上人不能直接感受到环境温度，只能感受到位于自己皮肤表面下的神经末梢的温度。裸身人体在29℃的气温中处于安静状态时，代谢率最低；如适当穿衣，则在气温为18~25 ℃的情况下代谢率低而平稳。在这些情况下，人体不发汗，也无寒意，仅靠皮肤血管口径的轻度改变，即可使人体产热量和散热量平衡，从而维持体温稳定。

热感觉并不仅仅是由于冷热刺激所造成的，而且与刺激的延续时间以及人体原有的热状态都有关。人体的冷、热感受器均对环境有显著的适应性。例如把一只手放在温水盆里，另一只手放在凉水盆里，经过一段时间后，再把两只手同时放在具有中间温度的第三个水盆里，尽管它们处于同一温度，但第一只手会感到凉，另一只手会感到暖和。除皮肤温度以外，人体的核心温度对热感觉也有影响。如果人体的初始体温比较低，尽管开始感受到的是中性温度，但随着核心温度的上升，人体将感到暖和，最后感到燥热。因此热感觉最初取决于皮肤温度，而后则取决于核心温度。

由于无法测量热感觉，因此只能采用问卷的方式了解受试者对环境的热感觉，即要求受试者按某种等级标度来描述其热感。由于心理学研究的结果表明：一般人可以不混淆地区分感觉的量级不超过 7 个，因此对热感觉的评价指标往往采用 7 个分级。表 5-2 是两种热感觉标度，其中贝氏标度是由英国学者 Thomas Bedford 于 1936 年提出的，其特点是把热感觉和热舒适合二为一。1966 年，美国供暖、制冷和空调工程师协会（ASHRAE）开始使用七级热感觉标度。为了使受试者更容易理解标度的含义，目前的热感觉标度数值范围均为 -3~+3，0 代表热中性。在进行热感觉实验的时候，设置一些投票选择方式来让受试者说出自己的热感觉，这种投票选择的方式叫作热感觉投票，其内容也是一个与 ASHRAE 热感觉标度内容一致的七级分度指标。

贝氏标度和 ASHRAE 热感觉标度　　　　　　表 5-2

	贝氏标度			ASHRAE 热感觉标度	
7	Much too warm	过分暖和	+3	Hot	热
6	Too warm	太暖和	+2	Warm	暖
5	Comfortably warm	令人舒适的暖和	+1	Slightly warm	稍暖
4	Comfortable (neither cool or warm)	舒适（不冷不热）	0	Neutral	中性
3	Comfortably cool	令人舒适的凉快	-1	Slightly cool	稍凉
2	Too cool	太凉快	-2	Cool	凉
1	Much too cool	过分凉快	-3	Cold	冷

2. 热舒适

人体通过自身的热平衡和感觉到的环境状况，综合起来获得是否舒适的感觉。舒适的感觉是生理和心理上的。热舒适在 ASHRAE 相关标准中被定义为人体对热环境表示满意的意识状态。Gagge 和 Fanger 等人均认为"热舒适"指的是人体处于不冷不热的"中性"状态，即认为"中性"的热感觉就是热舒适。

但部分研究者认为热舒适是随着热不舒适的部分消除而产生的，当获得一个带来快感的刺激时，并不能肯定其总体热状况是中性的；而当人体处于中性温度时，并不一定能得到舒适条件。相反当受试者体温高时，用较凉的水洗澡却会感到舒适，但其热感觉的评价应该是"凉"而不是"中性"。由于热舒适与热感觉有分离的现象存在，因此在实验研究人体热反应时往往也设置评价热舒适程度的热舒适投票。热舒适投票 TCV 与热感觉投票 TSV 见表 5-3。

热舒适投票 TCV 与热感觉投票 TSV　　　　表 5-3

热舒适投票 TCV				热感觉投票 TSV			
4	不可忍受	0	舒适	+3	热	-1	稍凉
3	很不舒适	—	—	+2	暖	-2	凉
2	不舒适	—	—	+1	稍暖	-3	冷
1	稍不舒适	—	—	0	中性	—	—

3. PMV-PPD 模型

人体为了维持正常体温，必须使产热和散热保持平衡。热平衡方程如式（5-4）所示。[2]

$$M-W-C-R-E-S=0 \quad (5-4)$$

式中　M——人体能量代谢率，决定于人体的活动量大小，W/m^2；

　　　W——人体所做的机械功，W/m^2；

　　　C——人体外表面向周围环境通过对流形式散发的热量，W/m^2；

　　　R——人体外表面向周围环境通过辐射形式散发的热量，W/m^2；

　　　E——汗液蒸发和呼出的水蒸气所带走的热量，W/m^2；

　　　S——人体蓄热率 W/m^2。

预测平均评价 PMV（Predicted Mean Vote）指标就是引入反映人体热平衡偏离程度的人体热负荷而得出的，其理论依据是当人体处于稳态热环境下，人体热负荷越大，人体偏离热舒适的状态就越远。即人体热负荷正值越大，人就觉得越热，负值越大，人就觉得越冷。Fanger 收集了 1396 名美国和丹麦受试者在室内参数稳定的人工气候室内进行热舒适实验的冷热感觉资料，得出人的热感觉与人体热负荷之间的实验回归公式：

$$PMV=[0.303\exp(-0.036M)+0.0275]TL \quad (5-5)$$

人体热负荷 TL 定义为人体产热量与人体向外界散出的热量之间的差值。PMV 指标同样采用了 7 个分级，见表 5-4。

PMV 热感觉标尺　　　　表 5-4

热感觉	热	暖	稍暖	中性	稍凉	凉	冷
PMV	+3	+2	+1	0	-1	-2	-3

PMV 指标代表了同一环境下绝大多数人的感觉，所以可以用来评价一个热环境舒适与否，但是人与人之间存在个体差异，因此 PMV 指标并不一定能够代表所有人的感觉。为此，Fanger 又提出了预测不满意百分比 PPD（Predicted Percent Dissatisfied）指标来表示人群对热环境不满意的百分数，

PMV 与 PPD 之间的定量关系，如式（5-6）所示。

$$PPD=100-95\exp[-(0.03353PMV^4+0.2179PMV^2)] \qquad (5-6)$$

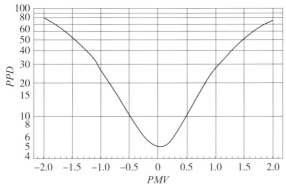

图 5-3　PMV 与 PPD 的关系曲线

图 5-3 为 PMV 与 PPD 之间的关系曲线。当 $PMV=0$ 时，PPD 为 5%，即意味着在室内热环境处于最佳的热舒适状态时，仍然有 5% 的人感到不满意。因此，ISO 相关标准对 PMV 指标的推荐范围为 $-0.5\sim+0.5$，相当于人群中有 10% 的人感觉不满意。

4. 适应性模型

与 Fanger 的稳态热舒适理论不同的是适应性热舒适理论。该理论认为，人不是给定热环境的被动接受者，在实际建筑环境中，人与环境存在一种复杂的交互关系，人体主要以心理适应、行为调节、生理热习服等形式，通过与环境之间的多重反馈循环作用，尽可能减小产生不适因素的影响，使自身接近或达到热舒适状态，因此人体的实际感受与稳态热舒适理论所描述的人体热反应存在差异。

R. de Dear 在来自四大洲宽广的气候区域的 211 万份现场研究报告的基础上，提出了适应性模型。该模型将室内最适宜的舒适温度（中性温度）和室外空气月平均温度（月平均最高温度和最低温度的代数平均值）联系起来，得到一个线性回归公式。根据 90% 和 80% 接受率（热感觉投票值分别为 ±0.5 和 ±0.85）定义了两个室内舒适温度的范围，见图 5-4。在实际应用中，可先计算出某个月份的室外空气平均温度，然后算出室内最适宜的舒适温度或者查出室内有效温度可接受范围。

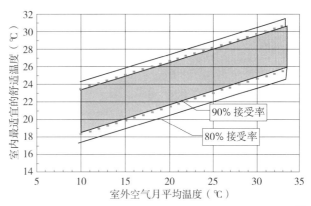

图 5-4　室内最适宜的舒适温度和室外空气月平均温度之间的关系[3]
（图片来源：朱颖心. 建筑环境学[M]. 4 版. 北京：中国建筑工业出版社，2016.）

$$T_{comf}=0.31T_{out, m}+17.8 \quad (5-7)$$

式中 T_{comf}——室内最适宜的舒适温度，℃；

$T_{out, m}$——室外空气月平均温度，℃。

5. 热应力指数

人体的适应机能提供了强有力的防护能力以防范热对人体的有害作用。但具有潜在危险的、不舒适的热环境会形成强烈的刺激，即热应力，使人体出现热过劳。当热应力超出了人体本身的调节能力时，就会出现危险的热失调。前文介绍的热环境的各种评价指标均是在预测热感觉或主观热舒适感。但在具有热失调危险的环境中，例如在高温车间或在寒冷的野外作业，用感觉作为生理应变的指标往往是不够的，因此需要拟定指标来对这种环境进行评价。

建立热应力指数的目的在于把环境变量综合成一个单一的指数，用于定量表示热环境对人体的作用应力。具有相同指数值的所有环境条件作用于某个人所产生的热过劳均相同。例如 A 和 B 是两个不同的环境，A 环境空气温度高但相对湿度低，B 环境空气温度低但相对湿度高。如果两个环境具有相同的热应力指数值，则对某个人应产生相同的热过劳。热应力指数是由 Belding 和 Hatch 于 1955 年提出的。假定皮肤温度恒定在 35 ℃，在蒸发热调节区内，认为所需要的排汗量 E_{req} 等于代谢量减去对流和辐射散热量，不计呼吸散热，则得出热应力指数 HSI 为：

$$HSI=E_{req}/E_{max} \times 100 \quad (5-8)$$

该指数在概念上与皮肤湿润度相同。规定人体通过蒸发可能散发的最大剩余热量上限值 E_{max} 为 390W/m^2，相当于典型男子的排汗量为 1L/h。对热应力指数的意义见表 5-5。

热应力指数的意义　　　　　　　　表 5-5

HSI	暴露 8h 的生理和健康状况的描述
−20	轻度冷过劳
0	没有热过劳
10~30	轻度至中度热过劳。对体力工作几乎没有影响，但可能降低技术性工作效率
40~60	严重的热过劳，除非身体强壮，否则就免不了危及健康。需要适应环境的能力
70~90	非常严重的热过劳。必须经体格检查挑选工作人员。应保证摄入充分水和盐分
100	适应环境的健康年轻人所能容忍的最大过劳
>100	暴露时间受体内温度升高的限制

5.2 城市热环境模拟

5.2.1 城市热平衡

乡村地区发展成为城市，使地表几何形态和性质产生了明显的变化。自然下垫面面积减少，替换成了建筑混合材料。这些材料的辐射特性、空气动力学特性、热力学特性和水分特性与自然下垫面的相应特性完全不同，从而导致地表发生了明显的变化，产生了不同的微尺度和中尺度气候。本小节介绍了这些属性、过程和现象的变化。

对于多个组成面的城市单元（建筑、街道、社区和整个城市），必须处理可能存在能量源或汇的整个层或整个体积。城市空间的能量平衡不仅仅是各个组成面能量平衡的总和，实际上每个组成面都与大气单独耦合。这些组成面也通过辐射作用、空气流动相互耦合，从而产生反馈并改变各自的能量平衡，并且整个空间内能量含量可能发生内部变化，例如，材料或空气等的升温或冷却。这一事实对于城市地表能量平衡数值模式的发展至关重要。这种能量平衡代表了整个城市生态系统的响应，必须提供3个新的可靠性：首先在城市中要增加新的源和汇；其次能量交换可能发生在整个空间任何一个侧面，而不仅仅是顶部；最后需考虑不同的组成面的相互影响。

类似的能量平衡对城市系统的其他元素也适用，例如建筑或人类。类似的建筑内部热源称为能源使用率，包括维持室内达到理想环境所需热量。就人体而言，内部能量来源指的是身体代谢产生的热量，通过调节代谢产生的热量来使身体核心温度接近恒定。

5.2.2 城市热环境的主要影响因素和评价指标

1. 城市热环境的主要影响因素

（1）气流。城市地表覆盖的材料（如混凝土、沥青等）的热容量比自然下垫面的热容量大，使得城市地表产生加热后，空气在接触城市地表时被加热，而在垂直方向形成上升气流；城市中心区域的气温高于周围农村地区，形成"城市热岛"，当大气环流微弱时，城市热岛的存在引起空气在城市上升，在郊区下沉，在城市与郊区之间形成了小型的热力环流。多种气流共同对城市热环境造成显著影响。

（2）辐射。辐射是由任何温度大于绝对零度（0K）的物体发射的。它可以用辐射体发射的不同波长的电磁波来描述。地球表面接收太阳（短波）辐射是近地表气候的主要驱动力，一个城市呈现出一个复杂多变的表面，在这些表面之间存在着辐射交换。太阳辐射是影响城市热环境的主要因素之一，其能量输入到城市表面，使得城市表面温度升高。在夏季，太阳辐射的热量被城市表面吸收，进一步加剧了城市内的热效应，城市表面释放的长波辐射在夜间会加热城市，使得城市夜间温度也较高。

（3）大气水分。大气中的水分通过地表的蒸发而不断地得到补充，地表的蒸发率是各种不同过程的平衡。一方面地表减少的水分子进入到空气中；另一方面地表从空气中捕获水分子。水分可以通过蒸发作用将热量从城市表面和空气中带走，从而降低城市表面的温度，这种蒸发冷却效应在一些干燥城市中尤其明显。此外，高湿度空气可以吸收更多热量，使得城市温度升高。高湿度也会影响人体汗液蒸发，使人们感觉更闷热。

（4）云与降水。云层可以遮挡太阳辐射，从而减少城市表面的太阳辐射热量输入，降低城市表面的温度。然而，云层也会阻碍地面长波辐射的逸出，导致夜间城市热岛效应增强。降水可以降低城市表面的温度。此外，降水也会通过蒸发过程吸收热量，进一步降低城市环境温度。

（5）城市与建筑。在城市与建筑尺度上，城市气候的平均效应会使空气温度和地表温度升高（城市热岛）、相对湿度降低（主要是由于气温变化）和阻碍气流。当气候寒冷多风时，城市气候可以减轻冷应力和建筑供暖需求，但是当气候温暖潮湿时，城市气候将增加热胁迫和建筑制冷需求。

（6）人工排热。主要是化学能或电能转换为热量的结果，这些热量通过人类在城市中的活动被释放到大气中。这包括用于人类活动的燃料燃烧过程中释放的能量或消耗电能释放的能量，如照明、供暖、餐饮以及一些更大的能源消耗产业，如运输、工业加工和制造业。能量也通过在城市系统中生活和工作的人新陈代谢释放，将大气研究中未考虑的能量转换为感热、潜热或辐射，然后"注入"到大气，影响城市热环境。

（7）空气污染。空气污染物是指在大气中达到一定浓度时，会危害人类、动物、植物或微生物健康，或对基础设施或生态系统造成损害的物质。例如，臭氧和细颗粒物等污染物会阻碍城市表面的热量向外扩散，从而使得城市内部的温度升高。这种影响会导致城市热岛效应的增强，加剧城市的气候变化问题，使得导致城市地表温度升高。

2. 城市（室外）热环境评价指标

（1）平均辐射温度（Mean Radiant Temperature，MRT）是人体能量平衡中重要的热环境输入参数之一，对本节之后提到的任何气候环境下的生理等效温度和标准有效温度等热舒适评价指标都具有巨大影响。平均辐射温度的计算公式如下。

$$MRT=[(T+273.15)^4+\frac{1.10\times10^8 V_a^{0.6}}{\varepsilon D^{0.4}}(T_g-T_a)]^{0.25}-273.15 \quad (5-9)$$

式中 T_g——黑球温度，℃；

T_a——干球空气温度，℃；

V_a——风速，m/s；

ε——辐射发射率；

D——黑球直径，m。

（2）湿球黑球温度。在《城市居住区热环境设计标准》JGJ 286—2013中湿球黑球温度（Wet Bulb Globle Temperature，WBGT）被定义成综合评价人体接触热环境时接收的热负荷大小和炎热条件下热安全评估的重要指标，其计算式如下：

$$WBGT=0.7T_{nw}+0.2T_g+0.1T_a \qquad (5-10)$$

式中　　T_{nw}——自然湿球温度，℃；

T_a——干球空气温度，℃；

T_g——黑球温度，℃。

（3）生理等效温度（Physiological Equivalent Temperature，PET）。在室内外环境下，可维持机体热平衡且核心和皮肤温度相等时的等效温度，可用于室内外热环境评估。

（4）通用热气候指数（Universal Thermal Climate index，UTCID）。模型将人体明确分为具有热调节功能的主动系统和完成人体内部传热过程的被动系统。主动系统用来模拟人体代谢、皮肤血液流动的减弱（血管收缩）和加强（血管舒张）、发汗、发抖等；被动系统需要考虑人体不同部位表皮、真皮、骨骼、肌肉、内脏等组分的差别，模拟各区段中的血液循环、新陈代谢、热量传导与累积等人体内部传热过程。在热交换过程中，涉及表面对流、长短波热辐射、皮肤表面水分蒸发、呼吸等因素。UTCID 计算较为复杂，可以近似表达为包含空气温度、平均辐射温度、气流速度等因子的多项式函数。

（5）室外标准有效温度 OUT_SET*（Outdoor Standard Effective Temperature）。标准有效温度 SET* 被定义为在等温环境（空气温度 = 平均辐射温度，相对湿度 =50%，气流速度 =0.15m/s）中，受试者穿着标准化的衣服进行相关活动，产生与实际环境中相同的体温调节应变和热应力时的等效空气温度。2000 年，de Dear 将 SET* 修正得到 OUT_SET* 以应用于室外。由于 SET* 最初旨在对温暖且潮湿的气候条件进行评估和改善，对凉爽状况下温度等级的最低阈值设定为 +17℃。因此在 OUT_SET* 评估凉爽环境时受限。

（6）热感觉投票 TSV 与热舒适投票 TCV。Matzarakis 等人指出，热环境或生理调节的变化可导致热适应，自 2003 年以来，许多研究旨在通过使用基于 ASHRAE-7 级或 9 级量表的热感觉调查问卷将热舒适指标应用于不同的气候带。7 级 TSV 和 5 级 TCV 量表通过集体投票的方式采集耐热性和热感可接受程度的平均值。受试者通过热偏好 –3 级量表来报告他们对空气温度、相对湿度、太阳辐射、风速的偏好。

5.2.3 城市热岛

1. 城市热岛相关概念及分类

以往的研究表明，城市往往比其周围环境的温度更高。这一现象被称为城市热岛，是人类活动导致气候变化的最明显的例子之一。它有很多影响，例如城市地区植物开花更早、供暖需求更低、制冷需求更高、夏天城市居民面临的热压力更大、城市中浓雾更少。此外，光化学反应速率的增加导致了城市中更容易出现烟雾。

城市热岛的主要分类如下：

（1）地下城市热岛。城市地面下温度分布的差异，包括城市土壤和地下建筑材质，以及周围乡村地区的温度模式。

（2）地表城市热岛。城市户外大气与固体物质界面处的温度值与乡村大气与地面界面处温度值的差异。理想情况下，这些界面包括它们各自的总体表面。

（3）冠层城市热岛。城市冠层内所测温度，即城市地表至屋顶高度间的空气温度，与乡村近地层对应高度的温度差异。

（4）边界层城市热岛。在城市冠层顶部与城市边界层顶部之间空气的温度，与周围乡村地区大气边界层相同海拔高度的温度差异。

2. 热岛的成因

（1）地下城市热岛的成因：大量的建筑、城市下垫面（水泥、沥青等）和人造地下设施等吸收了太阳辐射能量，导致地下热能不断积累。

（2）地表城市热岛的成因：温度的空间分布和强度是城市地面、街谷和街区地表能量平衡的结果，它们受表面特性和结构的控制。

（3）冠层城市热岛的成因：冠层热岛的成因与地表面特性密切相关，但最大的区别是它们处理的是一层至一个体积内的空气，而不只是空气－地面的交界面。

（4）边界城市热岛的成因：边界层热岛与冠层热岛有联系，而且是一种明显的边界层现象，由一组不同但相关的过程驱动。混合的过程可以分为"自上向下"和"自下向上"两种，以表明强迫的来源和方向。自下向上方式是由能量通量在粗糙子层的顶部直接驱动。自上向下方式是由于辐射与污染的混合层和对流过程的相互作用，该过程源自粗糙子层的顶部，但主要发生在位于混合层顶部的卷夹区。两种过程密切联系，并由地面能量通量和在城市边界层中的污染驱动。

3. 改善热胁迫的策略

由于城市效应通常可使城市温度升高、风速降低，因此城市热胁迫备受关注。城市热岛是由于大量的不透水覆盖、建筑以及人类活动直接释放的热量造成的。这些因素产生了 4 种不同类型的城市热岛，每种城市热岛都受到其独特驱动因素的影响，从而产生了不同的时间分布特征。

首先，重要的一点是城市热岛的强度是城市温度与相同环境且没有城市情况下温度的差值。城市热岛重要性应该根据这一基准来判断。对于气候凉爽（和寒冷大气）的城市，城市热岛降低了供暖能耗，但在温暖气候（与炎热天气）下，城市热岛则增加了制冷能耗。对于季节性气候地区，相对的效益和成本在一年中随季节变化而变化。在高温热浪期间，城市效应增加了人口的热胁迫，导致建筑中能源消耗更大、空气品质恶化。对于许多城市而言，气候变化将意味着更频繁、强度更高的热浪事件。而应对城市热岛必须考虑：城市热岛的类型、驱动因素、城市热岛的时空格局及其带来的风险。

降低城市热岛强度的措施主要侧重于提高城市各组成面的反射率与增加植被覆盖率。冷却屋顶是降低屋顶温度、限制建筑得热、减少室内热胁迫与减少建筑中制冷系统向室外释放额外热量的相对简单又实用的方法。屋顶表面也为屋顶上方的空气提供了较冷的下边界，从而有助于减弱边界层热岛。冷却路面通过降低街道温度，白天可以在城市冠层内产生与冷却屋顶类似的效果。然而，被冷却路面反射的辐射将会被反射到其他建筑与行人上，增加了它（他）们接收到的热量。

解决冠层城市热岛问题的重点是关于建筑和邻近室外空间的微尺度的决策。降低热胁迫的一个有效的解决方案为直接降低室内温度，比如在寒冷的气候中给室内供暖。当然，空调系统产生的废热会加剧室外的热胁迫，而建筑的气候控制系统会对热胁迫的增加进行反馈。然而，为了应对由热浪事件引起的公共卫生危机，建立凉爽的且可供公众使用的室内空间是可行的短期解决方案。室外环境改善显然要困难得多。即时的室外响应包括在有条件的地方提供遮阳、路面洒水与喷水。对于家中没有空调等制冷设备的居民，可能需要向其开放凉爽的公共场所、提供能源抵免与空调。若要永久降低冠层城市热岛强度，则需对城市材质（例如渗透性铺装与反射性涂层等）、表面覆盖（例如增加植被覆盖）与城市景观的几何形状等进行根本性的改变。其中改变建筑的布局与大小效果最显著，该方法可加快近地表空气速度，改善空气品质，增加建筑的自然通风并降低热胁迫。

5.3 建筑热环境优化设计

5.3.1 被动式节能措施

被动式节能技术是指在不使用机械电气设备的前提下，利用合理的空间、平面和建筑构造，以自然条件为核心营造建筑环境，从而实现降低建筑能耗的节能技术。根据建筑所处的气候分区、所处朝向以及建筑围护结构等特征，不同的被动式建筑节能技术被开发并广泛利用。本小节将就几种常见的被动式节能措施进行简明扼要的介绍。

1. 紧凑建筑布局

建筑体形系数的定义为：建筑与室外大气接触的外表面积与其所包围的体积的比值。体形系数，其实质是指单位建筑体积对应的外表面积。建筑的体形系数的大小直接影响着建筑的运行能耗，在建筑体积一定的情况下，其外表面积越大，则预示着围护结构损耗的冷、热量越大，因此在对建筑进行设计时，尽量让其具备尽量小的外表面积，以达到良好节能效果。

《公共建筑节能设计标准》GB 50189—2015 中明确规定：寒冷和严寒地区的建筑应当具有不大于 0.4 的体形系数；德国政府及德国被动房研究所制订的《德国被动房标准》中同样指出：被动房建筑其体形系数应满足小于等于 0.4 的要求。

对于给定体积的建筑，体形系数取决于建筑的底面形状、面积和高度。当底面面积和高度确定后，不同的底面形状会影响体形系数的值。定义形状因子来描述不同的底面形状特征。一旦底面形状确定，形状因子的值也确定，可以说形状因子仅与建筑底面形状有关。形状因子与面积、高度等参数结合起来，既能完整描述体形系数，又能描述建筑某个独立局部。

2. 建筑遮阳

在夏季太阳辐射强烈的情况下，为避免白天长时间的日照增加建筑的冷负荷，架设建筑遮阳是有效且必要的措施。建筑遮阳是指采取措施阻隔太阳光直射，防止建筑外围护结构被过分加热，以降低建筑能耗，并调节建筑室内光环境，避免强光照射造成室内人员的眩晕感。建筑遮阳的方式包括外遮阳、内遮阳和中置式遮阳。外遮阳主要针对建筑外立面和透明的屋面，遮阳效果较好，但需要考虑建筑整体美观性（图5-5）；内遮阳是在建筑室内窗户上采取的遮阳策略，具有安装、使用和维护方便的优点；中置式遮阳主要针对双层或多层玻璃的窗户，将遮阳装置安装在双层玻璃之间的空腔内，相关技术近年来取得新进展。

建筑外遮阳可划分为固定遮阳和活动遮阳两种。固定外遮阳是将混凝土等材料根据建筑外立面形式做成永久性构件，施工简单、造价较低、维护方

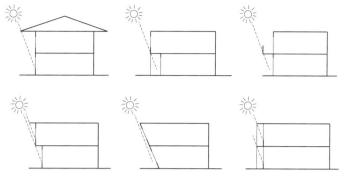

图 5-5　建筑外遮阳的主要形式 [从左到右依次为：挑檐、骑楼、阳台遮阳（第一排）；
　　　　　　　　　　　　　　 跌退、倾斜、飘窗遮阳（第二排）]

便，但其灵活性较差，遮阳效果需根据太阳的位置和角度进行评判。活动遮阳采用帘布、百叶等轻质遮阳构件，用较为灵活的方式进行固定，可兼顾不同季节太阳活动情况，适用性强，灵活性高，但构造复杂，造价和维护相对困难。根据遮阳构件位置，建筑外遮阳可以分为水平遮阳、垂直遮阳、综合遮阳、挡板遮阳或百叶遮阳等多种形式。建筑内遮阳是在建筑室内的窗户上安装遮阳构件，可安装窗帘、百叶等遮阳材料，通过阻挡进入室内的太阳辐射，可大大减缓强光带来的眩晕感，减弱紫外线照射强度，降低建筑的室内冷负荷和能耗。中置式遮阳普遍将遮阳百叶安装于两层玻璃之间，遮阳百叶可根据太阳辐射角调整角度，达到良好的隔声效果，提高舒适性。

3. 建筑通风

建筑通风是一种利用建筑内外空气之间的差异，如温度差异和风速差异，来带动空气流动的方式，以引入适宜空气。这种技术主要依赖于风压通风和热压通风两种基本方式。风压通风可定义为：风吹向建筑时，由于建筑的阻碍，迎风面的气流导致相应建筑表面静压增大，而背风面和侧风面由于气流慢，导致相应建筑表面静压降低。当建筑内有多个空间存在气压差时，就可以通过这些压力差进行空气流动，从而实现建筑室内多空间之间的空气流通。热压通风则是利用空间空气存在温差的现象来实现的。热空气由于密度比一般空气小，会向空间上方流动，而冷空气由于密度大，会从较低的空间或者门窗等通风口进入该区域。室内外空气温差和上下通风口高差越大，热压通风的效果越好。

4. 围护结构改造

1）外墙节能改造策略

被动式建筑外墙节能改造策略包括外墙外保温、外墙内保温以及外墙隔热节能改造三种。外墙外保温，即在基层墙体外侧敷设保温层并附加保护层,主要由基层墙体、界面层、保温层、保护层以及饰面层等构成。这种系统可基本消除热桥影响,增加建筑的使用面积,并保护建筑主体结构。但在施工上具有一定的难度和风险,且需要考虑地区政策对保温材料和系统的相关要求。

外墙内保温是在基层墙体内侧敷设保温层,主要包括基层墙体、空气层、保温隔热层以及保护层。这种系统施工相对容易简便,可应用于新建和既有建筑改造项目中,但无法消除冷热桥效应且应用较少。

外墙隔热节能改造是通过外墙绿化措施或采用材料以阻隔热交换。外墙绿化措施主要是在外墙墙面种植绿植以降低太阳辐射强度和温度,而浅色涂料或热反射隔热材料则可阻隔外墙和高温的外界环境进行热交换。

2)门窗节能改造策略

对于被动式建筑门窗的改造措施,主要从窗框、外窗玻璃以及安装工艺三个方面出发,其目的在于降低室内外的换热,从而降低建筑冷、热负荷。对于窗框改造,应当选择传热系数小的窗框材料,如PVC(聚氯乙烯)塑料窗框和铝合金窗框。其中,PVC塑料窗框具有隔热性能好、导热性差且密封性能好的优点,但刚性较差、遮光面积较大,不适合较大窗户的制作。铝合金窗框刚性好、强度高,弥补了PVC塑料窗框的不足。为改善铝合金窗框的热工性能,多采用断热桥技术降低其传热系数。

此外,针对传统建筑中门窗热传输及门窗缝隙冷风渗透损失的热量,可以采取改进门窗安装工艺的方法,如对外窗整体及窗体四边密封处理,以及在外窗窗框外周设置发泡层,窗框通过发泡层发泡安装固定在墙体上等措施,从而最大限度地确保门窗洞口的密封性,防止冷风渗透造成室内热损耗。在所有围护结构中,对能耗影响占比最大的为外窗,约占围护结构能耗的34.4%。

3)屋面节能改造策略

屋面直接暴露于建筑室外环境中,因其较大的面积而增强了建筑与室外的热交换作用。特别是在炎热的夏天,通过屋面进入建筑的热量约占建筑总热量的70%。因此,对屋面的保温隔热研究一直是科研界的重点。屋面保温隔热节能改造策略主要有两种:屋面保温和屋面隔热。

(1)屋面保温是在屋面设置保温层以提升屋面的热工性能。这种策略主要包括外保温和内保温两种系统,其中外保温系统由于保温效果较好以及施工难度较小,应用更为广泛。按照保温层和防水层的位置,屋面保温又可以分为传统屋面保温和倒置式屋面保温。传统屋面保温是将保温层置于防水层之下、结构层之上。然而,这种方法容易导致防水层暴露在外,因此对防水材料的要求较高。同时,由于保温材料位于下方,不利于保温层的检修工作。与传统屋面保温系统相反,倒置式屋面保温将保温层放置在防水层的上方。这种方法对防水层和保温层的要求进行了置换,提升了防水材料和保温材料的要求。这种方法可以有效避免内部结露,并且保温层位于上方可以保护防水层,延长其使用寿命,易于施工和保温层的维修。

(2)使用辐射制冷也是一种可持续的制冷技术。该技术将外太空作为一个巨大的低温冷源(3K),通过波长范围为 8~13μm 的大气窗口,使地表物体与外太空两者之间,通过辐射的方式进行热交换,从而降低地表物体温度以达到制冷的效果。不同的漆膜材料被开发并应用于实际,2014 年 RAMAN 首次制作由 7 层交替的不同厚度的二氧化铪和二氧化硅组成的光子辐射器,其太阳辐射反射率高达 0.97,在太阳辐射入射强度为 850W/m^2 的条件下,其温度相较环境温度降低了 5 ℃。

(3)通风隔热屋面是在原有屋顶上架设通风间层,形成双层屋顶(图 5-6)。通风隔热屋面通过使用双层屋顶一方面阻断太阳辐射直接照射于屋面,抑制了建筑室内外的热交换作用;另一方面架空的屋顶中的空气间层可带走部分太阳辐射热量,减少了热量进入建筑内部。通风隔热屋面广泛应用于夏季炎热地区,尤其是夏热冬冷地区和夏热冬暖地区。

(4)绿化种植屋面以及蓄水屋面作为新型隔热手段,在实际工程中也得到了一定的应用。绿化种植屋面是在建筑屋顶种植花卉、草皮等植物,不仅可以遮挡太阳辐射,还能将太阳辐射热转换成自身需要的生物质能量,进而起到保温隔热的作用(复合式种植通风屋面构造图见图 5-7)。根据有无土壤可以将种植屋面划分为覆土种植屋面和无土种植屋面。蓄水屋面是在屋面上蓄积一定高度的水层,通过水的汽化吸热原理来降低建筑屋面的温度,进而起到隔热的作用。蓄水屋面水层高度的确定需要根据传热特性进行分析,过高或过低都达不到理想效果。蓄水屋面对屋面的防水性能要求较高,并且对屋面的荷载具有一定要求。

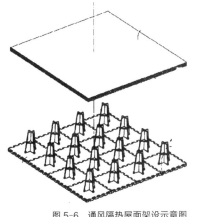

图 5-6 通风隔热屋面架设示意图

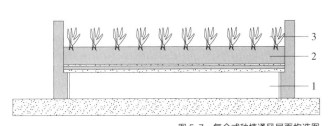

图 5-7 复合式种植通风屋面构造图
1—架空层;2—土壤层;3—植被层

5.3.2 个性化热环境

人的一天中大部分时间都是在建筑环境中度过的。室内环境质量对人体的健康和工作效率有着非常重要的影响。室内环境质量受热、声、视条件，室内空气品质，人体工程学等众多相关因素的影响，而近年来的研究发现热舒适对人们对室内环境质量的总体满意度贡献最大。为了保持令人舒适的热环境，传统的建筑室内环境营造模式是通过暖通空调系统进行全时间、全空间的控制。然而由于年龄、性别、健康状况、代谢率和个人偏好等因素的个体差异，不同个体之间存在着不同的热需求，暖通空调系统所产生的均匀温湿度的室内环境难以满足个体的热舒适需求。此外，在均匀统一的室内环境条件下，无法有效地防止室内人员接触室内空气污染物，而对于室内无人员空间的过度调节也会造成能源的浪费。为了克服传统环境温度控制所带来的局限性，人们提出了个性化热环境营造方法并进行了大量研究。

从二十世纪九十年代开始，"任务环境调节系统"的概念被提出。任务环境调节系统是一种将热调节空气分配到用户周围指定热区的策略。它通过允许用户个性化地调节送风的风速、送风量、送风温度和送风方向等来达到更好的个性热满意效果。任务环境调节系统有助于降低能源消耗并为用户提供舒适健康的工作环境。任务环境调节系统通常是为商业办公楼设计的。它的空中末端形式的单元通常离用户很近。不同形式的任务环境调节系统可能包括架高地板分配单元、桌面安装单元、桌面边缘安装单元、顶棚安装格栅、桌面风扇、桌上单元、隔板单元、个人环境模块以及其中一些系统的组合等。图 5-8 展示了不同任务环境调节系统概念图。

个性化环境控制系统（Personalized Environmental Control System，PECS）

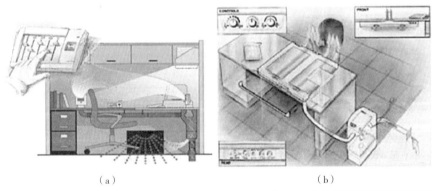

（a） （b）

图 5-8 不同任务环境调节系统概念图[3]
（a）个人环境模块；（b）气候桌

（图片来源：YANG B，DING X，WANG F，et al. A Review of Intensified Conditioning of Personal Micro-environments: Moving Closer to the Human Body[J]. Energy and Built Environment，2021，2（3）：260-270.）

的概念出现在二十一世纪初,它的基础是任务环境调节系统。个性化环境控制系统不仅关注用户的热舒适,还关注空气品质,它可以为用户提供干净、凉爽的空气。一些个性化环境控制系统的控制区域被缩小到用户的呼吸区。它的形式有很多,主要包括桌面安装系统、桌面边缘安装系统、顶棚安装系统、基于椅子的系统、基于床的系统以及不同类型的组合(图5-9)。

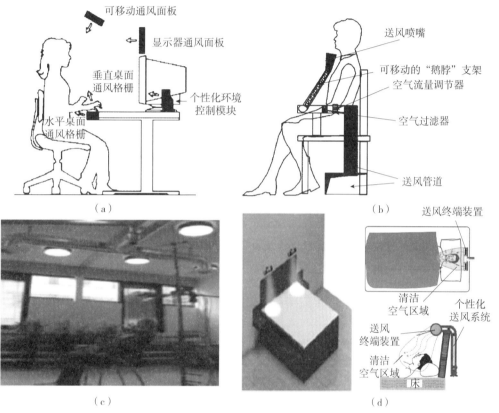

图5-9 个性化环境控制系统的不同形式[3]
(a)桌面安装系统;(b)基于椅子的系统;(c)顶棚安装系统;(d)基于床的系统
(图片来源:YANG B, DING X, WANG F, et al. A Review of Intensified Conditioning of Personal Micro-environments: Moving Closer to the Human Body[J]. Energy and Built Environment, 2021, 2(3): 260-270.)

在个性化环境控制系统的发展过程中,产生了两个分支:针对热舒适方面的个性化舒适系统(Personal Comfort System, PCS)和针对空气品质方面的个性化通风系统(Personalized Ventilation, PV)。

对于个性化舒适系统(图5-10)来说,热舒适方面得到了更多的关注。在冬季环境下,辐射加热装置主要用于刺激用户的局部身体部位,此时可以一定程度上降低周围环境的营造温度。在夏季环境下,不同类型的电风扇(如吊扇、立式风扇、台式风扇、小型USB风扇、箱式风扇、风扇辅助通风椅等)或局部等温射流(如喷嘴、书桌或隔板上的槽式扩散器等)产生的增

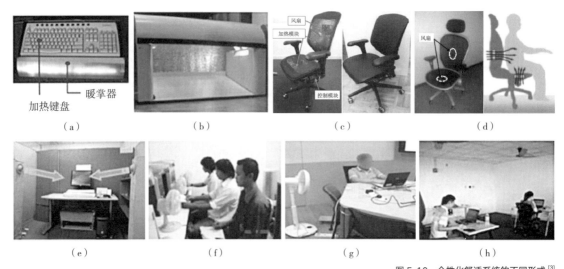

图 5-10 个性化舒适系统的不同形式[3]
（a）加热键盘；（b）暖脚器；（c）加热/冷却座椅；（d）通风座椅；（e）头部通风设备；（f）桌面风扇；（g）立式风扇；（h）吊扇
（图片来源：YANG B, DING X, WANG F, et al. A Review of Intensified Conditioning of Personal Micro-environments: Moving Closer to the Human Body[J]. Energy and Built Environment, 2021, 2（3）: 260-270.）

强的空气流动可以增强等温对流冷却来改善热舒适性。用户周围的环境温度也可以得到一定程度提升。与在中性－偏冷的热环境下具有负面作用的空气流动不同，在中性－偏热的热环境下提高空气流动速度具有积极作用。通过使用上述的个性化舒适系统，可以扩大室内环境营造的死区，从而在冬季或者夏季实现能源利用效率的提升。图 5-11 展示了不同温度设定点的节能效果与用户满意度结果。

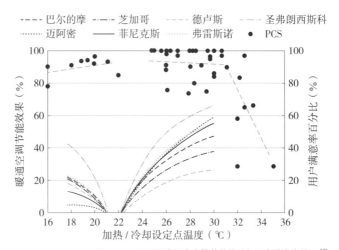

图 5-11 不同温度设定点的节能效果与用户满意度结果[4]
（图片来源：ZHANG H, ARENS E, ZHAI Y. A Review of the Corrective Power of Personal Comfort Systems in Non-neutral Ambient Environments[J]. Building and Environment, 2015, 91: 15-41.）

个性化通风系统主要关注改善吸入空气品质的能力，以避免交叉感染、病态建筑综合征等。个性化通风系统通过提供100%新鲜的空气可以显著改善用户呼吸区吸入的空气品质，在医院、工厂等高污染区域和人员密度高的场所可以有效地保护用户免受交叉感染和污染物吸入。个性化空气的供应动量和温度对个性化通风系统的性能有着很大的影响，速度大于0.2m/s的送风可以打破人体周围的热羽，减少个性化空气与环境空气的混合，从而使人体获得更好的吸入空气品质。同时，空气终端设备与用户面部之间的距离对吸入空气品质也起着至关重要的作用。此外，背景通风系统与个性化通风系统的协同作用也会对污染物的去除效率有影响。不同类型的背景通风系统会导致个性化送风与周围污染空气的混合情况不同，这样的混合过程越少，用户的吸入空气品质越好。在不同的背景通风系统的组合下，个性化通风系统不仅在空气品质方面有着不同的效果，在热舒适方面上也有着不同的表现。

思考题与练习题

1. 城市与建筑热环境的影响因素包括哪些？
2. 请利用建筑热环境负荷计算方法求解当前所处建筑空间的热负荷。
3. 请简述城市热平衡的基本原理。
4. 请介绍城市与建筑热环境评价指标的主要构成。不同指标的区别是什么？
5. 请结合实际项目或案例分析被动式节能措施的优势。
6. 请阐述个性化热环境营造方法在现实生活中的应用场景。

参考文献

[1] 赵荣义，范存养，薛殿华，等. 空气调节[M]. 北京：中国建筑工业出版社，1994.
[2] 朱颖心. 建筑环境学[M]. 4版. 北京：中国建筑工业出版社，2016.
[3] YANG B, DING X, WANG F, et al. A Review of Intensified Conditioning of Personal Micro-Environments: Moving Closer to the Human Body[J]. Energy and Built Environment, 2021, 2（3）: 260-270.
[4] ZHANG H, ARENS E, ZHAI Y. A Review of the Corrective Power of Personal Comfort Systems in Non-neutral Ambient Environments[J]. Building and Environment, 2015, 91: 15-41.

第 6 章 建筑室内空气品质

室内空气品质（Indoor Air Quality，IAQ）是指建筑及其结构内部和周围的空气品质，这会影响建筑内人们的健康及舒适性。室内空气品质受到气体（特别是一氧化碳、氡气、挥发性有机物）、悬浮粒子、微生物（霉菌、细菌）或是其他会影响健康情形的物质所影响。提升室内空气品质的主要方式是生成源的控制、过滤、配合通风来稀释污染物质，可以从建筑空间、建筑设备等方面进行优化以实现IAQ的高效控制。

6.1 室内空气品质原理

6.1.1 室内空气品质概念和重要性

1. 室内空气品质的概念

室内空气品质的定义经历了许多变化。最初，人们把室内空气品质几乎完全等价为一系列污染物浓度指标。近年来，人们认识到这种纯客观的定义不能涵盖室内空气品质的全部内容。对于室内空气品质的评价需要兼顾主观和客观方面，美国供暖、制冷和空调工程师协会颁布的标准《满足可接受室内空气品质的通风》ASHRAE 62—1989 定义：良好的室内空气品质应该是：空气中没有已知的污染物达到公认的权威机构所确定的有害物浓度指标，且处于这种空气中的绝大多数人（≥80%）没有表示不满意。不久，该组织在此标准修订版中又提出了一些相关概念，如可接受的感知室内空气品质：空调空间中绝大多数人没有因为气味或刺激性而表示不满。由于有些对人体有较大危害的气体并不会被人感受到，如氡气、一氧化碳等，它们没有气味，对人体也没有刺激作用，因而仅用感知室内空气品质是不够的，必须同时引入可接受的室内空气品质概念。

2. 室内空气品质的重要性

在美国等发达国家，低劣的室内空气品质每年都会造成惊人的经济损失。室内空气中高浓度的挥发性有机化合物（VOCs）往往会引发与建筑相关的疾病。美国环境保护署的专题调查结果显示：许多民用和商用建筑内的空气污染程度是室外空气污染的数倍，有的甚至超过数百倍。根据世界卫生组织（WHO）发表的《2002年世界卫生报告》，人们受到的空气污染主要来自室内，室内空气品质对人员健康的影响可能比室外空气更严重。

近年来，增塑剂、阻燃剂等含有半挥发性有机物（SVOCs）的材料对人体健康的危害引起了广泛关注。"*Environmental Health Perspectives*"等国际重要学术期刊报道的人群流行病学研究成果表明，邻苯二甲酸酯增塑剂会导致一系列健康危害问题：例如引起儿童过敏症，增加哮喘和支气管阻塞的风险等。

历史上，许多传染病被证明是通过空气传播的，如流感、肺结核等。从广义上讲，如何控制这些疾病通过室内空气的传播，也是室内空气品质研究人员义不容辞的责任。

与发达国家相比，我国面临着更为严重的室内空气污染问题。装修材料中的甲醛和苯系物等挥发性有机物的存在，对暴露人群造成包括致癌等各种健康危害，已成为人们关注的热点，也成为严重的社会问题。我国增塑剂和阻燃剂产量及消费量位居世界前茅，更应该关注 VOCs 对人体健康的影响。在农村等一些经济不发达地区，采用劣质煤、使用不能很好排放燃烧废气的灶台，也会严重影响人们的健康。室内空气污染来源及其健康危害见图 6-1。

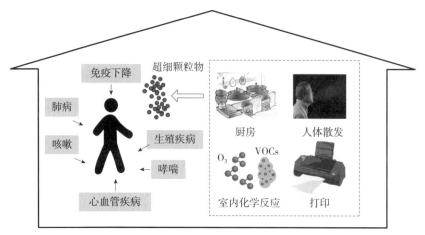

图 6-1 室内空气污染来源及其健康危害

6.1.2 建筑空气污染来源、种类与传播途径

1. 室内空气污染物来源

室内空气污染有多种来源,主要包括室外空气污染、室内设备和人员污染、建筑装修和装饰材料等。以下对室内空气污染物的不同来源及其特点作简单介绍。

1)室外空气污染

室内空气污染与室外空气污染密切相关。室外污染物可以通过室内外空气交换进入室内,近年来室外大气污染日益严重,故室内空气污染也随之严重,因此有必要对室外空气污染进行了解。一般说来,室内 VOCs/SVOCs 浓度要高于室外。

2)室内设备和人员污染

室内设备和人员污染来源主要包括空调系统、家具和办公用品、厨房燃烧产物、室内人员(包括呼出气、皮肤代谢作用、吸烟、大小便等)。室内人员呼出气是室内二氧化碳浓度过高的主要因素,许多呼吸道疾病传播也与人员呼出气有关。因此,以人为本导向下的建筑空间和空气品质设计至关重要。

3)建筑装修和装饰材料

室内大量使用装修和装饰材料是引起室内空气品质恶化的一个重要原因。由建材造成的室内污染,可能导致人体中毒。因此对室内常见建材的污染物散发应引起足够的重视。建筑装修和装饰材料在设计中是极其重要的考虑因素,不仅涉及使用功能、空间视觉美感、经济成本等,也涉及环境污染物释放、人员健康影响等,建筑设计师需要根据综合需求进行装修和装饰材料的合理优化选择。

常见散发污染物的室内装修和装饰材料主要有：

（1）无机材料和再生材料。主要包括大理石、花岗石等石材，以及水泥、砖、混凝土等建筑材料，这些材料可能含有自然放射性元素。某些建筑用的工业废料也可能含有放射性物质，从而带来放射性污染风险（并非所有列举的材料都会引起放射性污染，具体的放射性风险取决于材料来源和成分）。以泡沫石棉为例，泡沫石棉为一种无机材料，它以石棉纤维为原料制成，用于房屋建筑的保温、隔热、吸声、防振。在安装、维护过程中，石棉纤维颗粒会飘散到空气中，对人体健康造成严重危害。

（2）合成隔热板材。主要品种有聚苯乙烯泡沫塑料、聚氯乙烯泡沫塑料等，在使用过程中会释放出甲醛、氯乙烯、苯、甲苯和醚类等多种VOCs。

（3）壁纸和地毯。壁纸中可能包含一些致敏源或可释放有害气体，如：天然纺织壁纸中的织物碎片是一种致敏源，而化纤纺织物型壁纸则可释放出甲醛等有害气体。纯羊毛地毯的细毛绒是一种致敏源，化纤地毯可释放甲醛、丙烯腈和丙烯等VOCs。另外地毯可以吸附许多有害气体和病原微生物，纯毛地毯易滋生和隐蔽螨虫。

（4）人造板材及人造板家具。由于人造板材及人造板家具在生产过程中需要加入胶粘剂进行粘结，家具表面要涂刷各种油漆，胶粘剂和油漆中含有大量的有机挥发物。

（5）涂料。涂料含有许多化合物，成分十分复杂。在刚刚刷完涂料的房间空气中可检测出大量的苯、甲苯、乙苯、二甲苯、丙酮、醋酸丙酮、乙醛、丁醇和甲酸等50多种有机物，均会对人体健康造成严重危害。

（6）胶粘剂。胶粘剂主要分为两类：天然胶粘剂及合成胶粘剂。胶粘剂在使用时可以释放出大量VOCs，如甲酚、甲醛、乙醛、苯乙烯、甲苯、乙苯、丙酮、二异氰酸酯、乙烯醋酸脂、环氧氯丙烷等。

（7）吸声和隔声材料。该材料可向室内释放多种有害物质，如石棉、甲醛、酚类、氯乙烯等，可挥发刺激性气体，造成室内人员出现眼结膜刺激、接触性皮炎和过敏等症状。

2. 挥发性有机化合物（VOCs）

挥发性有机化合物（VOCs）是一类低沸点有机化合物的统称。室内有机化合物分类见表6-1。室内空气品质研究者一般将其经过采样分析得到的室内有机气态物质都称之为VOCs。各种被测量的VOCs被总称为TVOC（Total VOC的简称）。通常有些不属于VOCs界定范围的有机物质，室内污染研究时也将其作为甲醛等挥发性有机化合物处理。

室内有机化合物分类　　　　　　　　表 6-1

室内有机化合物分类	沸点（℃）	典型采样方法
极易挥发的有机化合物	< 0 到 50~100	分批采样：用活性炭吸附
挥发性有机化合物	50~100 到 240~260	用炭黑或者木炭吸附
附着在微粒上的有机化合物	240~260 到 380~400	用亚氨酯泡沫吸附
半挥发性有机化合物	> 380	过滤器

VOCs 大多来源于室内建筑材料的散发，一般情况下室内 VOCs 浓度远高于室外。VOCs 作为室内污染物当中最为普遍和受关注程度最高、研究最为深入的污染物之一，如何将其去除成为最近 20 年国际上室内空气品质研究领域的热点问题。VOCs 对于人体健康的作用主要表现在对眼睛及呼吸道的刺激作用以及皮肤过敏等方面，从而使人出现头痛、咽痛及无力等症状。TVOC 质量浓度低于 $0.2mg/m^3$ 时，其对人体无影响（表 6-2）。即便室内空气中个别 VOCs 含量远远低于它所限定的浓度，也会因各种 VOCs 混杂在一起以及它们之间的相互作用而增加危害强度，给人体健康造成相当大的损害。在新建或翻新的建筑中，VOCs 的浓度可能会过高，极可能导致出现不健康的症状。

TVOC 质量浓度与人体反应的关系　　　　　　　　表 6-2

TVOC 质量浓度（mg/m^3）	人体反应	分类
< 0.2	无刺激、无不适	舒适
0.2~3.0	与其他因素联合作用时，可能出现刺激和不适	可能不适
3.0~25.0	刺激和不适；与其他因素联合作用时，可能出现头痛	不适
> 25.0	除头痛外，可能出现其他神经毒性作用	中毒

3. 颗粒物

颗粒物主要指空气污染物中固态成分，其形态常常多孔、多形，并因此展现出强烈的吸附能力。颗粒物中含有丰富的成分，除了常见的尘埃，还包括炭黑、石棉、二氧化硅、铁、铝、砷等 130 多种有害物质，而在室内，经常可以检测到其中的 50 多种。颗粒物主要是由物理因素造成的污染，但有时它们可能涉及化学过程或吸收了有害的化学成分，从而导致化学污染的发生。按照粒径划分的颗粒物类型见表 6-3。

颗粒物浓度一般有两种表示方式，计质浓度和计数浓度。计质浓度表示单位体积悬浮颗粒物的质量，单位为 mg/m^3 或者 $\mu g/m^3$；计数浓度则表示单位体积悬浮颗粒物的数量，单位有粒 /L、粒 /ft^3（ft 为英尺，1ft=0.3048m）。医院手术室的空气清洁度通常用单位立方英尺中的微粒数量来表示，例如

按照粒径划分的颗粒物类型　　　　表6-3

名称	粒径 d（μm）	单位	特点
降尘	>100	t/（月·km²）	靠自身重量沉降
总悬浮颗粒物	10~100	mg/m³	—
飘尘	<10	mg/m³（或 μg/m³）	长期漂浮于大气中，主要由有机物、硫酸盐、硝酸盐及地壳元素组成
细微粒	<2.5	mg/m³（或 μg/m³）	室内主要污染物，对人体危害很大
超细微粒	<0.1	个/m³	室内重要污染物之一，对人体危害很大，系近年来的研究热点

100级洁净度可以用100个微粒/ft³来表示。最新的研究数据显示，从计数浓度的角度看，室内可吸入的颗粒物主要是细小的颗粒。粒径大于10μm的颗粒物所占的比例相对较低，而小于7.0μm的颗粒物占了95%以上，小于3.3μm的颗粒物则占80%~90%，小于1.1μm的颗粒物则占50%~70%。值得注意的是，在吸烟状态下，细颗粒的浓度是最高的，占比也更大，这主要是因为烟草烟雾中的颗粒物粒径通常小于1μm。当颗粒物进入人体后，由于其粒径大小的差异，它们会沉降到呼吸系统的各个区域。具体来说，粒径为10~50μm的颗粒物会沉降在鼻腔内，粒径为5~10μm的颗粒物会沉积在气管和支气管的黏膜上，而粒径小于5μm的颗粒物则可以通过鼻腔、气管和支气管进入肺部。当人体吸入的颗粒物浓度低于5万粒/L时，人体能够依靠自身的能力将颗粒物排出体外。而在颗粒物浓度较高时，人体会自动调节使巨噬细胞增加，以增强分泌系统功能，从而调节自身防御能力。但是，如果长时间、高浓度地吸入颗粒物，细菌和病毒就会开始繁殖。一旦超出人体的免疫能力，就可能导致感染，引发如肺炎、肺气肿、肺癌、尘肺和矽肺等疾病。有毒粒子有可能通过血液进入人体的肝脏、肾脏、大脑和骨骼，甚至可能对神经系统造成损害，触发人体功能的改变，导致过敏性皮炎和白血病等疾病。除此之外，颗粒物还具有吸附有害气体和重金属元素的能力，这些有害物质可能会被携带进入人体，从而对人体健康产生不良影响。

4. 生物污染

微生物包括细菌、病毒、真菌和少数藻类等。微生物普遍具有以下特点：①体积小、表面积大；②生长繁殖快；③分布广、种类多；④适应性强，易变异。

自然界中有些微生物有害，会引发生物污染。能引起人类传染病的病原微生物一般为病毒、细菌和真菌。通常细菌、病毒等会附着在颗粒物和人咳嗽或打喷嚏喷出的飞沫上，这些颗粒物或飞沫在空气中悬浮和随气流运动，使得细菌和病毒可以通过空气传播。粒径小于 0.5μm 的颗粒物被人的呼吸道吸入后大部分会被呼出，粒径为 0.5~5μm 之间的颗粒物会滞留在肺部，粒径为 5~15μm 的颗粒物会附着在鼻道或气管中，难以进入肺部，粒径为 15~20μm 的颗粒物往往沉降到地面或各种壁面上。若温度、湿度和风速等物理条件适宜，微生物会在室内繁衍、生长，随着近年来建筑密闭性的加强，这种污染更为严重。

如果室内环境封闭、通风较差、室内人员多、空气中含有人的呼出物和体表分泌物多、空气中油脂与蛋白含量高（餐厅与海鲜肉类市场的油腻气味）、相对湿度大等，微生物容易局部聚集形成气云。感染者的呼出物中粒径为 1~10μm 的病毒粒子常常以气云的形式出现在室内，飘浮在空中，形成气云传播。由此可见，室内空气品质对人体健康具有重要影响。即使没有突发事件，室内生物污染状况也不容忽视。实际生活中，室内细菌总数合格率并不高，霉菌、链球菌、居室尘螨在室内普遍存在。

5. 室内空气污染传播途径

室内空气污染传播途径主要有如下三大类：①通过空气流动传播，人员通过呼吸作用吸入污染进而产生健康风险 [室内空气污染（人员呼吸产生的生物气溶胶）分布云图见图 6-2]；②空气污染沉降到各类壁面之上，人员通过触摸等方式吸入污染进而产生健康风险；③空气污染进入水体和土壤，人员通过饮水、摄食等方式摄入污染进而产生健康风险。对于建筑设计，主要考虑前两种传播途径。

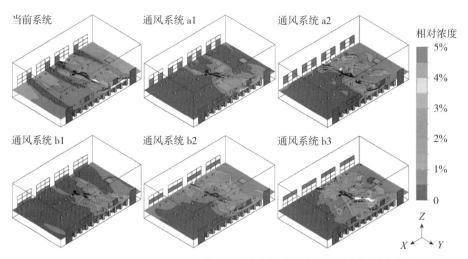

图 6-2 室内空气污染（人员呼吸产生的生物气溶胶）分布云图

6.2 室内空气品质仿真模拟

6.2.1 室内空气品质仿真模拟

室内空气品质对人类健康和舒适感会产生深远影响。为了更好地理解室内空气污染在空间和时间上的分布规律，评估潜在风险，并改进优化建筑设计、通风模式、材料选择以及净化装备，建筑空气品质仿真模拟成为一项至关重要的工具。

1. 获取空间和时间上的分布规律

室内空气污染的分布规律通常受到建筑空间结构、通风方式、室内活动和污染源的影响。建筑空气品质仿真可以帮助模拟和预测室内空气污染在不同空间和时间尺度上的分布。这有助于识别污染物浓度的高峰期，有助于制定针对性的控制策略。

2. 评估风险

仿真模拟工具可以用来评估室内空气污染对人体健康的潜在风险。通过模拟不同污染物浓度下的健康风险，可以更好地了解慢性暴露和急性事件对居民健康的影响。这有助于建筑师和决策者采取措施来减轻潜在健康风险。

3. 改进优化设计方案

建筑空气品质仿真模拟为建筑设计提供了宝贵的信息。通过在仿真模拟中考虑不同的材料选择、空间形态和通风模式，设计师可以优化建筑的室内空气品质。这包括选择低挥发性的建筑材料、优化通风策略以保证室内新鲜空气供应，以及合理布置净化装备。

4. 实验测量和数学模拟的联系和区别

建筑空气品质仿真模拟可以结合实验测量和数学模拟，提供全面的信息。实验测量可以提供真实室内环境中的数据，而数学模拟可以扩展这些数据以获得更全面的理解。两者的结合可以验证模型的准确性，并提供更准确的预测结果。

6.2.2 室内空气品质仿真模拟原理与方法

1. 计算流体力学（CFD）

计算流体力学是随着计算机的发展而产生的一个介于数学、流体力学和计算机之间的交叉学科，主要研究内容是通过计算机和数值方法来求解流体力学的控制方程，对流体力学问题进行模拟和分析。在建筑室内空气污染数值模拟中,首先通过模拟气流场和温度场以得到风、热环境,进一步在充分考虑空气流动作用下各类污染物运动规律的基础上模拟其在建筑空间的分布情况。根据污染物物理特性不同,CFD中污染物模拟方法主要包括欧拉法和拉格朗日法。

(1)欧拉法

欧拉法是一种常见的流体力学数值模拟方法,它将流体分成离散的空间网格单元,并关注整个流场内每个网格点上的运动情况。这种方法适用于气态污染物和较小颗粒物的模拟,因为它不需要追踪每个粒子,而是考虑不同位置上的平均性质。

在欧拉法中,将流体域分成网格单元,每个单元内的流体参数如速度、密度和温度都被视为局部常数。然后,使用偏微分方程(如Navier-Stokes方程)来描述每个网格点上的流动行为。通过离散化和数值解求解这些方程,可以计算出整个流场内的流动情况。这个方法的优势在于它对于气态污染物和小颗粒物的模拟非常有效。因为这些颗粒物相对较小,它们的运动受到流场的平均性质影响,不需要追踪每个粒子的轨迹。欧拉法可以提供关于流场的整体信息,包括速度、压力和浓度分布等。

(2)拉格朗日法

与欧拉法不同,拉格朗日法关注每个流体质点的运动过程,特别适用于模拟较大颗粒物的运动。这种方法需要追踪每个粒子的轨迹和运动要素,以获得整个流场的流动情况。在拉格朗日法中,每个流体质点被视为一个单独的实体,具有速度、位置和其他运动参数。随着时间的推移,这些粒子会根据其运动方程在流场中移动,其轨迹和状态会随之变化。通过数值迭代和模拟,可以跟踪这些粒子的轨迹,并计算它们的运动要素,如速度、位置和相对湍流的扩散等。对于较大颗粒物,如颗粒沉降、颗粒输送或颗粒悬浮在流场中的情况,拉格朗日法是一种有效的模拟方法。它可以提供关于每个粒子的具体信息,包括其运动轨迹、速度变化和相互作用等,这对于研究颗粒物的沉降、分布和输送非常有用。

目前在建筑空气品质数值模拟领域,主要常用软件包括Fluent和绿建斯维尔。前者主要用于建筑环境的科学研究和精准化设计;而后者导入CAD图纸即可进行模拟分析,适用于实际设计工程。Fluent是国际上比较流行的商用CFD软件包,在美国的市场占有率为60%,凡是和流体、热传递和化学反应等有关的工业研究均可使用(某建筑室内空气污染CFD模拟结果云图见图6-3)。它具有丰富的物理模型、先进的数值方法和强大的前后处理功能,在航空航天、汽车设计、石油天然气和涡轮机设计等方面都有着广泛的应用。绿建斯维尔软件中的室内空气品质预评估功能可以提供室内装修污染物浓度和可吸入颗粒物浓度的计算分析,用于绿色建筑设计中室内空气品质

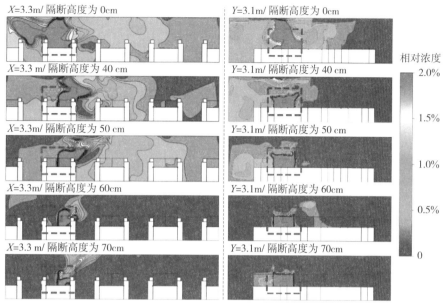

图 6-3 某建筑室内空气污染 CFD 模拟结果云图
注：X=3.3m 代表距离室内坐标原点 3.3m 处的 X 轴方向垂直剖面；
Y=3.1m 代表距离室内坐标原点 3.1m 处的 Y 轴方向垂直剖面。

预评估。该模块基于绿色建筑评价标准和健康建筑评价标准而研发，提供完善的材料污染物特性数据库、装修方案、室内净化通风方案和室外污染源数据，快速进行整栋建筑多个房间的 VOCs、$PM_{2.5}$ 和 PM_{10} 浓度的计算，并依据标准要求给出评价结论。

2. 污染物多区模型（Multi-zone）

建筑室内污染物多区模型可以计算建筑内房间之间以及建筑与室外之间的气流和污染物输送。从本质上讲，多区模型是 CFD 模型的简化，其忽略了房间内部空气流动和扩散作用，仅考虑房间之间气流和污染的交换，以及室内外空气的流通作用。建筑房间通常被表示为区域，这些区域通过具有用户定义的泄漏特性的气流路径相互连接，多区域模型可以在几分钟甚至几秒钟内在计算机上计算气流和污染物输送，可以良好地预测混合条件下建筑空气入渗和污染物输送。为了获得更快的计算速度，在每个区域中使用混合良好的假设，假设每个房间的空气温度和污染物浓度分布均匀。多区模型的结果可能不准确，特别是对污染物分散的计算。且由于忽略了动量效应，无法确定室内气流和温度分布，存在很大的局限性。为了提高反映房间气流的准确性，需要建立污染物多区模型，研究不同区域和不同参数之间的敏感性。污染物多区模型具有速度快，但所能提供的气流和污染物输送信息不够详细的特点。

CONTAM 中的多区气流模型是一种宏观模型,在计算压力和风量时忽略了房间细节,假设区域内空气混合良好,参数均匀。在耦合多区域与 CFD 模型的研究时,可以用 CONTAM 计算建筑区域之间以及建筑与室外之间的气流和污染物分布。CONTAM 具有计算时间短、占用资源少、描述信息简单清晰等特点。对于多房间的建筑,CONTAM 适合分析各个房间的气流、压力和污染物。CONTAM 可以帮助设计人员和工程师评估建筑室内空气品质、通风效果以及室内污染物的扩散状况,从而提供科学依据和指导,改善室内环境质量,保障人们的健康和舒适。

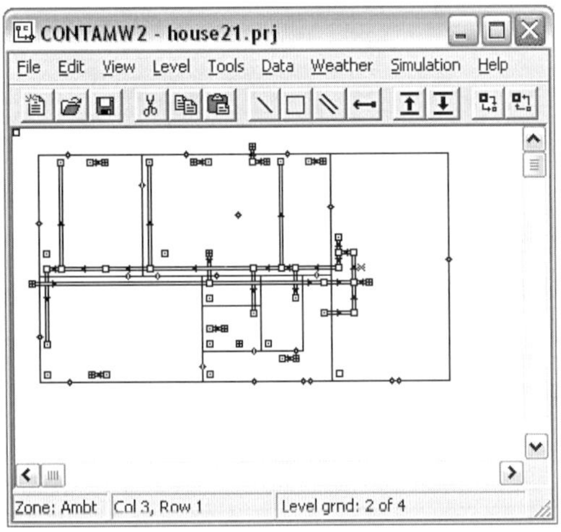

CONTAM 是一个多区域室内空气品质和通风分析程序,旨在帮助确定建筑中的气流、污染物浓度和居住者暴露情况(图 6-4)。气流是指室内空气流动状况,包括房间内气流、建筑内外渗透气流等。污染物浓度则是由这些气流带动的空气污染物扩散情况而决定的,这些污染物浓度经过化学反应、建筑材料吸附、过滤、在建筑表面的沉积以及再悬浮等多种过程而发生变化。居住者暴露情况即预测居住者对空气污染物的暴露,以进行风险评估。

图 6-4 CONTAM 软件界面

3. 污染物浓度理论模型(IAQX)

建筑室内污染物浓度理论模型是基于房间内部某种污染物产生、去除、进入、排出等效益的动态综合平衡。以最为常见的 IAQX 模型为例,模型考虑了环境的入渗、区间空气运动、室内源、沉积、过滤和混合等过程。用几个方程来描述模型对于给定大小的通量,其在 i 区的质量浓度计算公式如下。

$$V_i \frac{dC_i}{dt} = pQ_{oi}C_0 + \sum_{j=0}^{n}(1-f_{ji})Q_{ji}C_j - \sum_{j=0}^{n}Q_{ij}C_i + \sum_{k=1}^{m}R_k - k_D V_i C_i - C_i \sum_{l=1}^{q}Q_l(1-f_l) \quad (6-1)$$

式中　V_i——i 区体积,m³;

C_i——i 区的质量浓度,μg/m³;

t——时间,h;

p——穿透吸收率;

Q_{oi}——从外部到 i 区的风量,m³/h;

C_0——环境空气中的质量浓度,μg/m³;

f_{ji}——过滤器对从 j 区到 i 区气流的去除效率,$j \neq i$;

Q_{ji}——j 区到 i 区的空气流量,m³/h;

C_j——j 区的质量浓度,μg/m³;

Q_{ij}——i 区到 j 区的空气流量，m^3/h；

R_k——室内源 k 的排放率，$\mu g/h$；

k_D——一级沉积速率常数，h^{-1}；

Q_I——通过独立式空气过滤器的空气流量，m^3/h；

f_I——独立式空气过滤器去除效率；

n——空气区数；

m——i 区室内源数；

q——i 区独立式空气过滤器／净化器数量。

IAQX 是室内空气品质和吸入暴露模拟工具包的缩写。它是一个基于 Microsoft Windows 的室内空气品质模拟软件包，由一个通用的模拟程序和一系列独立的专用程序组成，为主要为高级用户设计的对现有室内空气品质模拟程序的补充。一个通用的模拟程序执行多区域、多污染物模拟，并允许气相化学反应。其他 4 个程序实现了基于基本模型的模拟，这些模型在现有的室内空气品质模拟程序中经常被排除在外。除了执行传统的室内空气品质模拟（计算时间浓度曲线和吸入暴露）外，IAQX 还可以在用户提供某些空气品质标准时估计适当的通风量。

近年来，室内污染源和汇的建模逐渐从简单的经验模型转向更复杂的传质模型。虽然提高了准确性、有效性和可伸缩性，但在某种程度上其复杂性有所增加。IAQX 在通用仿真程序中提供了相对简单的传质模型。更复杂的模型作为独立的、专用的仿真程序来实现。除了进行传统的室内空气品质分析（计算污染物浓度之和除以个人暴露时间的函数）外，室内空气品质测试中心还可以在需要满足某些标准时估计适当的通风量。

6.3 室内空气品质仿真模拟案例分析

6.3.1 基于 IAQX 工具的仿真模拟案例

本案例目的是通过使用 IAQX，对于建筑室内空气污染及人员暴露量进行模拟计算和量化分析。基于其可靠性、用户友好性等优势，IAQX 被广泛应用于室内空气污染模拟和建筑设计方案评价，是国内外建筑设计师及工程师的最优选择之一。IAQX 可以模拟各类空气污染物（不同种类、不同来源）在多个房间之间的传播，进而计算不同房间内部空气污染的动态分布规律。本案例的建筑空间参数如下：计算区域由办公房间和休闲房间组成，其面积分别为 $30m^2$ 和 $25m^2$，室内高度为 $3m$，两个房间均利用门窗进行通风且相互之间利用内门进行换气。建筑室内空气污染物种类是 TVOC，其来源为新装饰家具。本案例利用 IAQX 程序对建筑室内 24h 内污染物（TVOC）变化浓度及人员暴露量进行动态模拟。

总体上讲，使用 IAQX 程序完成室内空气污染模拟需要 4 个步骤：①定义建筑空间参数和污染参数；②编译空气污染数学模型；③模拟运算；④输出结果并进行分析。在以上 4 个步骤中，对于使用人员来讲最为关键也是最为繁琐的是第一步，需要定义的参数包括：房间数量、通风设置、污染物种类、污染源特性、模拟周期等。图 6-5 介绍了建筑布局平面图和 IAQX 主窗口图。首先，启动 IAQX 并单击 OK 按钮，进入程序的主窗口：主窗口的主要组件包括标题栏、主菜单、速度按钮、桌面区域和状态栏；IAQX 中可以看到 5 个独立页面，分别是建筑、通风、来源、条件和输出。

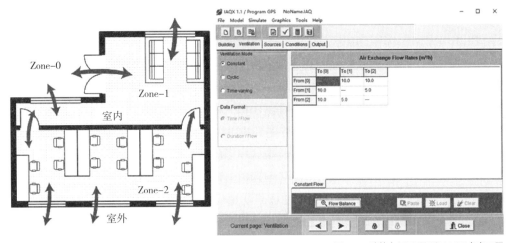

图 6-5　建筑布局平面图和 IAQX 主窗口图

（1）定义建筑空间参数和污染参数。首先要在计算模型中指定空气区域的数量，最多可以指定 10 个空气区域。这里的空气区域也就是通常所讲的室内房间，IAQX 假设每一个房间内部空气环境参数（例如空气温湿度、空气污染物浓度等）均匀分布。每一个空气区域代表一个室内房间，通过点击箭头可以增加或者删除空气区域的数量，进而也改变了 Building Configuration 表格的行数/列数。在自动确定了空气区域编号之后，需要在 Building Configuration 表格中定义每一个空气区域的名称和体积。在本案例中，主要包括两个空气区域，所对应的空气区域（办公室和休闲室）数量为 2。案例中，办公室和休闲室的名称分别为"Zone-1"和"Zone-2"，其体积则分别为 $90m^3$ 和 $75m^3$。此外，将暖通空调系统定义为一个额外的空气区域，将其命名为"HVAC"。在 IAQX 模型中，每一个空气区域最多有 3 种空气污染沉降材料（例如空气污染净化器、具有吸附性质的地毯等）。本案例不考虑空气污染沉降过程，故不设置沉降材料及其沉降值。

（2）定义建筑空间通风换气参数。在定义建筑室内通风量时，室外空气始终被设定为 0 区（即默认区域，Zone-0）。IAQX 模型允许 4 种类型的室内通风换气模式：恒定、循环、时变的时间/流量格式、时变的周期/流量格式。在本案例中，采用恒定模式，即室内通风量不会随时间变化：建筑室内"Zone-1"和"Zone-2"与室外的空气交换量均为 $10m^3/h$，Zone1 与 Zone2 的空气交换量为 $5m^3/h$。

（3）定义建筑空间空气污染释放源（图 6-6）。对于某一个特定的空气区域，其包含一个或多个空气污染源。在 IAQX 模型中，在 Sources 页面中定义污染源，并通过 Add、Delete、Modify、Help 4 个按钮增减或者修改污染源信息。点击 Add 按钮以添加污染源，选择"一阶和高阶模型"，进而将一阶衰减模型添加到室内空气品质模型中。上述一阶、高阶等数学函数用于描述空气污染源的释放特性。

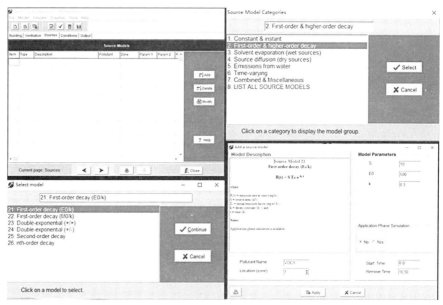

图 6-6　IAQX 模型中空气污染源信息设置

首先单击 add 按钮，添加源，随后出现一个对话框，显示源模型的类别并选择 1 个类别。本案例将一阶衰减模型添加到室内空气品质模型中，并选择类别 2——"一阶和高阶模型"。此时出现一个新的对话框，显示此类别中的所有模型。随后单击第一个模型（第 21 号），然后单击 Continue 按钮以调出模型输入窗口。在"Add a source model"对话框中有一个模型描述的文本框，并在其下方可定义空气污染物名称和来源位置。在"Model parameters"中，输入相关空气污染源参数，并单击 Apply 按钮将污染源模型添加到

Sources 页面。若要从表中删除空气污染源模型，则选中目标单元格并单击 Delete 按钮；若要修改或查看表中的空气污染源模型，则单击 Modify 按钮并进行相关操作。在定义完空气污染源相关信息后，在 Conditions 页面中设置模拟周期（图 6-7）和输出数据点数量。若 IAQX 模型有非零的空气污染初始浓度，也需在本界面输入。对于本案例，模拟周期为 24h，即模拟一整天内的空气污染物浓度变化。

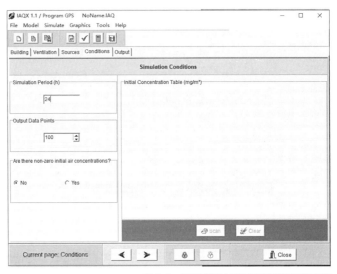

图 6-7　IAQX 模型中空气污染源模拟周期设置

（4）IAQX 数学模型编译。在设置完上述相关信息之后，点击编译按钮以进行成效编译。若没有编译错误，则可以直接开展模拟计算；若有编译错误，则需根据 IAQX 界面所呈现的编译错误进行修改。确认无误后，点击计算按钮（即带有计算器徽标的按钮）并进行计算。由于空气污染模型的复杂性、模拟周期长度和计算机速度有较大差异，完成 IAQX 模拟所需的时间也相差很大，从几秒钟到几分钟不等。在 IAQX 数学模拟完成后，单击 OK 按钮返回主窗口，计算所得的污染浓度数据显示在 Output 界面中。

（5）IAQX 模拟计算结果后处理。在计算完成之后，单击 Quick Plot 按钮（即最右边带有条形图徽标的按钮），显示 x-y 数据图（时间—浓度图），并可以通过点击 Output 页面中相关按钮（复制、全部复制、帮助、保存和打印）以获取运算数据。在生成时间浓度数据后，计算人员空气污染呼吸暴露量。在主菜单中选择"工具 / 吸入暴露"，输入人员呼吸速率并点击"确定"按钮。图 6-8 和图 6-9 分别展示了 IAQX 模型中空气污染时间—浓度结果图和空气污染时间—暴露结果图。随着人员在建筑内部停留时间的增长，人员空气污染呼吸暴露量逐渐增大，且 Zone-1 始终高于 Zone-2。

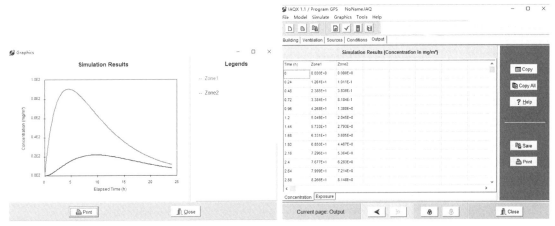

图 6-8　IAQX 模型中空气污染时间—浓度结果图

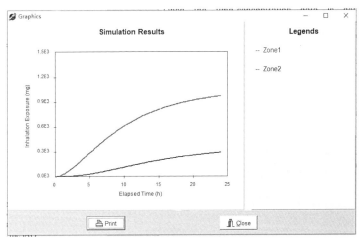

图 6-9　IAQX 模型中空气污染时间—暴露结果图

此外，IAQX 还可以自动调节通风量，以使得空气污染的平均浓度或者峰值浓度低于某一个数值。例如本案例拟将 TVOC 的质量浓度降低至 50μg/m³（即空气污染标准值），IAQX 可以自动控制通风换气量，以使得空气污染浓度水平满足预先设定的标准值。完成上述计算模拟步骤后，单击"保存"按钮（即带有软盘标志的按钮）或从主菜单中选择"文件/保存模型"，以实现 IAQX 模型的及时保存。

6.3.2　IAQ 导向下的建筑设计案例

健康建筑设计是建筑和建筑工程的一个新兴领域。室内空气品质是健康建筑设计中不可避免的因素，因为它与人类健康和福祉有着明显联系。某案

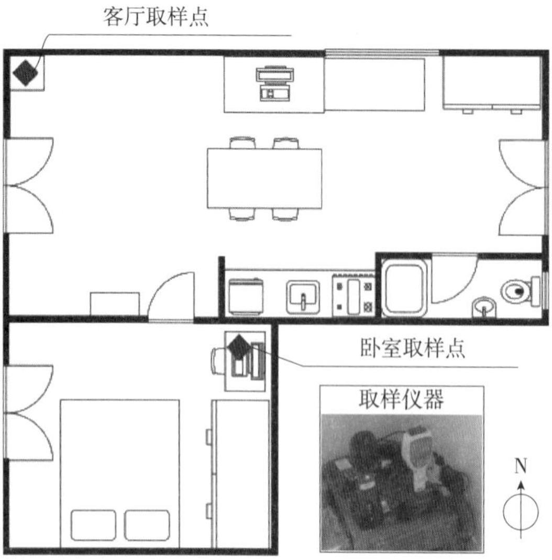

例（室内布局示意图见图 6-10）提出通过使用 MATLAB 应用程序设计器开发一个名为 i-IAQ 的模拟工具箱（图 6-11），将 IAQ 预测集成到健康建筑设计中。在 i-IAQ 中，用户可以输入建筑布局和墙壁开口的信息，并从数据库中选择空气污染源。作为输出，工具箱模拟了占用期间室内二氧化碳、总挥发性有机化合物、可吸入颗粒物、细颗粒物、二氧化氮和臭氧的水平。基于仿真结果，工具箱还提供了诊断和改进设计的建议。工具箱的准确性通过在一间公寓进行空气污染物物理测量的案例研究得到了验证。结果表明，设计师可以将 i-IAQ 工具箱集成到建筑设计中，从而在早期设计阶段以低成本解决潜在的 IAQ 问题。

图 6-10　室内布局示意图

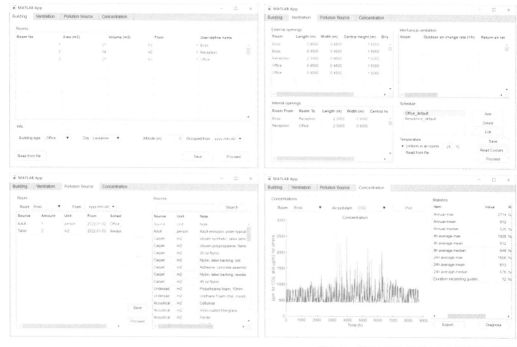

图 6-11　基于 MATLAB 的 i-IAQ 模拟工具箱界面

6.4 室内空气品质与建筑设计关联

在设计建筑时，所提出的室内空气品质解决方案必须反映特定的环境和用途。通风系统、空气流量和流速方面的选择和权衡在很大程度上取决于相关建筑的类型，必须对制约因素和急需解决的问题进行详细研究，以便提出适当规模的纠正方案。空气品质取决于许多因素，除了建筑的技术特性之外，改善室内空气品质还必须采取有效的措施来减少室外污染。但这也需要努力提高人们的意识，改变在建筑中的日常习惯和行为。在未来项目中，与空气质量相关的核心挑战包括：一是很难提出一个既能满足所有用户要求又能满足其舒适度的解决方案，二是空气品质方面的诉讼越来越多；三是如何融合不同技术方案。

6.4.1 空气品质与建筑本身之间的关联

建筑的主要功能是提供空间，用作住宅、办公室、开放空间、公共接待区等，或这些用途的组合。建筑必须与特定的空间融为一体，并与周围环境相协调。近年来的趋势是过分强调节能和隔热性能。这本身并没有错，因为过去在使用对环境影响较大的材料或没有充分反映节能重要性方面犯过错误。但最终却偏向了另一个方向——使用能源积极型建筑，这些建筑产生的能源要多于消耗的能源。建造一座像电池一样的建筑有什么意义呢？过度强调能源性能可能会对居住者的舒适度和体验产生负面影响，例如严重限制建筑的自然采光量。另一个例子是，出于高质量环境的考虑，可能会将建筑入口设置在南立面，以限制能量损失。但如果建筑朝向的是北面的街道，则无法按照这种方式设置建筑入口。各自为政的思维方式可能会导致出现不协调的局面。建筑师的增值作用恰恰在于将所有因素结合起来，提出一个连贯性的解决方案，这是通过整体方法实现的。建筑经常会受到时尚和潮流的影响，如果走极端，就会导致与初衷完全相反的结果。这意味着需要保持理智，展望未来，看看极限可能在哪里。在二十世纪八十年代到二十一世纪初，办公楼非常耗能，玻璃密集，机械化程度高，给使用者留下的活动空间非常小。当前的情况正好相反：人们希望建筑的窗户可以开启，建筑材料可以持续使用。然而，建筑业面临的下一个挑战可能会集中在超高层建筑上，这是由于土地价值的显著上涨。尽管木材作为一种结构材料具有可靠性，但在超高层建筑中的应用仍面临着性能问题，如挠曲性能。没有现成的答案，空气品质和其他任何事物一样，需要逐个研究，才能找到合适的解决方案。

6.4.2 空气品质与建筑设计之间的关联

室内空气品质解决方案必须反映特定的环境和用途。有些地方是生活区域，而有些地方人员在其中的活动时间较短。不应为一个短时间内容纳大量人群的演出场所和一个全天都有人使用但使用率却无休止变化的办公楼提出同样的通风系统建议。在第一种情况下，需要一个非常强大的系统，能够过滤并向大空间提供高质量的空气。第二种情况则需要量身定制的方法。必须详细分析楼内每个房间的使用情况，以便提出适当规模的纠正方案，在保证最佳空气品质的同时避免不必要的能源消耗。以某学校的室内空气品质为例，通风不良导致的污染物浓度过高，会对学生的认知能力产生不利影响。但目前大多数解决方案都有其弊端，要么是通风系统日夜不停地运行，甚至在没有课的情况下也要耗费大量建筑能源；要么是由于维护不善导致过滤器堵塞，从而降低了空气品质。无数的通风系统都隐藏在吊顶后面，给人一种干净整洁的错觉。但这些系统实际上是细菌和灰尘的温床，难以触及，也难以维护。针对该项目，设计了一个混合解决方案，它结合了最先进的技术——在每间教室安装自动双流通风系统，并允许教师在需要时打开窗户向外通风。因此，此处建议两个关键策略：①将每个房间分开处理，每个房间都有适当大小的通风系统；②将通风系统的一部分自动化，同时也为人员干预留出空间。

6.4.3 室内、室外空气品质的区别

只有采取有效的措施减少室外污染，才能改善空气品质。设计师在考虑城市应该是什么样的时候必须关注这一点。就建筑物本身而言，关键不仅仅在于设计阶段，还必须考虑建筑的使用方式。可能有一栋考虑得非常周全的建筑，其建造目的是优化空气品质，但如果有毒物质在建筑中产生，那么这栋建筑的空气品质就会大打折扣。

6.4.4 空气品质未来挑战

第一个挑战集中在人们对干扰的认识不断提高。这使得提出既能满足每个人的要求又不影响舒适、健康的解决方案变得更加困难。如果通风太强或窗户没关好，有些人很快就会感到寒冷；如果窗户一直紧闭，有些人则会感到压抑。一旦这两类人必须共用一个空间，情况就不可避免地变得复杂起来。这就涉及呼吸优质空气的平等权利问题。

第二个问题围绕着当前试图测量和控制一切事物的趋势，以及由此可能带来的种种问题。在空气品质方面，这种趋势表现为越来越多地安装传感器来测量建筑中污染物的浓度。这些技术对于确定污染原因和寻找解决方案很有价值。但是，它们不应该左右居住者的行为，也不应该让人们感到压力。

因此，需要寻找将高科技与低科技相结合的方法，限制对全电子解决方案的依赖。一种方法是把重点放在建筑材料本身，依靠材料的基本特性。这种方法有许多积极意义：它限制了会破坏空气品质的有毒成分、溶剂和油漆的使用。

思考题与练习题

1. 请简述建筑空气污染来源、种类及常见传播途径。
2. 欧拉法与拉格朗日法的区别是什么？分别适用于什么模拟场景？
3. 请利用 IAQX 工具完成 6.3.1 节所述的仿真案例。
4. 请结合具体案例讲述建筑空气品质与设计本身之间的关联。如何利用设计方法提升室内外空气品质？

第 7 章 建筑光环境

在绿色建筑领域中,光环境的设计占据着举足轻重的地位。本章将深入探讨建筑光学原理,揭示光的本质及其与人类视觉的密切关系。本章首先从光的物理特性出发,阐述光的波粒二象性,进而深入到光与视觉的相互作用,解释人眼如何感知光线并将其转化为视觉信息。并在此基础上探讨光环境对人体健康的影响。此外,本章还将介绍建筑光环境的评价指标,包括室内天然光水平、眩光分析和人工照明视觉指标,这些指标对于评估和优化建筑光环境至关重要。通过本章的学习,建筑设计人员将充分理解建筑光环境的设计原则和模拟方法,以及如何通过科学的设计手段提升建筑的光环境质量,为居住者创造一个健康、舒适的环境。

7.1 建筑光学原理

7.1.1 光的本质

人类对于客观世界的认知依赖于自身的感知器官，而眼睛作为其中最重要的感知器官之一，经过数百万年的进化，已经能够捕获和辨别光的强弱和颜色，从而识别世间万物。然而，光的本质一直是一个令人困扰的问题。在人类漫长而又短暂的历史中，物理学家对这个问题进行了长时间的探讨和争论。

一方面，牛顿在其著作《光学》中详细地阐述了光的微粒说，认为光是由微小粒子组成的，这个观点得到了广泛接受，光的微粒说在十八世纪几乎占据了主导地位。尽管光的微粒说在解释光的反射和折射现象上是非常成功的，但它无法解释波动现象，如干涉和偏振。

另一方面，十七世纪末惠更斯提出了光是一种波动的观点，即认为光是一种机械波，通过一种被称为"以太"的空间介质传播。他的波动理论很好地解释了光的许多现象，如晶体的双折射等。然而，在当时，惠更斯的理论并没有被广泛接受，直到十九世纪初，托马斯·杨和菲涅耳等人解释了光的衍射和干涉现象，光的波动学说才重新获得了认可。波动理论成功地描述了光的传播和衍射等现象，但它无法解释一些光学实验中的现象，如光电效应和康普顿散射。

随后，麦克斯韦在前人的基础上建立了电磁波的波动方程，预测了电磁波的存在并计算出了光速。他明确指出，光也应该是一种电磁波。1888年，赫兹通过实验证实了电磁波的存在，并确切地测定了电磁波的传播速度，从而更加证实了光是电磁波。

从赫兹以后，光的波动理论基本成为人们普遍接受的观点。然而十九世纪末期，人们在尝试用光的波动理论来解释光电现象时遇到了困难。1905年，爱因斯坦提出了光量子说（或光子说），认为光以粒子的形式传播，这解释了光电效应和光的压力等现象，为光的微粒性提供了实验证据。因此，光究竟是微粒还是波动，这个争论再次摆在人们面前。

到了二十世纪中叶以后，量子力学的发展进一步深化了人们对光的本质的理解，将光视为一种同时具有波动性质和粒子性质的粒子，即"光的波粒二象性"。光的波动性质可以解释光的干涉、衍射和偏振等现象，而光的粒子性质则表现为光的能量被传递，例如光的吸收和发射等过程。

7.1.2 光与视觉

人眼所能看见的光的波长范围为 0.38~0.78μm，这一波长范围内的光被称为可见光。作为人类视觉系统的重要组成部分，眼睛的组织结构紧密而复杂（图 7-1）。人眼具备识别多种颜色和区分光线强弱的能力，并将这些信息转化为神经信号传输至大脑，最终产生视觉感知，但从光进入眼睛到视觉信息的产生是一个十分复杂的过程，主要包括了以下几个阶段：

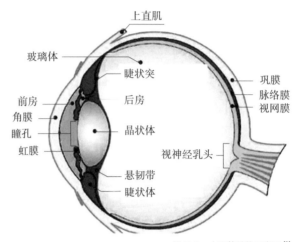

图 7-1 人眼的结构示意图[1]
（图片来源：陈鑫. 基于人眼光学模型的晶状体悖论分析研究[D]. 南京：南京邮电大学，2020.）

（1）光线进入眼睛。光线通过角膜、瞳孔和晶状体等结构进入眼睛内部，聚焦于视网膜上，形成上下倒置且左右换位的影像。其中，眼角膜相当于眼球的"保护盾牌"，为眼睛提供固定屈光度，眼角膜的变形损伤会导致视力的受损；瞳孔类似于"相机快门"，眼睛通过调节瞳孔的大小，进而控制光线进入眼球内部的数量，使眼球能够适应不同强弱的光环境，并达到保护视网膜神经的目的；晶状体与"双面凸透镜"相同，它可以被周围的睫状体控制薄厚，调节进入眼球内部光线的折射角度，实现对焦，而晶状体失调会导致近视或远视，近视可因睫状体痉挛导致，远视可因睫状体缺乏收缩力导致。

（2）光信号转换。当光线穿过玻璃体后，最终到达视网膜，视网膜是贴于眼球后壁部的一层非常薄却又结构复杂的透明薄膜，其上分布着感光细胞，这些感光细胞经过一系列复杂的生物化学反应将光信号转化为电信号。感光细胞共有 3 类，分别为视锥细胞、视杆细胞和神经节细胞，其中视锥细胞、视杆细胞主要负责视觉的形成过程，神经节细胞不参与视觉的形成过程，但在人体生理节律方面起着关键作用。在视网膜中，视锥细胞约有 600 万个，而视杆细胞的数量是视锥细胞数量的数百倍，约有 1.25 亿个。视锥细胞主要分布于视网膜黄斑区周围 10° 以内，它在较高亮度环境下的彩色和细节清晰度的感知能力强，视锥细胞有 3 种类型，分别对应红、绿和蓝色光的感知，通过这些细胞的不同程度激活，大脑能够解析和感知不同颜色的光。

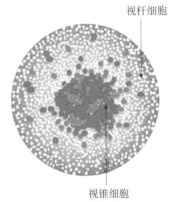

图 7-2 视网膜上视杆细胞与视锥细胞分布[2]

（图片来源：郝洛西，曹亦潇. 光与健康：研究设计应用[M]. 上海：同济大学出版社，2021.）

视杆细胞位于视网膜中心外围，它对辨别细节和颜色的能力较差，但对低亮度环境非常敏感，便于在暗处分辨物体（图7-2）。

（3）神经传递。感光细胞所生成的电信号通过视神经传递到大脑的外膝体和视皮层以准备更进一步的信息处理与整合。

（4）信息处理。大脑的视觉皮层对接收到的视神经信号进行复杂的信息处理和分析以辨别物体的颜色、形状以及动态变化等。

（5）视觉感知。当视神经信号经过处理后形成视觉信息，大脑的认知系统对视觉信息进行感知和认知，使人能够看到和理解周围的环境。

人眼所能感觉的亮度范围为 $10^{-4} \sim 10^{6} cd/m^2$，当环境亮度低于 $0.005 cd/m^2$ 时[3]，视杆细胞成为主要感光细胞，称之为暗视觉，当环境亮度超过 $5 cd/m^2$ 时[4]，主要依赖于视锥细胞发挥作用，称之为明视觉。此外，还存在中间视觉[5]，介于明视觉和暗视觉之间，视锥细胞和视杆细胞同时起作用，其活跃程度根据亮度不同而变化。面对突然变化的明暗环境，人眼存在一个适应过程，分为明适应和暗适应，明适应是指当人眼从暗处进入明亮的环境，或者从一个相对低亮度区域转移到一个相对高亮度区域时，眼睛需要适应并调整视觉系统以适应较高的亮度水平，暗适应则相反。通常情况下，明适应时间很快，大约5min就能全部完成，暗适应过程分为两个阶段，第一个阶段的暗适应由视锥细胞和视杆细胞共同完成，第二个阶段的暗适应由视杆细胞完成，整个暗适应持续30~40min。

人的视野具有一定的范围，在不转动眼球和脖颈的时候，人的水平视野范围约为左右各90°，共180°；垂直方向视野范围大约为向上60°，向下70°，共130°（图7-3）。[6]

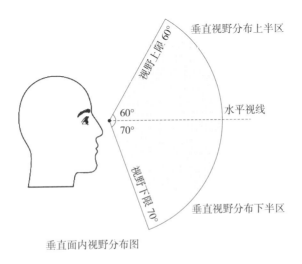
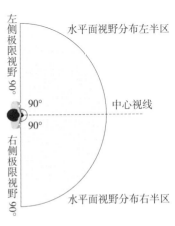

图 7-3 视野分布图

7.1.3 光与健康

光与视觉有着最直接的关系,人长期处于不舒适的光环境中,会引发视觉不适并产生视疲劳、视损伤等问题[7],这是因为当环境中空间亮度分布不均匀或出现过强的光线时,眼睛需要不断进行调节焦距、瞳孔以适应光线的变化,频繁的适应调节可能会导致视疲劳和视损失。

光对人的生理和心理健康也会有影响。2002 年,美国 Berson 等科学家发现哺乳动物视网膜上存在着第三类感光细胞——感光视网膜神经节细胞[9],这是视网膜神经节细胞的一个子集,数量极少(占神经节细胞数量的 1%~2%),但能够表达黑素蛋白,具有光敏性。当外界光线进入眼睛,聚焦于视网膜上后,感光视网膜神经节细胞将非视觉信息经下丘脑传递至视交叉上核,最后到达松果体,此过程即为光的非视觉传导通路(图 7-4)。视交叉上核(SNC)作为调节昼夜节律的中枢神经元,负责调节和控制人体内部的生物钟和激素分泌,如皮质醇等,松果体中分泌着对睡眠产生重要影响的激素——褪黑素。通过这种方式,昼夜节律系统得以调节,进而影响人体的生理和心理功能。

人体昼夜节律是指生命活动以 24h 左右为周期的变动,又称近日节律,人体几乎所有的生理机能都存在节律变化。正常的昼夜节律能够保证人类睡

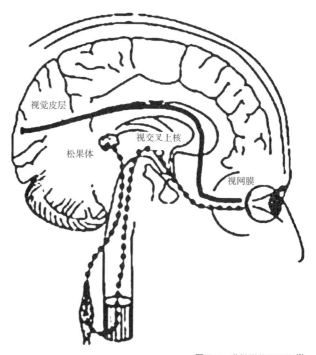

图 7-4 非视觉传导通路[8]
(图片来源:VAN BOMMEL W, VAN DEN BELD G. Lighting for Work: a Review of Visual and Biological Effects[J]. Lighting Research & Technology, 2004, 36(4): 255-266.)

眠与觉醒的正常转换，调节激素释放、控制血压和维持体温等，同时能够降低心血管代谢综合征、高血压病、炎症等疾病发生的概率，以确保正常生活与学习，维持良好情绪，提高工作效率。

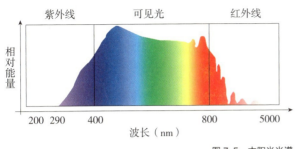

图7-5 太阳光光谱

天然光是最重要也是最健康的光源之一。当太阳光经大气层吸收、反射、散射到达地球表面后，就形成了天然光，其光谱波长在0.15~4.0μm之间（图7-5），可分为紫外线（<0.4μm）、可见光（0.38~0.78μm）和红外线（>0.78μm）；紫外线能够刺激皮肤内的7-脱氢胆固醇转变为活性的维生素D，维生素D对于骨骼健康和免疫系统正常功能至关重要，同时紫外线还具有杀菌作用，可以消灭空气和物体表面的细菌和病毒，但是过量的紫外线照射会引起皮肤损伤，包括晒伤、皮肤癌和光老化等；适量的红外线具有加热、刺激免疫系统、改善新陈代谢等优点，但同时过量的红外线照射也可能会带来不良影响。可见光是太阳光谱中可以被人眼可以感知到的部分，由不同波长的单色可见光混合而成，包含红、橙、黄、绿、蓝、靛、紫（波长逐渐减小）7个部分，相邻两色间没有明显的界限，它能够进行光合作用，也参与诸多动物和人体生命活动的调节。相对于普通的LED灯，天然光光谱连续、平缓，能够提供各种颜色的光线，使得人的眼睛和身体可以得到多种光的刺激和营养，平时多在户外进行活动，享受自然光线，有益于眼睛的发育和健康。同时，天然光可以改善心理健康，日光可以影响多巴胺、内啡肽、血清素的分泌，这些化学物质可以提高情绪，减轻抑郁和焦虑症状。

7.1.4 建筑光环境评价指标

通过合理的指标来评价建筑光环境是营造建筑光环境的科学方法，目前，建筑光环境评价指标主要包含3个方面：室内天然光水平评价指标、室内眩光分析指标以及人工照明视觉指标。

1. 室内天然光水平评价指标

该类指标主要评价进入室内的天然光是否处在合适区间，因为室内天然光水平过低会导致需要人工照明补充，过高可能导致室内眩光或者过热等问题。

1）采光系数（Daylight Factor, *DF*）

采光系数由英国教授R. G. Hopkinson[10]于1963年提出，它被定义为：

全阴天空模型下,室内某一点的照度值与室外不受遮挡的水平面照度之比(图7-6),计算公式如下:

$$DF = \frac{E_{in}}{E_{out}} \times 100\% \qquad (7-1)$$

式中 E_{in}——室内某一点照度值,lx;

E_{out}——室外不受遮挡水平面照度值,lx。

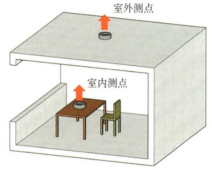

图7-6 采光系数测量图

采光系数之所以基于全阴天模型,是由于在全阴天模型下,室内照度不受太阳位置的影响[11],而在晴天模型下,以便于静态评价。如果采用晴天模型,则室内照度受太阳位置的影响,导致在不同时刻,采光系数相差很大,这就需要全年动态采光计算。

2)采光均匀度(Daylight Uniformity)

采光均匀度是指假定工作面上的采光系数的最低值与平均值之比,用于评价分析采光计算平面上的照度分布情况。在全阴天的条件下,使用采光均匀度指标进行室内照度分布评价通常没有太大问题,因为照度过高的区域往往并不存在。然而,在晴天的条件下,采用采光均匀度指标评价室内照度分布时会出现问题。这是因为在侧窗采光的情况下,靠近窗户的区域的照度远高于远离窗户区域的照度,达到了十倍甚至百倍。因此,使用采光均匀度指标容易忽略照度过高的位置,而照度过高往往与眩光相关。

3)动态采光评价指标

动态采光评价指标基于典型年光气候数据和动态模拟进行建立。Tregenza教授在1983年首次提出基于气候的采光分析技术[12],该方法基于动态天空下的采光模拟。1999年,Mardaljevic[13]使用Radiance软件开发了天光系数法来计算动态采光。基于此,国外研究人员提出了一些动态采光照度指标,如采光阈占比(Spatial Daylight Autonomy,sDA)和有效采光照度(Useful Daylight Illuminance,UDI)等。

(1)采光阈占比。"*Approved Method: IES Spatial Daylight Autonomy (sDA) and Annual Sunlight Exposure (ASE)*" IES LM-83-12(以下简称"IES LM-83-12")中采光阈占比(sDA)的定义为全年指定运行时间内满足最小天然光照度水平的测试点面积占房间总面积百分比。该标准推荐sDA300作为分析天然光是否充足的指标。这个指标指的是,全年中8:00到18:00时间段内,水平工作面照度都满足300lx的测试点面积占房间总面积的百分比超过50%。该指标的计算通常采用基于典型年气象数据的全年动态采光计算方法。值得注意的是,计算这个指标时需要考虑百叶,当室内接收到直射光的测试点超过2%时,需要关闭百叶,以满足室内接收直射光测试点的百分比不超过2%的要求。LEED V4中采用采光阈占比作为评价天然光是否充足的标准。

（2）有效采光照度。UDI是指在全年使用时间段内，某点的照度在选定的最低和最高照度之间的时间比例。UDI是Mardaljevic和Nabil在2005年对DA指标进行修改得到的。[14] 最新的研究[15]将UDI指标取值范围划分为4个等级（表7-1），小于100lx的照度范围被认定为采光不足，100~300lx之间的照度范围被认定为采光可用，但可能需要开启灯具补充照度，300~2000lx之间的照度范围被认定为采光充足，不需要开启灯具补充照度，而大于2000lx的照度范围被认定为采光过量。

UDI指标不同等级　　　　表7-1

阈值范围	采光水平
UDI < 100lx	采光不足
UDI: 100~300lx	采光可用
UDI: 300~2000lx	采光充足
UDI > 2000lx	采光过量

（3）年日照时数。IES-LM-83-12标准中对年日照时数（ASE）的定义是全年房间内接收到的太阳直射光照度超过某限值的累积出现时间（小时数）的面积占房间楼板面积的比例。比如ASE（1000lx，250h）=30%，指的是房间中30%的区域所接收到的太阳直射辐射光超过1000lx的累积时间超过250h。这个指标用于衡量室内工作环境中潜在的视觉不舒适程度，IES LM-83-12未明确给出标准，但在讨论部分给出了舒适区间定义（表7-2）。ASE指标经常与DA指标配合使用。

IES LM-83-12中的ASE舒适区间定义　　　　表7-2

ASE（1000lx，250h）	舒适水平
> 10%	不满意
3%~7%	可接受
< 3%	满意

2. 室内眩光分析指标

眩光是指由于过度明亮或亮度不均匀的光线进入视野，导致视觉不适或干扰视觉表现的现象。长期暴露于强烈的眩光下可能导致视力损害，还可能引起头痛等不适症状，影响人的舒适度和工作环境的质量。眩光又分为不舒适眩光和失能眩光。失能眩光是指眩光使人无法清晰地看到物体细节、颜色或对比度、降低视觉表现。不舒适眩光是指尚未对视觉功能产生影响，仅仅造成主观感受上的不舒适感。目前的研究认为[16]，不舒适眩光主要由两个因素驱动，一个因素为不均匀的照度分布导致的明暗对比度，另一个因素为眼部接收到的光达到可接受的阈值。现有眩光指标都是根据这些因素开发的，可以分为3类：①对比度眩光指标，如天然光眩光指数（DGI，Daylight Glare Index）；②饱和度眩光指标，如垂直照度（E_v）和简化的天然光眩光概率（$DGPs$，Simplified Daylight Glare Probability）；③基于饱和度和对比度的混合眩光指标，例如天然光眩光概率（DGP，Daylight Glare Probability）。目前，比较常用的指标是 DGI、$DGPs$ 和 DGP。

（1）天然光眩光指数（DGI）

天然光眩光指数（Daylight Glare Index，DGI）由 Hopkinson[17] 在 1972 年提出，《建筑采光设计标准》GB 50033—2013 将其定义为窗的不舒适眩光指数，计算公式如下：

$$DGI = 10\lg \sum G_n \quad (7-2)$$

$$G_n = 0.478 \frac{L_s^{1.6} \Omega^{0.8}}{L_b + 0.07 \omega^{0.5} L_s} \quad (7-3)$$

式中　G_n——眩光常数；

　　　L_s——窗亮度，通过窗看到的天空、遮挡物和地板的加权平均亮度，cd/m^2；

　　　L_b——背景亮度，是观察者视野内各表面的平均亮度，cd/m^2；

　　　Ω——窗对计算点形成的立体角，sr；

　　　ω——考虑窗位置修正的立体角，sr。

我国标准把 DGI 分为 5 个等级，见表 7-3。

窗的 DGI 数值比较　　　　表 7-3

采光等级	眩光感觉程度	窗的不舒适眩光指数	
		国内标准（DGI）	英国标准（DGI）
I	无感觉	20	19
II	有轻微感觉	23	22
III	可接受	25	24
IV	不舒适	27	26
V	不能忍受	28	28

（2）天然光眩光概率（Daylight Glare Probability，DGP）

DGP 是由 Wienold 和 Christoffensen[18] 开发的较为准确的采光眩光分析

指标，它基于眼部的垂直照度，并结合眩光源亮度、立体角以及位置参数来计算。简化的天然光眩光概率（Daylight Glare Probability Simplified，$DGPs$）是由Wienold[19]进一步简化DGP所得，它仅与眼部垂直照度相关，具体计算公式如下：

$$DGPs=6.22\times10^{-5}E_v+0.184 \quad (7-4)$$

式中 $DGPs$——简化的天然光眩光概率，%；

E_v——眼部垂直照度，lx。

如表7-4所示，DGP分为4类，小于0.35代表未察觉的眩光；在0.35~0.4之间是可察觉的眩光；在0.4~0.45之间为扰人的眩光；大于0.45为无法忍受的眩光。

DGP的分档标准　　　　　　　　　　　表7-4

DGP数值范围	眩光感觉程度
<0.35	未察觉的眩光
0.35~0.40	可察觉的眩光
0.40~0.45	扰人的眩光
>0.45	无法忍受的眩光

3. 人工照明视觉指标

（1）照度及照度均匀度

照度主要用于衡量工作面光照水平是否充足。照度水平要综合考虑使用需求、能耗需求、视觉舒适度和健康需求。照度均匀度指规定表面上的最小照度与平均照度之比，一般不得低于0.7，用来判断建筑空间内各个位置的照度分布是否均匀，分布越均匀则说明视觉感受越舒服，反之会导致视觉疲劳。

（2）色温

色温是对绝对黑体加以不同温度时所产生不同的颜色，以开尔文（K）为单位。不同色温会给人们带来不同的情绪和视觉感受，影响到室内外环境的氛围和色彩呈现。

（3）显色指数

显色指数是指物体在特定光源下与在阳光下显示颜色的接近程度。显色指数范围为0~100，太阳光的显色指数为100，显色指数越高的光源，其光谱图越接近太阳光光谱图，对物体的颜色还原程度越高，颜色看起来更鲜艳，人眼分辨起来越轻松，越不容易疲劳。

7.2 建筑光环境仿真模拟

7.2.1 建筑光环境的仿真模拟意义

上一节阐述了光的本质以及建筑光环境在建筑环境中的重要性,良好的光环境有益于人的身心健康,同时可以营造舒适和高效的生活、工作、学习空间。此外,上一节也介绍了评价建筑光环境的相关指标,但是如何对这些指标进行测量和计算,是在进行光环境设计时要解决的首要问题。在方案设计阶段,对于建筑光环境相关指标测量和计算的最合理方法是使用仿真模拟,它能够帮助建筑设计师和研究者们了解和探索不同空间形式、立面设计、技术手段对建筑光环境的影响,是建筑光环境分析中不可或缺的得力助手。更重要的是,通过在建筑建成之前进行仿真模拟分析,可以提前发现可能存在的问题和不足之处,以便有针对性地进行改进和优化,这有助于提高建筑的光环境质量,减少能源浪费,从而推动可持续建筑的发展。

7.2.2 建筑光环境的仿真模拟方法

目前,主流的建筑光环境的仿真模拟方法主要分为 3 种:公式计算法、模型模拟法和计算机模拟法。[20] 其中,公式计算法主要用来计算简单的静态采光,而模型模拟法和计算机模拟法则常用来测量和计算较为复杂的动态采光。

1. 公式计算法

公式计算法是使用光学计算公式来计算建筑光环境指标的一种简便的建筑光环境仿真模拟方法。公式计算法的优势在于其广泛的适用性,特别是在计算一些相对简单的建筑光环境指标,如我国现行的采光标准中使用的采光系数。[21]

然而,公式计算法也存在一些明显的局限性:首先,计算公式往往将真实的物理过程进行了简化,这可能会导致计算结果的准确性受到一定程度的影响;更重要的是,在面对动态采光计算时,公式计算法可能无法提供满足实际需求的准确结果,因为它忽略了时间因素和光照条件的变化。所以,研究人员和工程师应该根据具体情况和需求选择使用公式计算法来评估建筑光环境。

2. 模型模拟法

模型模拟法是使用缩尺模型来还原真实的建筑光环境(图 7-7),通过使用光学测量仪器对缩尺模型内部的光环境进行测量,来获取建筑的

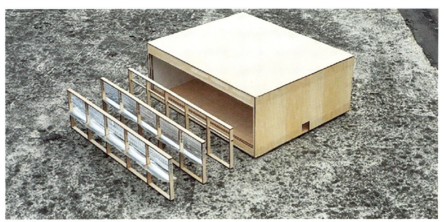

图 7-7 建筑缩尺模型[23]
(图片来源：陈春宇. 大学教室组合式侧窗采光系统优化研究 [D]. 重庆：重庆大学，2022.)

光环境情况。因为可见光波段的波长远小于建筑和缩尺模型的各部件大小，所以可见光在建筑和缩尺模型中的传播规律是一致的。当缩尺模型的还原度较高时，缩尺模型的测量结果与真实建筑中的测量结果的吻合度较高。[22]

模型模拟法的优点在于结果的精准性和可重复性，同时相比于在真实建筑中测量或实验，使用缩尺模型能够节省大量的人力物力。但是，模型模拟法对于模型制作或搭建的要求较高，如果不能够把握好模型的材质和做工，测量的结果会有一定误差。

3. 计算机模拟法

计算机模拟法是一种使用计算机软件来模拟建筑光环境的重要方法。伴随着近几十年计算机技术的迅猛发展、计算机算力的显著提升，以及计算机仿真模拟软件的不断改进，计算机模拟法已经成为目前建筑光环境仿真模拟中最为重要的工具之一。[24]

计算机模拟法的主要优势在于其在保证较好精度的情况下，节省了使用传统物理模型或实际试验所需的时间和资源；提供了多样性的模拟场景，包括太阳位置、天空状态等；营造了可视化的界面，允许建筑设计师和工程师直观地了解到建筑内部的光照情况。然而，计算机模拟法也面临一些挑战：①计算机模拟需要准确的气象数据和模型参数，不准确或不完整的数据和参数会导致模拟结果产生偏差；②部分计算机仿真模拟软件需要使用者具备较好的计算机专业知识，造成了一定的技术门槛；③高质量的计算机模拟需要大量的计算资源，包括高性能计算机和服务器，这可能会导致成本的增加。

7.3 建筑光环境设计

建筑光环境在建筑设计中具有至关重要的地位,对于用户体验、室内舒适性和能源效率产生深远的影响。而一个良好的建筑光环境需要建筑设计师因地制宜地全方位思考和科学营造,所以本节将通过建筑光环境的影响因素、优化策略和方法、耦合设计及案例分析4个方面来探讨建筑光环境设计。

7.3.1 建筑光环境的影响因素

1. 光气候条件

因为我国地域辽阔,受大气环境及地理经纬度的影响,我国各地的光气候条件有着较大差异。所以,在进行建筑光环境优化设计时,一定要因地制宜,合理地考虑建筑所在地的光气候条件。

2. 建筑的地理位置、外部环境和朝向等

建筑的地理位置、外部环境和朝向等因素对建筑内部天然光的接收和分布具有关键的作用。地理位置的经纬度差异、所在位置的地形情况、周边建筑的遮挡关系、建筑的朝向选择、空间布局以及形体变化都会显著地影响天然光的入射角度和光照质量。所以,在建筑光环境的设计前期必须要全面地评估建筑自身及外部环境的影响情况。

3. 建筑的开窗

建筑开窗是建筑内部环境获取天然光的重要媒介和关键通道。开窗的位置、大小和方式都会对建筑内部的光环境产生重大的影响,在建筑光环境设计时必须优先考虑。

4. 建筑的内部环境

建筑内部的顶棚、地板、墙面以及主要家具的材质和颜色对于建筑内部光环境质量具有直接的影响。所以,建筑师在设计建筑内部环境的装修装饰时,这些因素也需要精心考虑。

5. 人工照明

人工照明是补充建筑内部照度及营造建筑光环境的主要手段。人工照明的类型、数量、布置方式、控制方法不但对建筑光环境本身产生影响,也会影响建筑的能耗。所以,应合理规范地使用人工照明,在保证安全、实用、经济和美观前提下,最大限度节约能源。

7.3.2 建筑光环境的优化策略和方法

为了实现建筑光环境的最佳化,建筑设计师需要采用多种优化策略和方法,其中主要包括了以下三个方面:

1. 合理利用天然光

随着科技的发展,人工照明种类逐渐多样化,特别是近些年 LED 的成熟运用,使得人工照明的成本、能耗、质量都得到了大幅度的提升。但是,从目前的研究来看,人工照明还无法完全替代天然光,特别是在视觉舒适和人体健康方面。所以为了充分利用天然光,建筑设计师要完全掌握建筑所在地的光气候条件及建筑本身的地理位置和外部环境,合理地处理建筑与基地之间的关系,科学设计建筑的形体、朝向、空间布局,开窗的位置、大小和方式以及建筑内部环境的装饰、装修方式。

2. 科学的设计和使用开窗

建筑的开窗是天然光进入建筑内部的主要入口,除了对开窗本身的位置、大小进行合理的设计,还需要考虑窗自身的透光材质以及如何科学地使用遮阳系统、复杂窗系统,此外还要正确地设置采光辅助系统等。

(1)窗的透光材质。大约在四世纪,罗马人就已经在开窗上使用玻璃材料,随着玻璃的净度进一步提高以及大块平板玻璃工艺的出现,玻璃已经成为现代建筑开窗的主要透光材料。[25] 目前,超白玻璃的透光率已经能达到 90% 以上。但过多的太阳光进入建筑内部会导致眩光、过热等问题,所以玻璃的材质得到了发展,例如磨光玻璃、磨砂玻璃、热反射玻璃、热吸收玻璃、低辐射玻璃、光致变色玻璃、电致变色玻璃以及热致变色玻璃(图 7-8)等具

图 7-8 电致变色玻璃(左)和热致变色玻璃(右)[27]
(图片来源:梁润琪,于杰生,颜哲,等.面向低能耗与可控采光需求的智能变色窗户研究[J].建筑技艺,2020, 26(8): 52-55.)

有特殊性能的玻璃。[26] 建筑师要根据开窗需求来选择合适的窗户透光材质。

（2）遮阳系统。在建筑的设计过程中，为了进一步减少太阳直射光对室内光环境的影响，在建筑中设置遮阳系统是一种简单有效的方式。遮阳系统可分为固定式遮阳和活动式遮阳[27]，其中固定式遮阳多为与建筑一体的永久性结构或构件，如水平式遮阳、垂直式遮阳、综合式遮阳等（图7-9）；而活动式遮阳可以根据室外天气的变化以及室内光环境的需求来适当进行调节，如建筑表皮、活动式百叶等（图7-10）。遮阳系统的使用首先要根据建筑光环境的各种影响因素选择合适的遮阳方式，然后要通过经验或仿真模拟来确定遮阳系统的最优形式、尺寸或状态，以达到精准地控制太阳直射光进入室内的入射角度和强度的目的。如让·努维尔设计的阿拉伯世界研究中心，在每个方格窗按图案设置了一系列不同大小的孔，每个孔洞的大小随外界光线的强弱而变化，可以控制太阳光线进入室内。

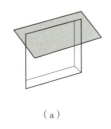
（a）

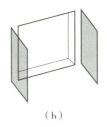
（b）

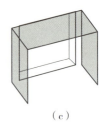
（c）

图7-9 固定式遮阳类型
（a）水平式遮阳；（b）垂直式遮阳；（c）综合式遮阳

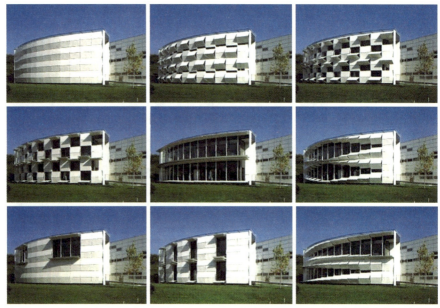

图7-10 建筑表皮与活动式百叶[28]
（图片来源：齐轶昳. 基弗技术展厅，施蒂利亚，奥地利[J]. 世界建筑，2019，4（4）：28-31.）

（3）复合窗系统。复合窗系统是一种先进的建筑采光系统，其通过在建筑开窗上采用前沿的材料、构造以及智能控制系统等，将进入室内的天然光进行引导或者控制，使建筑内部空间的天然光分布得更加均匀，减少建筑内部的眩光风险，提高建筑内部的采光水平和视觉舒适度以及能源利用效率[29]，如日光棱镜膜重定向系统（图7-11）。

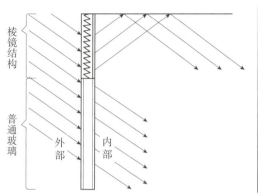
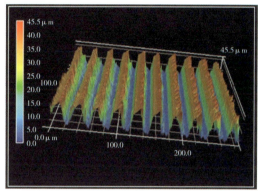

图7-11　日光棱镜膜重定向系统示意图及棱镜膜结构扫描图

（4）采光辅助系统。采光辅助系统主要包括了各种导光和反光系统（图7-12），例如太阳能光纤照明系统可以将室外的天然光传输到建筑内部各个位置，在光照资源充足的时候，可以完全替代人工照明。

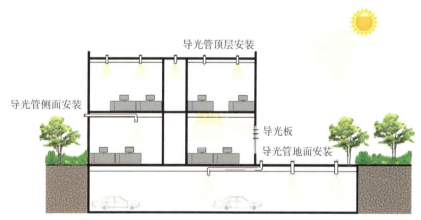

图7-12　导光和反光系统示意图

3. 规范使用人工照明

人工照明在社会中具有不可低估的重要性，它的出现使人们在夜晚能够进行几乎与白天相当的各种活动，同时能够补充白天因各种原因导致的采光不足。从最早的洞穴火把到如今多种多样的灯具，从光源来看，人工照明已经发展成了三大主要类别，分别是热辐射光源、气体放电光源和固体发光光源。这些不同类型的光源具有不同的色温、显色指数和光效，因此建筑设计师需要详细了解它们的照明特性，以便根据不同照明场景进行设计。此外，作为建筑设计师，不仅需要遵循照明设计原则，满足建筑光环境的需求，还要跟随时代的步伐。例如照明智能化控制趋势日益显著，表现在照明分区化、实时反馈等方面。在公共建筑中，人工照明可以根据室外光环境、不同区域的功能、人员数量和室内照度要求等因素智能地调整室内照明状态，以创造最合适的视觉舒适性和艺术氛围感。照明智能化控制不仅能提高照明效果，还有助于节能和环保。因此，建筑设计师需要不断学习和应用这些新技术，以确保建筑在光环境方面能够取得最佳效果。

7.3.3 建筑光环境的耦合设计

建筑光环境的耦合设计必须全面考虑多个因素之间的相互关系和影响，其包括建筑热环境、建筑能耗，以及建筑美学等方面。以下几个方面是在建筑光环境耦合设计时所需要考虑的重点。

1. 光热环境的协同考虑

建筑的透光围护结构不但是获取天然光的重要渠道，也是建筑内部得热和散热的重要节点，所以建筑光环境和热环境的协同设计至关重要。使用合理的透光围护结构可以同时提升室内的光环境舒适度和热环境舒适性，例如设置遮阳，减少进入室内的太阳辐射总量，也可采用 U 形玻璃等新一代玻璃或电致、热致变色玻璃等智能窗系统，在不过度减少可见光进入室内的情况下，减少红外波段光（热量）的进入。

2. 建筑能耗的一体化分析

目前，能源枯竭和污染问题引发世界各国走上节能减排的道路，我国于 2020 年正式提出"双碳"目标。在建筑使用过程中，建筑的照明、供暖以及空调是建筑能耗的主要源头。合理的透光围护结构设计不但可以充分利用天然光，降低建筑的照明能耗，还可以降低建筑的供暖及空调能耗。所以在对建筑能耗分析时，要统筹照明、供暖、空调能耗三者之间的关系。

3. 光环境与美学的融合设计

正如勒·柯布西耶在《走向新建筑》中所说：建筑的要素是光和影、壁体和空间。建筑光环境设计不仅关乎建筑的功能、舒适和健康，它还涉及了建筑的美学表达。例如良好的开窗设计、适宜的内部环境装饰以及合理的光线运用不但可以提升室内的视觉舒适度，也可以创造美轮美奂的光影艺术和令人赞叹的空间美学。

7.3.4 综合教学楼案例分析

1. 项目概况

该项目位于湖南省岳阳市屈原行政管理区屈原一中校园内（图7-13），项目规划总用地面积为6545m²，项目总建筑面积为5220.41m²，包括架空层（运动、展览、休息）空间、教室（包括普通教室、音乐教室、美术教室等）、教师及行政办公室、舞蹈健身房、美术展厅及乐队排练厅、器乐工作室、会议室及演播厅等空间。项目容积率为1.254，绿地率为30.82%；停车位34个，包含1个无障碍停车位，11个充电桩车位。

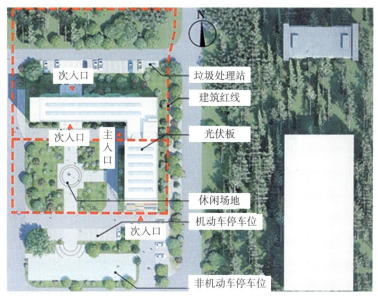

图7-13 项目总平面图

2. 建筑概况

该综合教学楼从平面上来看为L形，第一层为架空层，北侧为运动区，南侧为休闲陈展区（架空层示意图和通高部分示意图分别见图7-14和图7-15）。北侧运动区包括乒乓球区和健身器材区，该区域南侧设置50m跑道，跑道两侧的结构柱用柔性包裹材料包裹，防止学生意外受伤，该区域北侧设置滑动门，冬季阻挡冷风，夏季开敞通风。教学楼的第二层北侧有4间教室和1间教师办公室，为教师提供方便的教学空间，南侧集中设置10间

图 7-14　架空层示意图　　　　　　　　　图 7-15　通高部分示意图

行政办公室和 1 间资料室，有助于各行政部门的协调工作以及查阅资料，第二层南北侧交汇处与第一层主入口大厅相通，具有良好的采光和通风。教学楼第三层北侧包含各专业教室，如合唱室、钢琴房、音乐理论教室和声乐工作室，南侧包括美术展厅和乐队排练厅。教学楼第四、五层布局与第三层类似，第四层北侧为美术教室，南北向开窗为室内提供了优良的自然采光和通风，为学生提供舒适的专业素描和色彩教学场地，第五层北侧为专业教室，南侧为演播厅。教学楼整体效果图如图 7-16 所示。

图 7-16　教学楼整体效果图

3. 建筑光环境优化措施

该项目的建筑光环境优化措施主要分为两个方面：首先，L 形建筑南半部分的东西向窗户使用 U 形玻璃和热致变色玻璃（图 7-17）。U 形玻璃与传统玻璃相比，具有较高的透光性和保温性能，其磨砂的表面可对可见光产生漫反射，使得进入室内的光线更加均匀，提升室内光环境质量。热致变色玻

图 7-17 安装 U 形玻璃和热致变色玻璃后的室内外效果

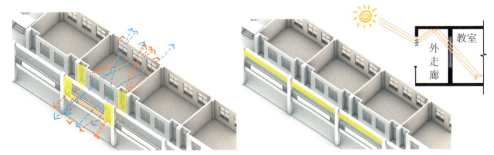

图 7-18 敞开式外廊设计及棱镜膜百叶系统运用示意图

璃对太阳的通透性随室外温度变化而变化，当太阳光线较强，热致变色玻璃达到一定温度时，热致变色玻璃会自动变色，从而减少进入室内的热量，避免室内光环境出现过亮的情况。其次，将教室设置在北侧，南侧为敞开式外廊，南北向均有窗户，同时在敞开外廊梁下使用棱镜膜百叶系统，均匀廊道的亮度，提升室内空间的亮度（图 7-18）。

4. 建筑光环境分析

在对本项目的建筑光环境分析时，主要进行了采光系数分析、全年动态采光分析，仿真模拟软件选用了绿建斯维尔采光分析软件 Dali，以方便对应我国现行的建筑光环境设计标准。

（1）采光系数分析。针对学校建筑，《建筑环境通用规范》GB 55016—2021 相关条文规定，普通教室侧面采光的采光均匀度不应低于 0.5；《建筑采光设计标准》GB 50033—2013 条文要求，教育建筑的采光系数标准值不应低于表 7-5 的规定。通过对本建筑采光模拟和统计分析，结果显示，满足《建筑环境通用规范》GB 55016—2021 和《建筑采光设计标准》GB 50033—2013 中的采光系数要求的房间个数比例为 82.86%（表 7-6）。《绿色建筑评价标准技术细则 2019》要求主要功能房间的最大采光系数和平均采光系数的比值应小于 6，以改善室内天然光均匀度。本项目通过仿真模拟软件计算得出每个房间内的最大采光系数和平均采光系数的比值均小于 6，符合要求。

教育建筑的采光系数标准值　　表 7-5

采光等级	场所名称	侧面采光	
		采光系数标准值（%）	室内天然光照度标准值（lx）
Ⅲ	专用教室、实验室、阶梯教室、教师办公室	3.0	450
Ⅴ	走道、楼梯间、卫生间	1.0	150

采光系数分析结果　　表 7-6

房间/采光面积	总数	满足要求数量	满足要求比例（%）	不满足非强制性条文要求的房间个数	不满足强制性条文要求的房间
房间（个）	35	29	82.86	6	0
采光面积（m²）	2348.31	2109.81	89.84	—	—

（2）全年动态采光分析。《绿色建筑评价标准》GB/T 50378—2019（2024年版）第 5.2.8 条第 2 款第 3）项对建筑光环境提出明确要求：公共建筑室内主要功能空间至少 60% 面积比例区域的采光照度值不低于采光要求的小时数平均不少于 4h/d，得 4 分。通过对建筑室内空间进行全年动态采光分析，结果如表 7-7 所示。

动态采光分析结果　　表 7-7

采光总面积（m²）	达标面积比例（%）	标准要求（%）	得分
2348.31	100	60	3

思考题与练习题

1. 请简述光的本质与原理。
2. 建筑光环境评价指标包括哪些？不同指标的区别与联系是什么？
3. 请简述建筑光环境模拟仿真原理及方法。
4. 建筑光环境的影响因素有哪些？
5. 请结合具体案例分析建筑光环境优化策略的表现性能。
6. 请利用合适的光环境模拟软件对7.3.4节所述的综合教学楼案例进行性能模拟。

参考文献

[1] 陈鑫. 基于人眼光学模型的晶状体悖论分析研究[D]. 南京：南京邮电大学，2020.
[2] 郝洛西，曹亦潇. 光与健康：研究设计应用[M]. 上海：同济大学出版社，2021.
[3] CIE. 17-22-017 scotopic vision[EB]. (2021-2001-2020) [2023-2010-2025].
[4] CIE. 17-22-016 photopic vision[EB]. (2021-2001-2020) [2023-2010-2025].
[5] CIE. 17-22-018 mesopic vision[EB]. (2021-2001-2020) [2023-2010-2025].
[6] 边宇. 建筑采光[M]. 北京：中国建筑工业出版社，2019.
[7] BOYCE P. R. The Impact of Light in Buildings on Human Health[J]. Indoor and Built Environment, 2010, 19 (1): 8-20.
[8] VAN BOMMEL W, VAN DEN BELD G. Lighting for Work: A Review of Visual and Biological Effects[J]. Lighting Research & Technology, 2004, 36 (4): 255-266.
[9] BERSON D. M, DUNN F. A, TAKAO M. Phototransduction by Retinal Ganglion Cells that Set the Circadian Clock[J]. Science, 2002, 295 (5557): 1070-1073.
[10] HOPKINSON R.G. Architectural Physics: Lighting[M]. London: Her Majesty's Stationery Office, 1963.
[11] CLAUDE L. R. Daylighting: Design and Analysis[M]. New York: Van Nostrand Reinhold, 1986.
[12] TREGENZA P. R, WATERS I. Daylight Coefficients[J]. Lighting Research & Technology, 1983, 15 (2): 65-71.
[13] MARDALJEVIC J. Daylight Simulation: Validation, Sky Models and Daylight Coefficients[D]. Leicester: De Montfort University, 1999.
[14] NABIL A, MARDALJEVIC J. Useful Daylight Illuminance: A New Paradigm for Assessing Daylight in Buildings[J]. Lighting Research & Technology, 2005, 37 (1): 41-57.
[15] MARDALJEVIC J, ANDERSEN M, ROY N, et al. Daylighting Metrics: is There a Relation between Useful Daylight Illuminance and Daylight Glare Probabilty?[C]// Proceedings of the Building Simulation and Optimization Conference BSO12. England: International Building Performance Simulation Association, 2012: 189-196.
[16] WIENOLD J, IWATA T, SAREY KHANIE M, et al. Cross-validation and Robustness of Daylight Glare Metrics[J]. Lighting Research & Technology, 2019, 51 (7): 983-1013.
[17] HOPKINSON R. G. Glare from Daylighting in Buildings[J]. Applied Ergonomics,

1972, 3（4）: 206-215.
[18] WIENOLD J, CHRISTOFFERSEN J. Evaluation Methods and Development of a New Glare Prediction Model for Daylight Environments with the Use of CCD Cameras[J]. Energy and Buildings, 2006, 38（7）: 743-757.
[19] WIENOLD J. Dynamic Daylight Glare Evaluation[C]//Proceedings of the 11th International Building Performance Simulation Association Conference. Glasgow, Scotland: The 11th International Building Performance Simulation Association Conference, 2006: 944-951.
[20] 云朋. 建筑光环境模拟 [M]. 北京: 中国建筑工业出版社, 2010.
[21] 中华人民共和国住房和城乡建设部. 建筑采光设计标准: GB 50033—2013[S]. 北京: 中国建筑工业出版社, 2013.
[22] 王春苑, 欧阳金龙. 建筑采光缩尺模型动态评价实验的模拟验证 [J]. 四川建筑科学研究, 2019, 45（6）: 102-106.
[23] 陈春宇. 大学教室组合式侧窗采光系统优化研究 [D]. 重庆: 重庆大学, 2022.
[24] 谢尔·安德森. 建筑设计能源性能模拟指南 [M]. 田真, 译. 北京: 知识产权出版社, 2021.
[25] 久离. 玻璃的历史 [J]. 中国建筑金属结构, 2014, 5: 74-75.
[26] 苏晓明. 建筑与城市光环境 [M]. 北京: 中国建筑工业出版社, 2022.
[27] 梁润琪, 于杰生, 颜哲, 等. 面向低能耗与可控采光需求的智能变色窗户研究 [J]. 建筑技艺, 2020, 26（8）: 52-55.
[28] 齐轶昳. 基弗技术展厅, 施蒂利亚, 奥地利 [J]. 世界建筑, 2019, 4（4）: 28-31.
[29] MASHALY I. A. An Evaluation Method to Include Complex Fenestration Systems in the Façade Design Process[D]. Brisbane: Queensland University of Technology, 2021.

第 8 章 建筑和城市声环境

在当代社会中，人们对城市与建筑声环境的关注度不断增加，因为它对人们的日常生活和工作环境产生重要影响。良好的建筑声环境可以营造舒适、健康和高效的环境，而不良的声环境可能对人们的工作和生活产生负面影响。因此，设计宜人的声环境至关重要。

本章共分为两大部分。第一部分简要介绍与建筑声环境相关的基础理论、重要性和典型模拟案例。首先对建筑声环境有关的理论知识进行介绍，包括声音描述量、噪声标准和音质设计等；然后说明了建筑声环境模拟意义，介绍了建筑声环境模拟的三大理论，便于了解各种理论的原理、适用范围和优缺点；最后基于建筑声环境模拟案例，提出相应的建筑声环境设计原则，有助于建筑设计师更好地理解和解决建筑声环境问题。

第二部分介绍了城市声环境相关的基础理论、模拟算法和典型设计案例。首先阐述了城市声环境的基础理论，包括城市声环境描述量、噪声标准和声景设计；其次介绍了城市声环境模拟意义，探讨了城市声环境的 3 种模拟算法，包括交通噪声模型算法、工业噪声模型算法、高速铁路噪声模型算法；最后围绕声环境设计案例，介绍了噪声控制和声景优化两大设计策略。

8.1 建筑声环境模拟

8.1.1 建筑声环境基础理论

1. 声音描述量

（1）声压级

声压级是室内声场设计中最基本的参数之一，声压级大小能够反映室内声场情况。在声学中，声压是指在声波传播过程中空气质点由于声波作用而产生振动引起的大气压力起伏。声压以帕斯卡（Pascal，Pa）为单位通常用符号 P 表示，$1Pa = 1N/m^2$。声压级定义为所测量的声音声压 P 与参考声压 P_0 的比值取常用对数，再乘以 20，以符号 SPL 表示。[1]

$$SPL = 20\lg \frac{P}{P_{ref}} \quad (8-1)$$

式中　SPL——声压级，dB；

　　　P——所研究的声音声压，N/m^2；

　　　P_{ref}——参考声压（人耳能听到最小声压），在空气中的取值通常为 2×10^{-5} Pa。

声压级也可以从声压在声场内分布的特点直接反映声场的特性。通过声场点的声压级大小，可以了解室内声场的均匀度。当得到用声强表示的能量衰减曲线时即可求解声压级。

（2）混响时间与早期衰减时间

在室内环境中，存在两种不同的声音：直达声和混响声。直达声是指从声源直接传播到接收点的声音，而混响声是指从墙壁反射（一次或多次）到接收点的声音，在听觉上感觉像是直达声的延续。混响时间是室内声场音质特性的重要参数，也是声学设计中最常用的指标之一。在室内声场中，声音在传播过程中会因为墙壁的反射和吸收而逐渐衰减。声波在室内不断地在各个方向上反射，逐渐衰减的现象被称为室内混响。在声学设计中，针对不同功能的声学结构，需要选择最佳的混响时间（图8-1）。这可以通过合理的材料选择、声学处理和布局设计来实现。通过控制墙壁的反射和吸收特性，可以调节混响时间，以满足特定空间的声学需求。

当声场满足扩散场的条件时，可以通过赛宾模型或依林模型来计算混响时间，这是两种不同的声场能量衰减模型。赛宾模型认为声能在室内传播过程中是连续衰减的，而依林模型考虑了空气对声传播衰减的影响，它假设声能衰减是台阶形的，即当声波与界面碰撞时产生衰减。通过实践发现，依林模型更符合实际室内声场的特性，尤其是在平均吸声系数大于 0.2 的声场中，其计算精度比赛宾模型更高。

平均吸声系数（$\bar{\alpha}$）是综合室内各壁面的吸声系数，反映室内各壁面的平均吸声水平。因此，通常取为室内声场总吸声量与吸声总表面积的比值。

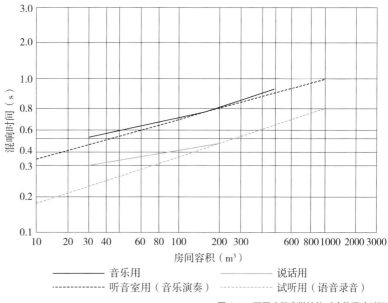

图 8-1 不同功能声学结构对应的混响时间

然而,混响时间并不能完全反映与室内声场音质有关的所有物理性质,仅仅关注混响时间在很多情况下无法实现理想的音质效果。接着,一些类似指标陆续被提出。其中早期混响时间颇受关注。声压级从 0dB 衰减到 -10dB 所用时间记为 EDT(Early Decay Time),从 -5dB 下降到 -15dB 所用时间记为 EDT_{10},从 -5dB 下降到 -25dB 所用时间记为 EDT_{20},从 -5dB 下降到 -35dB 所用时间记为 EDT_{30}。若能量衰减曲线线性程度较好,各混响时间有以下关系:

$$EDT_{10} \times 6 \approx EDT_{20} \times 3 \approx EDT_{30} \times 2 \qquad (8-2)$$

(3)语言传输指数

语音传输指数(Speech Transmission Index,STI)是一种快速客观的测量方法,用于量化传输信道对语音清晰度的影响。在人与人之间的语音交流中,语音信号可能会受到环境、传输路径等因素的干扰和降级,导致听者所在位置的语音可懂度降低。STI 通过分析所接收的测试信号,将特定的测试信号应用于所述传输信道;传输信道的语音传输质量被导出并以 0 和 1 之间的值表示,即语音传输指数。通过使用 STI 值,可以评估语音在特定传输信道上的潜在可懂度。

(4)清晰度和明晰度

清晰度 D_{50} 是席勒(Thiele)于 1953 年提出的,是表示语言清晰度的客观指标,定义为 0~50ms 内的反射声与总声能的比值。明晰度 C 是由理查德(Reichardt)等人于 1973 年提出的。C 值表示早期和后期到达的声能比,一般用 50ms 和 80ms 计算早期到达的声能比。50ms 主要用于衡量语言用厅堂,

80ms 主要用于衡量音乐用的厅堂。

（5）噪声评价曲线和噪声评价指数

噪声评价曲线（NR 曲线）是国际标准化组织 ISO 规定的评价曲线（图 8-2）。图 8-2 中每一条曲线由噪声评价指数 NR 表示，确定了 31.5~8000Hz 共 9 个倍频带声压级值。用 NR 曲线作为噪声允许标准的评价指标，确定了某条 NR 曲线作为限值曲线，就要求现场实测的噪声的各个倍频带声压级值不得超过由该曲线所规定的声压级值。

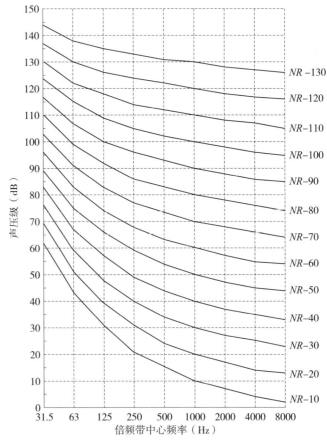

图 8-2 噪声评价曲线

2. 音质设计

（1）音质设计内容

音质设计是建筑设计中不可或缺的一部分。实现良好的音质设计需要声学工程师与建筑团队紧密合作。以确保声学设计能够得到有效实施。一个优质的音质大厅是整个团队合作的成果。音质设计不仅应在建筑主体结构完成后进行室内声学装修，还应该在建筑设计早期阶段就予以考虑。音质设计内容包括以下内容：

选址、建筑总图设计和各种房间的合理配置，目的是防止外界噪声和附属房间对主要听音房间的噪声干扰；在满足使用要求的前提下，确定经济合理的房间容积和每座容积；通过体形设计，充分利用有效声能，使反射声在时间和空间上合理分布，避免出现声学缺陷；根据使用要求，确定适当的混响时间及其频率特性，计算大厅吸声量，选择吸声材料与结构，确定其构造做法；根据房间情况及声源功率大小，计算室内声压级大小，并决定是否采用电声系统（对于音乐厅，演出交响乐时尽量采用自然声）；确定室内允许噪声标准，计算室内背景声压级，确定采用哪些噪声控制措施；在大厅主体结构完工之后，室内装修进行之前，进行声学测试，如有问题进行设计调整；在施工中期进行声学测量及调整，工程完工后进行音质测量和评价；必要时借助计算机仿真及缩尺模型技术对重要厅堂进行音质设计。

（2）音质设计目标

音质在建筑环境中的重要性不容忽视。无论是普通住宅还是听音室，都需要考虑和满足人们对音质的要求。对于普通住宅而言，良好的音质能够提供舒适的居住环境。它可以影响人们对声音的感知和享受，提升生活质量。而对于专门设计的空间，人们往往在其中追求更加逼真和高质量的音频体验。这涉及声音的均衡、清晰度、立体感、声场定位等方面的要求，以确保优质的音质体验和适合特定用途的声环境。为了满足这些要求，需要进行精确的声学设计，否则将影响建筑的正常使用。室内音质设计，特别是观众厅音质设计的目标主要包括：①在混响感（丰满度）和清晰度之间有适当的平衡；②具有适当的响度；③具有一定的空间感；④具有良好的音色，即低、中、高音适度平衡；⑤无噪声干扰，无回声、多重回声、声聚焦、声影等音质缺陷。

8.1.2 建筑声环境模拟的意义

通过建筑声环境模拟，可以评估建筑内部的声学舒适性，包括噪声水平、回声和音质等方面。这有助于提供舒适的听觉体验，确保建筑内声环境符合期望和需求。建筑声环境模拟还可以评估建筑结构、材料和隔声措施对噪声的阻隔效果。通过模拟声波在建筑中的传播和反射路径，可以预测和优化隔声设计，减少外界噪声对室内的侵入。这对于办公室、住宅和教育场所等需要相对安静环境的建筑非常重要。

此外，建筑声环境模拟还可以评估建筑内不同区域的声场特性，包括声音的传播、反射和折射等。对于具有不同功能和用途的区域，如会议室、剧院和教室，建筑声环境模拟可以帮助设计师确定合适的声学参数和配置，以确保声音在空间中的合理分布和清晰度，提高功能空间的效果和可用性。

在建筑设计的早期阶段，建筑声环境模拟可以比较不同设计方案对声环境的影响。这有助于建筑设计师在设计阶段就考虑到噪声控制和声学舒适性，选择合适的建筑材料、布局和结构。通过提前模拟和预测声学性能，可以避免后期的调整和修正，提高设计效率和质量。建筑声环境模拟还有助于评估建筑的环境可持续性。通过模拟建筑的能耗和噪声，可以优化建筑设计，降低能源消耗和减少噪声污染，实现建筑的可持续发展目标。这对于建筑行业在应对气候变化和环境保护方面至关重要。建筑声环境模拟可以为建筑设计和噪声控制提供重要的工具和方法。

8.1.3 建筑声环境模拟理论

1. 波动声学理论

经典的波动声学理论通过建立边界条件，基于边界面的声学特性，计算满足已有边界条件的波动方程的准确解。波动声学理论能够提供精确的解析解，并考虑不同声波之间的相干效应，是声传播模型预测的重要方法。然而，波动声学理论在计算效率方面存在一定的限制。它将变量单元进行划分，并通过叠加计算来实现。随着计算频率的增加和模型尺寸的增大，计算效率会呈指数级增加。其中，常用的基于波动声学的室内声场模拟方法有：有限元法（Finite Element Method，FEM）、边界元法（Boundary Element Method，BEM）和时域有限差分法（Finite Difference Time Domain，FDTD）。

（1）有限元法

有限元法是一种数值方法，用于分析声波在复杂结构中的传播和辐射。有限元法将声场区域离散化为多个小单元，每个单元内部的声场通过节点处的声压来描述。这些单元可以是三维空间中的四面体单元、六面体单元，或者是二维平面中的三角形单元。通过建立单元之间的连接关系，构建整个声场的数值模型。在声学有限元法中，通过求解声波的波动方程和边界条件，可以得到声场的振动响应。这包括声压、声速、声强等声学参数。声场的模拟和分析可以用于评估建筑环境中的噪声传播、音响系统的设计、声学材料的性能等。

有限元法在处理复杂的声学问题中具有优势，可以考虑结构的几何形状、非均匀材料、非线性效应等因素。然而，与其他数值方法相比，有限元法的计算复杂度较高，特别是在大型模型和高频范围内的计算中。因此，对于实际应用问题，需要权衡计算精度和计算效率。波动方程是有限元法中的一个重要方程，用于描述声场的传播行为。在三维空间中，波动方程可以表示为以下形式：

$$\nabla^2 p - (1/c^2)\partial^2 p/\partial t^2 = 0 \tag{8-3}$$

式中 p——声压场，N/m^2；

c——介质中的声速，m/s；

∇^2——拉普拉斯算子；

$\partial^2 p/\partial t^2$——时间二阶导数。

波动方程描述了声波在空间中的传播和演变过程。它表达了声场中声压分布对时间和空间的变化关系。方程左侧前半部分表示声压场的空间分布情况，右侧后半部分表示声波在介质中传播的时间变化情况。实际工程中，波动方程的应用涉及噪声控制、声学材料设计、声学设备优化等方面。通过在工程模型中考虑不同的声源、介质和边界条件，可以利用声学有限元法求解波动方程，预测声场的响应和特性，降低噪声水平，改善声环境等。

（2）边界元法

边界元法是一种用于求解边界问题的数值方法，它与有限元法类似，但主要关注边界上的数值解。在边界元法中，问题的边界被离散化为一组称为边界元的小区域。与有限元法不同的是，边界元法不需要对整个问题域进行离散化，只需对边界进行离散化。边界元法的基本思想是将问题转化为在边界上定义的积分方程，通过求解这些积分方程得到边界上未知量，进而得到整个问题域的数值解。边界元法的常见形式包括直接边界元法和间接边界元法。边界元法在声学、电磁学、流体力学等领域具有广泛的应用。相比于有限元法，边界元法的离散化过程更为简单。

（3）时域有限差分法

时域有限差分法是一种数值解法，用于求解声波振动方程。该方法通过在网格节点上使用函数值的差商来离散化声波振动方程的导数，从而将微分问题转化为代数问题。时域有限差分法具有直观、理论成熟、精度可调、易于编程和并行等优点，但存在处理不规则区域较繁琐的问题。时域有限差分法用于研究混响室的最佳声场模拟，扩散体对室内声场的扩散效果，以及室内声场中声传播、反射、扩散、散射和衍射等现象的可视化等问题，在声学领域中具有广泛的应用前景。使用时域有限差分法，首先，需要确定模拟计算的空间区域，并对空间区域进行网格化。其次，将待求解的声波运动偏微分方程进行离散化，形成一个差分方程组，其中网格节点上的值为未知数。这个差分方程组代表了所求问题的数值解。最后，需要编写计算程序，建立声源模型和边界条件模型，并设置时间步长和离散网格步长等初始条件。通过求解时域有限差分方程，可以得到各个网格点在不同时间步长下的场量值。

2. 统计声学理论

统计声学，也是忽略声的波动特性，从能量的观点出发，用一个统计意义的参数来表征房间平均声学特性。统计声学的理论思想是将声音视为随机过程，声波的振幅、相位和频率等特性被认为是随机变量。根据这个假设，统计声学利用概率分布、相关函数和功率谱密度等统计量来描述声音的统计特性。混响时间是一个基于统计意义的评价音质的参数，许多其他评价参数例如语言传输指数等都与混响时间有关，它们也都是基于房间统计声学理论提出的评价参数。室内声学测量也一般是基于房间统计声学原理展开的。往往利用脉冲声源或稳态声源在房间的衰减，其衰减特征反映房间声学特征，记录其衰减用以分析可以得到许多声学参数。

3. 几何声学法

几何声学法是一种用于声场分析和预测的计算方法，它使用具有明确传播方向的声线来表示从某点经无限小孔发出的球面波。相对于波动声学理论，几何声学法的计算效率更高，因为声波被简化成声线的传播。几何声学法假设声波以声线的方式在声环境中向不同方向传播，每条声线在最开始时携带相同的能量，并且与边界每次碰撞时只有一个碰撞点。每次声线与边界碰撞后，携带的能量会损失一部分。因此，在声场中，不同位置的声线的能量积累方式是不同的（几何声学中声音的反射、发散与汇聚见图8-3）。几何声学法主要分为声线追踪法和虚源法。几何声学法在声环境建模和分析中具有广泛应用。它适用于室内声学设计、声学模拟、声场优化和声学虚拟现实等领域。几何声学法具有计算效率高、适用于复杂三维声场、帮助人直观理解声波传播路径和能量分布的优势。然而，它在处理波动效应和频率依赖性方面的能力相对有限，因此在某些情况下可能需要结合其他声学模型来获得更准确的结果。

（1）声线追踪法

在几何声学中，常常用声线的概念来代替声波的概念。将室内点声源发

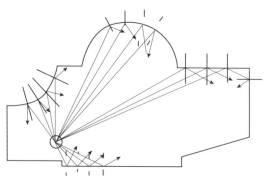

图8-3 几何声学中声音的反射、发散与汇聚

出的球面波假设为由许多声线组成,每条声线携带一定的声能,沿直线以声速传播,并遵循几何声学的规律。在遇到房间界面时,部分声能被吸收,其余声能被反射。若界面光滑,则遵循镜像反射定律,即反射角等于入射角;若界面粗糙不平时,则发生扩散反射(图8-4)。

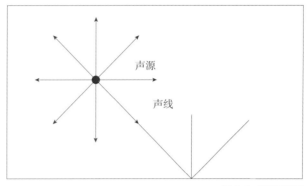

图 8-4　声线示意图

声线追踪法是假设声源所发出的能量被分配到离散数目的声线,声源向四周均匀地释放声粒子,声线就是声粒子和边界碰撞点一次连线组成的线。当最先设定的阈值高于声线所携带的能量时,则停止对该声线的追踪,并开始对下一根声线进行追踪计算,直到所有的声线都被追踪计算完毕。接收点的设定有一定的范围,当声线穿过预先设定的范围时,则会收到声线到达的时间、能量以及方向,最后可以得到接收点处的声脉冲响应。声线追踪法具有计算简单、容易被计算机实现等优点。但计算精度较低,且忽略了声波的波动特性,在低频段计算时,声线追踪法往往计算误差较大。

(2)虚声源法

虚声源法是建立在镜面反射虚像原理上,用几何法作图求得反射的传播范围的一种方法。假设实际声源在壁面另外一侧对称位置处存在一个虚声源,而虚声源又可产生下一级虚声源,以此类推。在虚声源算法中,一个重要步骤就是必须从全部的虚声源系列中,确定哪一些对接收位置有贡献,也称为"可见性"判断。这一过程需要遵循的原则是:产生虚声源的壁面必须与虚源、接收点的连线有实际的交点。

虚声源法的优点是准确度较高,缺点是工作量太大,只能模拟镜面发射,无法模拟扩散反射。如果预测区域形状是由 n 个不规则的矩形组成,那么有可能有 n 次一次反射虚声源,而且每个声源极有可能产生 $n-1$ 次二次反射的虚声源。虚声源法的算法复杂程度是呈指数上升的,高阶虚声源的算法复杂程度更是呈爆炸式增长。所以虚声源模型适用于平面较少的简单空间。

8.1.4 建筑声环境模拟案例与设计原则

1. 建筑声环境模拟案例

1) 连云港大剧院

连云港大剧院作为典型的多用途剧院，不仅用于举办各类大型综艺演出，还承办各种重要会议。主剧场观众厅采用马蹄形平面，内设池座和一层楼座。主剧场的舞台布局采用传统的品字形布局。主舞台尺寸为 25m×19m，侧舞台尺寸为 16m×19m，后舞台尺寸为 18m×15m。舞台的台口采用镜框式设计，宽度为 19m，高度为 10m。在台口前方设置了升降乐池，使主舞台向前延伸，增加演出空间。

为确保观众厅音质符合设计预期，采用 ODEON 软件进行计算机仿真模拟，以评估观众厅的声场。仿真设置如下：

（1）采用无指向点声源，放置在台口大幕线后 2m 处，距离舞台面高度为 1.5m，这个高度对应舞台上表演者发声的位置。

（2）共设置 18 个声场接收点，全部位于观众席的一侧，高度离地面 1.2m，这个高度对应人耳的位置。

（3）将观众席平面划分成边长为 1m 的方形单元，这样可以进一步研究各项音质参数在声场中的分布情况。

研究模拟结果（图 8-5）显示：全厅的混响时间分布相对均匀，但个别位置的混响时间和设计值相比较短；相邻位置的声压级变化趋势缓慢而连续，没有明显的声聚焦或声共振等音质缺陷；观众厅不仅具有良好的室内混响感，而且在一定程度上满足了语言清晰度的要求；重心时间的平均值为 84ms，处于语言声和音乐声建议值的过渡区域。这进一步验证了观众厅的音质效果，既兼顾了音乐丰满度，又保证了语言清晰度。

根据 ODEON 软件的模拟结果显示，连云港大剧院观众厅音质在大体上符合设计预期，具有均匀的混响时间分布、连续的声压级变化、良好的室内混响感和语言清晰度，并且可通过侧墙布局和反射声的增加来提高声场的均匀性。

2) 苏州奥体中心游泳馆

苏州奥体中心游泳馆依据国家体育建筑甲级标准设计，旨在满足举办国际单项游泳比赛的要求。该游泳馆的建筑面积为 49 664m²，比赛大厅观众席共有 2460 个座位，总容积为 137 500m³，每座容积约为 56m³/座。为了创造出更好的室内空间效果，设计师将比赛大厅和周围的休息厅连为一体，形成了耦合空间。根据实测结果显示，游泳馆的两个测点声能衰减曲线呈现出明显的"双折线"特征（图 8-6）。

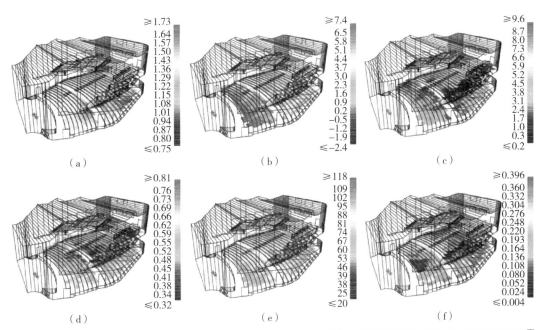

图 8-5 连云港大剧院 1000 Hz 频带声场分布图[2]
（a）混响时间 EDT_{30}（s）；（b）声压级 SPL[dB（A）]；（c）明晰度 C_{80}；（d）清晰度 D_{50}；
（e）重心时间 T_s（ms）；（f）侧向反射声系数 LF_{80}
（图片来源：熊威，王红卫，张光耀. 连云港大剧院的音质设计研究 [J]. 噪声与振动控制，2023，43（4）：222-227，234.）

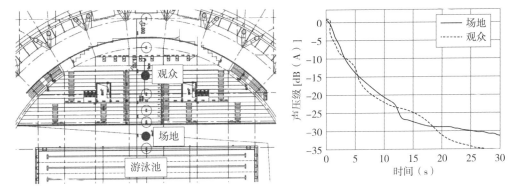

图 8-6 苏州奥体中心游泳馆场地和观众席两个测点位置及声能衰变曲线[3]
（图片来源：陈佳俊，傅晨丽，杨志刚. 苏州奥林匹克体育中心的建筑声学设计 [J]. 噪声与振动控制，2020，40（5）：206-210，233.）

使用 Odeon 软件建立声学模型，以验证音质设计的有效性，模拟结果（图 8-7、图 8-8）显示，相比中频，高频 T_{30} 值有一些提升，这是由于馆内吸声材料加防水透气膜后高频吸声性能大幅下降的结果。中频满场早期衰变时间约为 1.27s，比中频满场混响时间 T_{30} 要短 0.4s 左右。两者差距较大，说明看台区域后期声衰减比早期声衰减要慢。

对游泳馆进行了空场声学测试，测试背景噪声时排水系统关闭。在观众席布置 8 个测点。测试结果见表 8-1。尽管比赛大厅与入口大厅容积相连，

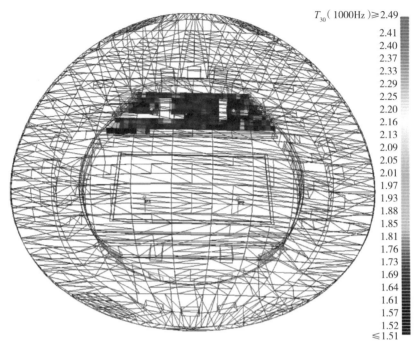

图 8-7 苏州奥体中心游泳馆满场 T_{30} 分布图[3]
（图片来源：陈佳俊，傅晨丽，杨志刚. 苏州奥林匹克体育中心的建筑声学设计[J]. 噪声与振动控制, 2020, 40（5）: 206-210, 233.）

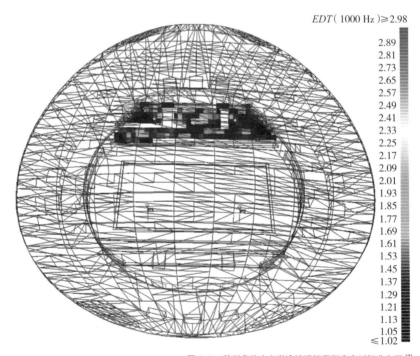

图 8-8 苏州奥体中心游泳馆满场早期衰变时间分布图[3]
（图片来源：陈佳俊，傅晨丽，杨志刚. 苏州奥林匹克体育中心的建筑声学设计[J]. 噪声与振动控制, 2020, 40（5）: 206-210, 233.）

但空场时的中低频混响时间符合设计要求,而高频混响时间略长。然而,由于使用塑料座椅,预计观众入座后高频混响时间将显著缩短,基本达到设计预期。此外,观众席处的 D_{50} 达到了 0.62,观众席处的语音传递指数(STIPA)达到了 0.62,优于《厅堂、体育场馆扩声系统设计规范》GB/T 28049—2011 中体育馆扩声系统一级指标($STIPA>0.5$)的要求。整体而言,现场的主观听声感受良好。

空场声学测试指标[3]　　　　　　表 8-1

音质指标中心频率	125Hz	250Hz	500Hz	1000Hz	2000Hz	4000Hz
设计满场 T_{30}(s)	2.5~3.25	2~3	≤2.5	≤2.5	2.25~2.5	2~2.5
实测空场 T_{30}(s)	2.9	2.8	2.3	2.6	3.4	3.5
实测空场 EDT(s)	2.4	2.4	2.0	2.1	1.8	2.4
实测空场 D_{50}	0.57	0.59	0.58	0.65	0.71	0.65
实测空场 STIPA	0.62					

3)谢菲尔德北部总医院重症监护室

谢菲尔德北部总医院的某个典型重症监护室,其单床病房尺寸约为 5.5m×4.8m×3m。选取的病房 A 和病房 B 的顶棚分为吸声型和反射型两种。病房 A 和 B 的地板和墙壁饰面相同。病房 B 考虑了不同的房间声学条件,将椅子、桌子、病床等(图 8-9)逐渐从病房移出。而病房 A 只考虑家具空置和家具齐全两种极端条件。测量过程中,使用无指向声源,放置在病房公共位置,测量 4 个接收点位置的混响时间和声压级。

使用声学软件 CATT-Acoustic(版本 8.0)对测量值和模拟值进行了详细比较。鉴于病房面积相对较小以及家具的特殊性,验证模拟结果非常重要。对于空房间条件,该软件构建的模型考虑了地板、墙壁、顶棚、窗户、门、顶灯、通风格栅和液晶玻璃的元素。所有表面的初始扩散系数均指定为 10%。实验结果显示,当移出病房 A 和病房 B 内的家具时,混响时间会更长,这表明典型医院家具对声场有明显影响(图 8-10、图 8-11)。当有声学吊顶时,家具对室内声场的影响较小。由于病床具有较大的吸声面积,与典型单人病房中的其他家具相比,病床在混响时间方面起到更重要的作用。

表 8-2 比较了 8 种室内条件下的病房测量声压级和模拟声压级,包括病房内 4 个接收点的平均频率(125~4000Hz)的未加权总体声压级(平均值)、4 个接收点之间的标准差以及最大和最小声压级之间的差异值。与实测声压级的趋势相对应,随着家具数量的增加,模拟声压级从 108.9dB(A)下降到 107.4dB(A),呈下降趋势,病床对数值的下降影响最大。模拟声压级结果与测量声压级结果的差异在 1.4dB(A)以内。但是在模拟声压级结果中,增

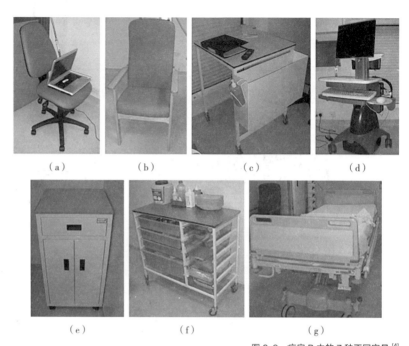

图 8-9 病房 B 中的 7 种不同家具[4]
（a）小椅子；（b）大椅子；（c）办公桌；（d）电脑桌；（e）橱柜；（f）抽屉桌；（g）病床
（图片来源：XIE H, KANG J. Sound Field of Typical Single-bed Hospital Wards[J]. Applied Acoustics, 2012, 73（9）: 884-892.）

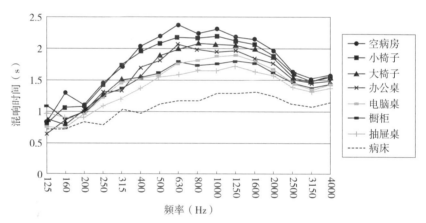

图 8-10 不同条件下病房 B 混响时间的测量值[4]
（图片来源：XIE H, KANG J. Sound Field of Typical Single-bed Hospital Wards[J]. Applied Acoustics, 2012, 73（9）: 884-892.）

加家具后数值下降幅度略小，部分原因是难以确定家具的吸收和扩散系数。在所有条件下，标准差以及最大值和最小值之间的差异值的模拟结果普遍小于测量结果，这表明计算机模型可能考虑了更扩散的声场。实测和模拟之间的病房混响时间和声压级有着较好一致性，显示了计算机模拟对医院空间的实用性。

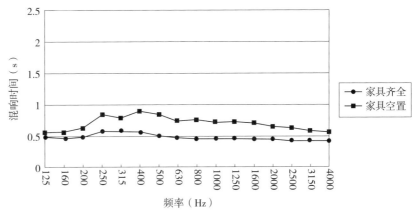

图 8-11 两种条件下病房 A 混响时间的测量值 [4]
（图片来源：XIE H, KANG J. Sound Field of Typical Single-bed Hospital Wards[J]. Applied Acoustics, 2012, 73（9）: 884-892.）

病房配置不同家具的测量声压级与模拟声压级对比 [4]　　　表 8-2

室内条件	实测声压级 [dB（A）]			模拟声压级 [dB（A）]		
	平均值	标准差	差异值	平均值	标准差	差异值
空病房	108.9	0.66	1.34	108.9	0.05	0.10
小椅子	108.8	0.63	1.38	108.9	0.06	0.10
大椅子	108.3	0.63	1.40	108.7	0.08	0.20
办公桌	108.1	0.46	1.08	108.6	0.08	0.20
电脑桌	107.9	0.55	1.18	108.6	0.05	0.10
橱柜	107.9	0.70	1.62	108.6	0.05	0.10
抽屉桌	107.4	0.53	1.17	108.6	0.08	0.20
病床	106.0	0.45	0.98	107.4	0.13	0.30

该研究也验证了家具在创造高品质医院环境方面的重要作用，尤其在声场和声学舒适性方面。在未来医院设计的家具选择方面，如果满足控制感染的要求，建议更多使用具备吸声材料的家具。此外，改善医院病房的声环境不仅有利于患者的福祉和康复，还能提高医院员工工作效率，提升其交流质量。

2. 声环境设计原则

1）音乐厅

音乐厅的音质要求是各类厅堂中最高的，甚至演奏不同风格的音乐对音质的期望也不相同。音乐厅的音质设计应遵循以下基本原则：

（1）合理选取最佳混响时间及其频率特性。音乐作品的题材和风格均会影响最佳混响时间，不同音乐作品的最佳混响时间有所不同。一般来说，混响时间不应低于1.5s，否则音质会显得干涩。混响时间较长的音乐厅往往被认为具有较好的主观音质评价，因为较长的混响时间可以确保厅内声场的丰富度。因此，音乐厅的容积通常较大，国外新建音乐厅的每个座位容积通常控制在7~11m³，并尽量减少或不使用吸声材料。在混响时间频率特性上，应使低频混响时间适当高于中频混响时间，以保证优秀音质。

（2）充分利用早期反射声。为了使早期反射声在观众席上均匀分布，确保大多数座位具有足够的响度和亲切感，需要充分利用早期反射声，特别是来自侧墙的早期反射声，可以提供良好的环绕感。传统的"鞋盒式"古典音乐厅为产生良好的空间感，通常采用矩形平面设计起到提供充足的侧向一次早期反射声的作用。当观众厅的侧墙向两侧展开时，必须确保观众席中部能够获得足够的早期反射声，同时观众厅顶部的处理不仅要保证能向观众席提供早期反射声，还需要向演奏席提供以促进演唱者和演奏者之间的相互听闻。

（3）具有良好的扩散。良好的扩散可改善音质环绕感，古典式大厅内丰富的装饰构件可使声音充分扩散。新式大厅中专门设计布置扩散体及扩散声音的构件是必不可少的。

（4）尽可能降低噪声干扰。音乐厅的允许噪声标准通常比其他场馆要高，尤其是新一代音乐厅对隔声和背景噪声提出更高要求。在选址时，音乐厅应远离交通干道等高噪声区域；室内通风系统应进行足够的消声和减振处理；增加厅堂围护结构的隔声性能，尤其是当观众厅与排练厅等房间相邻时，隔墙的隔声量应达到80dB（A）以上。此外，音乐厅通常不使用电声设备进行演出，但如果需要现场转播和录音，则需要设置声控室。

2）剧场

（1）歌剧院设计主要目的是满足歌唱和音乐演奏的需求，因此其混响时间应较长，但略短于音乐厅。混响时间的频率特性宜保持平直，或者在低频上适当提升20%。在室内声学设计中，需要对可能产生回声的后墙进行少量吸声或扩散处理，以避免对舞台上的演员产生回声干扰，并注意适当的声音扩散处理。乐池的设计应选择合适的宽深比和乐池上方反射面的角度，以确保演奏者各声部的平衡，并使伴奏声能均匀地反射给观众。通常情况下，歌剧院的演出不使用电声系统，但由于剧情的需要，有时需要播放一些特效声音，因此仍需设置较完善的电声系统。

（2）对于我国的地方戏剧场，在音质设计中除了需要注重演唱和音乐的丰满度外，还需要保证唱词和对白的清晰度。因此，地方戏剧场的混响时间应该比歌剧院短，混响时间的频率特性宜保持平直，或低频有20%的提升。过去戏剧场的演出通常采用自然声，因此在音质设计中，仍应以自然声为考虑基准。但为迎合剧场电声演出的趋势，同时也需要配备适当的电声系统。此外，地方戏剧场的伴奏通常设在侧台。这意味着在设计中需要考虑到侧台伴奏的声音投射和平衡。

（3）话剧院是以自然声演出为主的场所，规模较小并配备镜框式或伸出式舞台。为了确保较高的言语清晰度，话剧院大厅混响时间应较短。在音质设计中，需要注意避免话剧院后墙产生回声和平行墙面之间产生颤动回声，并进行适当的吸声和扩散处理。

此外，在噪声控制方面，所有类型的剧场都有严格的要求。剧场观众厅的允许噪声级根据不同的等级应达到 $NR25\sim NR35$ 的标准。因此，需要采取措施来降低噪声水平以确保观众在舞台表演时能够享受到良好的声音体验。

3）电影院

由于电影院追求的是把录制在胶片或磁带上的声信号尽可能真实地还原，因此电影院观众厅应具有较短的混响时间和平直的混响时间频率特性。但混响时间不宜过短，否则，可能导致观众厅声音过于"沉寂"或观众厅声场不均匀等问题。为了达到理想的音质效果，在电影院声学设计中，一般应注意以下几点：

①合理选择观众厅的最佳混响时间；②控制观众厅的每座容积，宜为 $6.0\sim 8.0m^3$/座，并尽可能取下限值；③地面沿纵向应有合理的起坡，以保证整个观众席有充分的直达声和清晰的视线；④避免观众厅过长（不宜大于30m）；⑤在噪声控制方面，相邻观众厅之间、观众厅的出入口应做好隔声处理，设有声闸的出入口应做吸声减噪处理。

对于电影放映间的声学设计，需要注意到电影放映的噪声可能会对紧靠放映间的后排座席产生干扰。为了避免这种干扰，放映间与观众厅之间的隔墙、放映孔和观察窗应具有良好的隔声性能。同时，在放映间的内部表面进行适当的吸声处理也可以降低噪声干扰。此外，对于宽银幕电影院的声学设计，除了满足上述要求外，有时需要在银幕后安装三通道扬声器和分散在墙面上的效果扬声器，以实现立体声效果。为了保持较好的立体方位感，观众厅的混响时间应较短，一般不应超过 1.1s。如果宽银幕后面有空的舞台区域，需要将其与观众厅分开并进行吸声处理。否则，幕后的大空间将导致扬声器发出的声音相互干扰，破坏三通道立体声效果的表现。

4）多功能厅堂

多功能厅堂需要适应不同类型的活动，如戏剧、音乐演出、会议和电影放映等，这些活动对音质要求差异较大，通常可采取如下几种措施：

①确定厅堂的主要用途，合理选择混响时间；②采用建筑上可变措施，创造可变混响时间的建筑声环境；③采用电声措施，满足不同使用功能的声学要求；④利用音乐罩和反射板，满足交响音乐会演出的需要。

5）体育馆

目前，体育馆在使用功能上除了体育比赛外，还经常兼作大型会场、文艺演出等场地。就综合性体育馆而言，其最大的特点是：①观众多，人数少则数千人，多则上万人；②容积大，多数情况下每个座位容积大于或等于 $8m^3$，有的甚至高达 $10m^3$；③场地大且空旷；④顶棚高，其室内空间高度较高，且常常采用凹曲面屋顶结构。

体育馆音质设计的主要目标是确保观众能够听清语言广播，使运动员能够及时、准确地听到裁判的声音，并确保运动员和观众都能够听到伴奏音乐。此外，如果体育馆还用于文艺演出，还需要满足一定的音质要求。因此，体育馆声学设计的要点为以下几个方面：①良好的体形设计，避免声学缺陷；②控制混响时间，提高言语清晰度；③重视电声系统设计，满足听闻要求。

6）报告厅

行政会议、公众交流和司法审判的报告厅对室内音质有共同要求，即较高的言语可懂度。为了满足这一要求，厅堂内不仅需要混响时间短，还要避免回声干扰，以确保语言声源在各部位都有良好的听闻条件。此类厅堂的建筑平面有半圆形、扇形、马蹄形或多边形等形状。顶棚通常需要较高的高度，以创造庄严的氛围，但这与每座容积推荐的范围（2.3~$4.3m^3$）存在矛盾。观众席的座位数量可能变化较大，观众吸声量也不稳定。因此，在音质设计中需要严格控制厅堂的体形，以防止后墙的反射或弧线形墙体引起声聚焦。尽可能压缩室内容积，对顶棚进行反射和扩散处理，使用吸声材料覆盖后墙和侧墙，提升声源的位置，地面逐渐起坡，选择吸声效果好的沙发式座椅。

7）医院

医院声环境设计的主要目标是为患者、医护人员和访客创造一个舒适、安静和有利于康复的环境，减少不必要的噪声干扰，提高医护人员的工作效率和专注力。此外，声环境设计还应考虑到患者的隐私权。适当的隔声设计和声环境分区可以减少声音的传播和交叉干扰，保护患者的隐私和个人信息安全。

合理的病房布局可以减少患者和访客在病房内移动的次数，从而减少门的开关声和床的移动声等噪声。此外，将噪声源隔离到病房的角落里也可以减少噪声对患者的影响。病房楼应设在内院，以减少外界噪声的干扰。如果病房楼靠近交通干线，室内噪声不符合规定标准，那么病房不应设在临街一侧，而且需要采取相应的隔声降噪处理措施。

积极的声景干预对于患者恢复有一定效果，任何令人愉悦的声音（例如音乐）都可以引起积极效果。在临床实践中可以使用不同声景相互配合，有目的地增加声舒适度，缓解患者和医护人员生理及心理压力，帮助患者减轻疼痛、降低血压、增强免疫力。

医院环境通常存在各种噪声，如机械设备声、交通声、患者和访客的谈话声等。为了减少或消除这些环境噪声，可以采用环境噪声智能掩藏系统。该系统利用主动噪声控制方法，基于声学信号叠加原理，通过生成与环境噪声相反的幅度和相位声音信号，使它们相互抵消。系统根据环境噪声的特征、分布情况以及使用者的需求和偏好，利用智能算法和声学技术生成合适的声音信号，以降低环境噪声对人体的干扰和影响。

8.2 城市声环境模拟

8.2.1 城市声环境基础理论

1. 声音描述量

噪声评价涉及因素很多，它与噪声的强度、频谱、持续时间、随时间的起伏变化以及出现时间等特性有关；也与人们的生活和工作性质内容和环境条件有关；同时与人的听觉特性和人对噪声的生理及心理反应有关；此外还与测量条件和方法，标准化和通用性考虑等因素有关。早在二十世纪三十年代，人们就开始了噪声评价研究，目前被国际上广泛采用的就有二十几种。下面介绍最常用的几种噪声评价方法及其评价指标。

（1）A 声级 L_A

这是目前全世界使用最为广泛的评价方法，几乎所有的环境噪声标准均采用 A 声级作为基本评价量。它是由声级计上的 A 计权网络测得的声压级，用 L_A 表示，单位是 dB（A）。A 声级反映了人耳对不同频率声音响度的计权。长期实践和广泛调查证明，不论噪声强度高低，A 声级皆能较好地反映人的主观感觉，即 A 声级越高，感觉越吵。此外 A 声级同噪声对人耳听力的损害程度也能对应得很好。

（2）等效连续 A 声级（简称等效声级）L_{eq}

等效连续 A 声级简称等效声级，它是用噪声能量按时间平均方法来评价噪声对人影响，即用一个相同时间内声能与之相等的连续稳定的 A 声级表示该段时间内的噪声的大小。等效声级的概念相当于用一个稳定的连续噪声，其 A 声级值为 L_{eq}，用以等效起伏噪声，两者在观察时间内具有相同能量。建立在能量平均概念上的等效连续 A 声级被广泛应用于各种噪声环境评价。但它对偶发的短时高声级噪声的出现不敏感。例如，尽管在夜晚，高速卡车驶过时短时间内声级很高，对路旁住宅居民的睡眠造成了很大干扰，但对整个夜间噪声能量平均 L_{eq} 值却影响不大。

（3）昼夜等效声级 L_{dn}

考虑到噪声在夜间干扰人们休息的危害大于昼间，所以上调了夜间噪声初始值10dB（A），然后再执行加权整合计算得到的L_{eq}，因此诞生了昼夜等效声级这个评价量，用L_{dn}表示，L_{dn}是昼夜时间段下遭受环境噪声的影响。

（4）累计分布声级L_N

实际的环境噪声并不都是稳态的，比如城市交通噪声是一种随时间起伏的噪声。对这种噪声的评价，除了用L_{eq}外，也常用统计方法。累计分布声级是用于评价测量时间段内噪声强度时间统计分布特征的指标，指占测量时间段一定比例的累计时间内A声级的最小值，用L_N表示，单位为dB（A）。常用声级出现的累计概率来表示这类噪声的大小。L_N是表示测量时间的百分之N的噪声所超过的声级。例如L_{10}=70dB（A）是表示测量时间内有10%的时间超过70dB（A），而其余的90%的时间的噪声级低于70dB（A）。通常噪声评价中多用L_{10}、L_{50}、L_{90}。L_{10}表示起伏噪声峰值，L_{50}表示中值，L_{90}表示背景噪声。

2. 城市噪声标准

（1）城市噪声法规

我国于2022年6月5日起施行了新修订的《中华人民共和国噪声污染防治法》（以下简称新噪声法），旨在保障人民群众在适宜的声环境中的工作和生活，消除人为噪声对环境的污染。新噪声法重新界定了噪声污染，明确了噪声干扰他人正常生活、工作和学习的概念，并扩大了法律适用范围。针对不同类型的噪声污染，新噪声法要求进行分类防控。在工业噪声方面，新噪声法增加了排污许可管理制度和自行监测制度，并要求进行环境评估。建设项目的噪声污染防治设施应与主体工程同时设计、施工和投产使用。建设单位在投入生产或使用之前需要对噪声污染防治设施进行验收，并向社会公开。针对交通运输噪声，新噪声法要求在基础设施选址时要考虑噪声影响，并在基础设施相关工程技术规范中加入噪声污染防治的要求。此外，新噪声法还加强了对地铁、铁路噪声的防控，并对使用警报器的管理提出了要求。针对社会生活噪声，新噪声法鼓励培养减少噪声的良好习惯，避免噪声对周围人员造成干扰。对于邻里噪声污染，使用家用电器、乐器或进行其他家庭活动时，要控制音量或采取其他有效措施。新噪声法还要求在室内装修时按规定限定作业时间，并采取有效措施。同时，新噪声法鼓励创建宁静区域，在举行中考、高考时，对可能产生噪声影响的活动，作出时间和区域的限制性规定等。

这些法规措施旨在保护人民群众免受噪声污染困扰，创造安静、舒适生活环境。新噪声法的实施将有助于确保环境噪声标准的有效执行，保障人民群众的健康和增进人民群众的福祉。

（2）声环境功能分区

按照区域的使用功能特点和环境质量要求，声环境功能区分为5种类型。[5]

0类声环境功能区：指康复疗养区等特别需要安静的区域。

1类声环境功能区：指以居民住宅、医疗卫生、文化教育、科研设计、行政办公为主要功能，需要保持安静的区域。

2类声环境功能区：指以商业金融、集市贸易为主要功能，或者居住、商业、工业混杂，需要维护住宅安静的区域。

3类声环境功能区：指以工业生产、仓储物流为主要功能，需要防止工业噪声对周围环境产生严重影响的区域。

4类声环境功能区：指交通干线两侧一定距离之内，需要防止交通噪声对周围环境产生严重影响的区域，包括4a类和4b类两种类型。（4a类为高速公路、一级公路、二级公路、城市快速路、城市主干路、城市次干路、城市轨道交通（地面段）、内河航道两侧区域；4b类为铁路干线两侧区域）。各类别声环境功能区噪声等效声级评价标准应符合《声环境质量标准》GB 3096—2008中的相关规定，环境噪声标准限值见表8-3。

环境噪声标准限值　　　　　　　　　表8-3

声环境功能区类别	0类	1类	2类	3类	4a类	4b类
昼间环境噪声限值[dB（A）]	50	55	60	65	70	70
夜间环境噪声限值[dB（A）]	40	45	50	55	55	60

3.声景设计

1）声景研究

声景于二十世纪六十年代由莫里·谢弗（Raymond Murray Schafer）提出，他首次将声音与景观的概念相结合，研究人们对声音的感受。国际标准化组织（ISO）在2014年将"Soundscape"定义为在特定环境下个人或群体所经历、体验或理解的声环境。声景研究关注人、听觉和声环境之间的相互关系，强调感知，并考虑积极和谐的声音。与传统的噪声控制措施不同，声景研究更关注人们对声音的感受，研究如何有针对性地规划和设计创造放松愉悦的声音环境，提供优质的声音生态环境。因此，声环境是声景研究的重要组成部分，噪声控制是基础且必不可少的一环，而人的感受则是声景研究越来越重视的部分。

2）声景评价方法

（1）语义分析法。1957年Charles Egerton Osgood提出语义分析法，又称为感受记录法。该方法是一种借助言语尺度来测量心理感受的测定方法。语义分析法通过评价被调查对象对于某事物或概念在各个维度上的意义和强度来了解其感受。在声景评价中，常采用语义分析法进行问卷调查和声漫步调查分析。这种方法通过让被调查者使用一组形容词对（例如人工的—自然的、不舒适的—舒适的），以阶段评定（没有、很少、一般、很多、极多）的方式，来确定受众群体对噪声、非噪声的区分，对不同声源的感知、喜好以及对整个声环境的感知等。它用于对声景结构进行主观评价。在使用语义分析法进行声景评价时，考虑到样本误差，需要计算95%置信区间，以提高结果可信度。

（2）人工神经网络声景评价。人工神经网络作为一种机器学习方法，目前在声景和声景评价的研究中得到广泛应用。人工神经网络模型可以自动学习数据中的复杂模式和关联关系，适应不同类型的声景数据。它可以通过多层神经元之间的连接和权重调节，从输入数据提取有用特征，并输出对声景的评价或预测结果。人工神经网络的灵活性和强大的表达能力使其成为声景评价研究中的重要工具。需要注意的是，不同的声景评价模型在特定应用场景中可能具有不同的效果和适用性。研究人员需要根据具体问题的要求和数据的特点选择合适的模型，并进行适当的训练和调优，以获得准确可靠的声景评价结果。人工神经网络基本过程是：运用尽可能多的输入变量设计初始模型；利用现有数据训练模型，通过调整权重和参数来逐步提高模型的准确性；按照训练结果的分析，重新构造模型的结构，优化模型的性能和泛化能力；采用训练好的模型做预测。

（3）ArcGIS绘制声景地图。ESRI于2010年推出的新一代GIS软件——ArcGIS10，包含了数据服务器ArcSDE、4个基础框架（Desktop GIS、Server GIS、Embedded GIS和Mobile GIS）以及ArcGIS Online功能。声景图的绘制主要应用ArcGIS10中的Desktop GIS模块，其包含有ArcMap、ArcCatalog、ArcToolbox等组件。ArcMap是ArcGIS系统的核心应用程序，用于显示、查询、分析和编辑地图数据，具有制图功能。[6]

8.2.2 城市声环境模拟的意义

城市声环境模拟对于城市规划、噪声管理、城市设计和公众参与具有重要意义。它可以为城市的声环境质量改善和可持续发展提供科学依据，为创建宜居、健康的城市环境做出贡献。通过合理利用声环境模拟技术，可以提升居民的生活质量和幸福感。

城市中的噪声是由交通、工业、建筑等各种噪声源产生的，而声环境模拟可以评估和预测城市中不同区域的噪声分布情况。通过模拟噪声传播路径和影响范围，可以确定噪声敏感区域和噪声热点区域，为城市规划提供科学依据。同时，声环境模拟还可以评估不同噪声源对周围环境和居民的影响程度，帮助制定控制政策和采取相应的缓解措施，以减少对人们健康和生活质量的影响。

通过模拟不同城市设计方案对声环境的影响,可以在规划和建设阶段就考虑到噪声控制和声学舒适性。例如在交通规划中优化路网布局和交通流动,有助于限制交通噪声的扩散。此外,城市声环境模拟还可以评估声学绿色基础设施的效果,如设置噪声屏障、绿化带和水景等,以改善城市的声环境质量。

城市声环境模拟还可以促进公众参与和意识提升。通过模拟城市中的噪声情况,公众可以更直观地了解噪声问题的严重程度。这有助于引起公众对噪声问题的关注,并促使他们参与讨论和决策。公众的参与可以提供宝贵的意见和反馈,有助于制定更符合实际需求的噪声管理政策,增强公众对噪声问题的认识和理解。

8.2.3 城市声环境模拟算法

1. 交通噪声模型算法

车型分类方法按照《公路工程技术标准》JTG B01—2014中车型划分标准进行,交通量换算根据工程设计文件提供的小客车标准车型,按照不同折算系数分别折算成大、中、小型车,见表8-4。

车型分类表　　　　表8-4

车型	汽车代表车型	车辆折算系数	车辆划分标准
小	小客车	1.0	座位不多于19座的客车、载质量不大于2t的货车
中	中型车	1.5	座位多于19座的客车、载质量大于2t且不大于7t的货车
大	大型车	2.5	载质量大于7t且不大于20t的货车
	汽车列车	4.0	载质量大于20t的货车

第 i 类车等效声级预测模型的公式如下:

$$L_{eq}(h)_i = (\overline{L_{OE}})_i + 10\lg\left(\frac{N_i}{V_i T}\right) + \Delta L_{距离} + 10\lg\left(\frac{\psi_1 + \psi_2}{\pi}\right) + \Delta L - 16 \quad (8-4)$$

式中　$L_{eq}(h)_i$——第 i 类车的小时等效声级,dB(A);

$(\overline{L_{OE}})_i$——第 i 类车速为 V_i(km/h),水平距离为7.5m处的能量平均A声级,dB(A);

N_i——昼间、夜间通过某个预测点的第 i 类车的平均小时车流量,辆/h;

V_i——第 i 类车的平均车速,km/h;

T——计算等效声级的时间，h；

$\Delta L_{距离}$——距离引起的衰减量，dB（A）；

ψ_1、ψ_2——分别代表预测点到有限长路段两端的张角、弧度；

ΔL——由其他因素引起的修正量，dB（A）。

2. 工业噪声模型算法

声环境影响预测，一般采用声源的倍频带声功率级、A声功率级或靠近声源某一位置的倍频带声压级、A声级来预测计算距声源不同距离的声级。为使工业建筑或工业场地噪声源的规划布局更合理、更科学，首先应对工业噪声进行预测。确定工业噪声声源的源强和运行时间及时间段，当有多个声源时，为简化计算，可视情况将数个声源组合为声源组团，然后按等效声源进行计算。设第 i 个等效室外声源在预测点产生的 A 声级为 L_{Ai}，在 T 时间内该声源工作时间为 t_i；第 j 个等效室外声源在预测点产生的 A 声级为 L_{Ai}，在 T 时间内该声源工作时间为 t_j，则建设声源对预测点产生的贡献值为：

$$L_{eqg}=10\lg[\frac{1}{T}(\sum_{i=1}^{N}t_i 10^{0.1L_{Ai}}+\sum_{j=1}^{M}t_j 10^{0.1L_{Aj}})] \qquad (8-5)$$

式中 L_{eqg}——建设项目声源在预测点产生的噪声贡献值，dB（A）；

T——用于计算等效声级的时间，s；

N——室外声源个数；

t_i——在 T 时间内第 i 个等效室外声源的工作时间，s；

M——等效室外声源个数；

t_j——在 T 时间内第 j 个等效室外声源的工作时间，s。

3. 铁路噪声模型算法

铁路噪声预测方法应根据工程和噪声源的特点确定。预测方法可采用模型预测法、比例预测法、类比预测法、模型试验预测法等。目前以采用模型预测法和比例预测法两种方法为主。模型预测法主要依据声学理论计算方法和经验公式预测噪声。进行铁路（速度为200~350km/h）列车运行噪声预测时，需采用多声源等效模型，源强应采用声功率级表示。

8.2.4 城市声环境设计案例与策略

1. 声环境设计案例

（1）交通噪声

某研究基于Cadna/A软件对无锡—宜兴高速公路沿线的典型互通区域的

不同交通噪声源进行模拟。研究的目的是确定主要噪声源,并分析不同高度声屏障在降噪方面的效果,以便为采取更合理的声环境保护措施提供依据。

在进行研究之前,首先验证了Cadna/A软件在高速公路噪声预测方面的可行性。研究选取了无锡—宜兴高速公路K107+400~K124+700路段的8个敏感点进行监测,并记录其噪声现状和实时车流量。然后将实测的室外噪声值与使用Cadna/A软件计算得出的相同源强下的预测结果进行比对。比对结果(图8-12)显示,实测值与预测值的分贝差值小于2dB(A),表明Cadna/A模型在高速公路噪声预测方面具有可靠性。

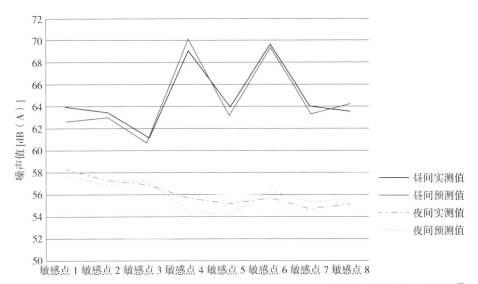

图8-12 敏感点噪声实测值与预测值对比[7]
(图片来源:许聪,徐文文. 基于Cadna/A的高速公路互通区噪声预测研究[J]. 环境与发展, 2020, 32(10): 244-245.)

该研究选择陆区互通作为研究对象,邵家桥和季格里作为敏感点。通过将主线、匝道交通量以及车型比等数据输入Cadna/A软件,利用导入的地形资料、构建的高速公路声源和敏感点预测模型,预测陆区互通段的噪声平面和噪声等声级线图(图8-13),以及两个敏感点处的噪声贡献值(表8-5)。从表8-5中可以得出主线噪声贡献值远大于匝道,因此在该互通区域,降低高速公路主线的噪声影响是提高敏感点声环境质量的重点。

针对本项目互通段的分析结果显示,控制高速公路主线噪声影响仍然是缓解交通噪声的重要手段。为此,在高速公路侧边设置了3m、4m和5m高的直立式声屏障,并使其延伸到敏感点两侧80m。在软件中,将不同高度的敏感点设置在距离道路中心线60m处,并使用Cadna/A软件模拟了不同高度声屏障的降噪效果。不同高度声屏障下敏感点处声场分布见图8-14。通过对比各种类型声屏障的降噪效果,可以看出,3m直立式声屏障对7层及以下

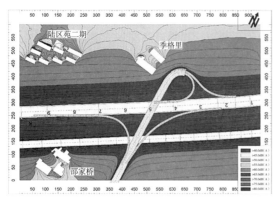
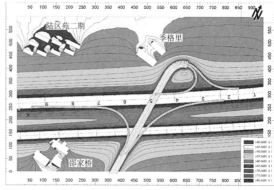

图 8-13 陆区互通段的噪声等声级线图 [7]
（图片来源：许聪，徐文文．基于 Cadna/A 的高速公路互通区噪声预测研究 [J]. 环境与发展，2020, 32（10）: 244-245.）

陆区互通段两个敏感点处的噪声贡献值 [单位：dB（A）] [7]　　表 8-5

目标名称	主线交通噪声贡献值		匝道交通噪声贡献值		交叉道路噪声贡献值		交通噪声贡献值	
	昼间	夜间	昼间	夜间	昼间	夜间	昼间	夜间
季格里	68.9	60.2	55.4	50.9	60.6	56.1	69.7	62.0
邵家桥	58.6	49.9	40.9	37.3	47.1	42.5	59.0	50.8

敏感点有良好的噪声遮挡效果；4m 直立式声屏障对 9 层及以下敏感点有较好的噪声遮挡效果；5m 高直立式声屏障对 13 层及以下的敏感点有较好的噪声遮挡效果。一般情况下，高速公路沿线很少出现高于 10 层的声环境敏感点，

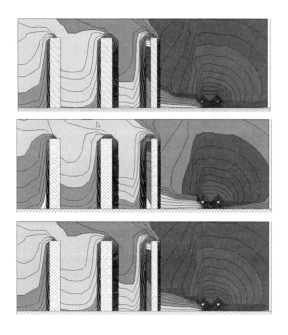
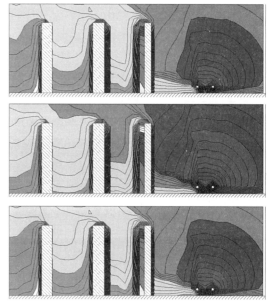

图 8-14　不同高度声屏障敏感点处声场分布 [7]
（图片来源：许聪，徐文文．基于 Cadna/A 的高速公路互通区噪声预测研究 [J]. 环境与发展，2020, 32（10）: 244-245.）

因此对于高速公路沿线来说，4~5m 高的直立式声屏障可以有效降低高速公路对沿线敏感点的影响程度。

（2）高速铁路噪声

为研究高速铁路引入城区对沿线高层住宅的噪声影响，以指导工程设计并采取有效的降噪措施，某研究使用 Cadna/A 软件根据列车数量、列车类型、运行速度和位置关系等参数，建立了高铁与声环境敏感点之间的噪声预测模型，进而预测高铁对该敏感点的噪声影响，并绘制水平声场示意图（图 8-15）。

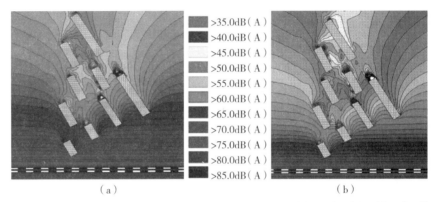

图 8-15 西延高铁噪声影响水平声场示意图[8]
（a）昼间；（b）夜间

（图片来源：杨忠平. 基于 Cadna/A 的高速铁路单侧高层住宅声屏障降噪效果研究[J]. 铁道标准设计，2020, 64（10）: 153-156.）

以距离高铁 20m 处的高层住宅为主要的研究对象，预测高铁运营对该高层住宅的噪声影响。其中，高铁运营近期对各楼层的噪声影响预测值见表 8-6，无降噪措施垂向声场分布示意图如图 8-16 所示。

噪声影响预测值 [单位：dB（A）][8]　　表 8-6

楼层	昼间	夜间	楼层	昼间	夜间
1	65.8	59.3	9	71.9	65.4
2	68.6	62.1	10	71.6	65.1
3	73.1	66.6	11	71.3	64.8
4	73.1	66.6	12	70.9	64.4
5	73.0	66.5	13	70.6	64.1
6	72.8	66.3	14	70.3	63.8
7	72.5	66.0	15	70.0	63.5
8	72.2	65.7	16	69.7	63.2

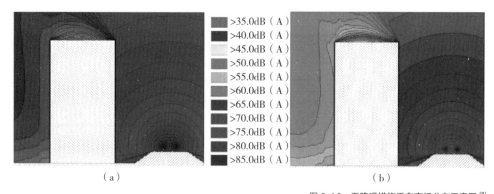

图 8-16 无降噪措施垂向声场分布示意图[8]
（a）昼间；（b）夜间
（图片来源：杨忠平. 基于 Cadna/A 的高速铁路单侧高层住宅声屏障降噪效果研究[J]. 铁道标准设计, 2020, 64（10）: 153-156.）

（3）声景设计

某研究选择伦敦市市区 4 个公共广场进行田野调查，分别为位于金丝雀码头的卡博特广场、国王十字的粮仓广场、圣保罗教堂旁的主祷文广场和伦敦大学校园广场。该研究对这 4 个广场进行重新建模，并在游戏引擎中实现了可视化和可听化的交互效果。在声学空间模拟中，为这 4 个重新建模的广场的建筑立面和地面设置了不同的声学参数，并通过调整反射次数来模拟声源到评价点的一阶脉冲响应。将这些脉冲响应与原始喷泉声音进行卷积，并应用于游戏引擎中的评价点，以实现动态双耳回放。受试者借助头戴式虚拟现实显示器对广场中喷泉声音的沉浸感进行主观评价。

评价结果（图 8-17）显示，在卡博特广场和粮仓广场中，参与者对不

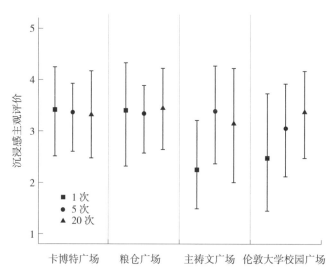

图 8-17 反射次数对不同声音的沉浸感主观评价的影响[9]
（图片来源：徐春阳, 康健. 面向声景的虚拟现实可听化[J]. 西部人居环境学刊, 2021, 36（5）: 1-6.）

同反射次数下的沉浸感主观评价没有显著差异。这表明，如卡博特广场和粮仓广场这类面积较大（面积大于 6000m^2）的广场，在声音传播的可听化过程中，可以使用较低的反射次数（小于 20 次）或衰减的直达声音，在虚拟现实环境中提供相似的沉浸感体验，从而减轻实时计算的负担。然而，在主祷文广场和伦敦大学校园广场中，随着反射次数从 1 次增加至 20 次，沉浸感主观评价明显提升。因此，类似于主祷文广场和伦敦大学校园广场这类面积较小（面积小于 2000m^2）且围合程度高的广场，声音传播受到不同材料的局部扩散条件和吸声系数的影响显著。在这种情况下，为了实现可听化效果，通常需要超过 20 次的反射次数，并且需要进一步分析反射次数对沉浸感主观评价的影响，以满足空间声学条件。

2. 声环境设计策略

1）噪声控制

（1）植被降噪是利用植物吸收、散射和隔离声波来减弱噪声的方法。植物的叶片吸收声波能量，枝干和叶片散射声波，而植被的密度和结构形成物理屏障隔离声音。植被降噪效果受植被类型、密度、高度，以及与噪声源的距离等因素影响。在城市规划中，通过选择和布置合适的植被可以有效降低噪声对人类健康和生活质量的影响，同时提供美观的绿化和生态效益。

早在二十世纪中期国外学者就对植被降噪进行了相关研究。1963 年，Embleton 通过研究发现，250~1000Hz 的声波可以激励植物的枝干产生阻尼振动，从而实现声能的衰减。而在 1972 年，Aylor 指出，500~4000Hz 的声波射入植被的茎、叶和枝干表面时会发生散射，从而起到降噪的作用。绿化带对噪声的衰减效果与绿化带的宽度、高度，以及与噪声源的距离等有关。当绿化带距离噪声源大于 4m，并且绿化带高度超过 7m 时，其对噪声的衰减效果较好。然而，通常情况下，绿化带的纵深约为 10m 时，对城市道路交通噪声的衰减效果平均在 3~5dB（A）。而要达到较好的降噪效果，绿化带的宽度需要大于 30m。因此，为了实现较好的降噪效果，需要占用大量的空间。

目前，研究人员通过数学模型和优化算法，可以确定最佳的植物配置和布局，包括植物种类、密度、高度、间距和排列方式等参数，以最大限度地降低噪声。也有研究人员进行实地监测和评估以验证植被降噪的实际效果。他们收集噪声数据、植物参数和人体感知数据，并进行建模和数据分析，以评估植被降噪的效果和适用性

（2）利用地形高差实现对声音反射、吸收和散逸作用来降低噪声的方法称为地形降噪，分为边坡、挡土墙和土坝降噪等形式，一般挡土墙平均能降噪 5~10dB（A），土坝后方平均能降噪 5~20dB（A）。位于荷兰首都阿姆斯特丹西南 9km 处的史基浦机场作为欧洲第三繁忙的机场，造成的噪声问题尤为

严重。设计师借鉴了 Chladni figures 实验，在机场的西南方，也就是跑道边缘附近设计了一系列树篱和沟渠。该设计包括 150 个山脊，山脊之间的距离大约为 10.97m，相当于机场噪声波长。简单的脊部设计，让噪声水平降低了一半以上（图 8-18）。

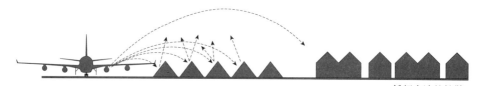

低频声波的扩散

图 8-18　脊部设计降噪原理分析图

（3）降噪处理中的声屏障是指放置在噪声源和接收点之间的结构物，其作用是阻挡直达声、减少透射声和衰减绕射声。根据结构形式，声屏障可以分为单面式、双面式、半封闭式和全封闭式等类型。当声波达到声屏障时，会在屏障边缘产生绕射现象，导致屏障后方存在声音无法完全覆盖的区域，这个区域被称为"声影区"。声屏障的绕射角度取决于声波从屏障顶部边缘射入的角度，绕射角度越大，声屏障的隔声效果越好。

声屏障的降噪效果与其高度、形式和材料密切相关。通常情况下，其插入损失一般在 6~15dB（A）间，而且距离噪声源越远，噪声减小的幅度就越大。然而，声屏障的应用也会对视觉美观产生影响。因此，在高架桥和高速公路的路肩侧和中央隔离带等地方，使用声屏障进行降噪处理较为常见，但在城市公共空间的设计中则需要慎重考虑，以兼顾降噪效果和视觉美观。

2）声景优化

（1）绿化景观在降噪方面具有重要作用。它不仅可以作为声屏障，还能提供愉悦的视觉和听觉感受。虽然绿化景观在物理降噪方面的效果并不显著，其主要表现在人们的主观感受上。首先，绿化景观能够掩蔽声源。当人们看不到噪声源的存在时，心理上就会减弱对噪声的感知。茂密的绿色植物也可以有效地隔离噪声，减弱其传播到周围环境的程度。这种掩蔽作用让人们感觉噪声的存在变得不那么明显。其次，绿化景观的设置能够给人们带来宁静和私密的感觉。当人们身处在绿意盎然的环境中时，会有与大自然亲密接触的感觉。

（2）除了绿色植物所带来的声景感受，水声也是声景设计的重要组成元素。首先，水声被广泛认为是一种放松和舒缓的声音，能够帮助人们降低压力、减轻焦虑，创造宁静的环境。其自然律动和柔和的音调能够放松身心，为人们提供逃离喧嚣的空间。水声能够有效地遮蔽其他噪声，特别是来自交通、建筑和人群的噪声。柔和的水声能够掩盖环境中的嘈杂声，为人们提供一个更加宁静和宜人的环境。此外，水声也增强了人们对环境的感知和连接感。水景的存在使得城市更具生机和活力，通过聆听水声，人们能够感受到水的存在和流动，与自然元素建立联系，加强对周围环境的感知和体验。水声音调、音量和节奏的变化可以影响人们的情绪和情感状态，为环境注入特定的氛围，带来放松、安静或兴奋的感觉。最后，水声在声景设计中增添了美感和趣味性。流水声、喷泉声或水花拍打声为环境增添了动态和活力。

谢菲尔德市的城市设计中，建筑设计师嵌入了水景元素，以增强人们对声环境质量的感知。特别是在中央火车站，喷泉和隔音屏障的复杂系统被用来屏蔽附近主要道路的交通噪声。设计的目的在于增强居民和游客对该地区的感受，减少噪声的困扰。不同的水特征提供了不同的频谱和频率范围，有效地掩盖了交通噪声。这种干预措施展示了在设计声景时利用多样性的重要性，同时创造了具有文化意义的空间。其中，喷泉的水和屏障的金属代表着河流和钢铁工业，这是谢菲尔德市历史的重要象征。

（3）人工声音是声景设计中常用的设计手段之一，通过设计特定声音，可以引发人们心灵和声音之间的互动，唤起美好的记忆。在城市环境中，可以设置声音播放装置，播放轻柔舒缓的音乐，既能掩蔽噪声，又能帮助人们放松心情。除了音乐，播放装置还可以创造各种声音效果，以巧妙的方式营造不同的空间感受（图8-19）。西街故事项目作为夜间噪声声景干预试点，通过在相关区域安装三维策划的环境音频装置，改善了人群行为。该研究表明精心策划的附加声音有助于减少公共混乱，并增加通过隧道的人的安全感。此外，通过在山谷花园项目中进行声景分析，以在更广泛的城市更新计划中实施声环境管理。这些干预措施帮助居民增加安全感，减少了噪声污染，并通过全市范围的合作增加社会凝聚力。

图8-19 声景干预

思考题与练习题

1. 建筑声环境音质设计中最关键的因素是什么?请列举几个常见的影响音质的因素。
2. 建筑声环境模拟软件的局限性是什么?请思考在实际应用中可能遇到的限制和误差,并探讨如何处理这些局限性以获得更准确的模拟结果。
3. 建筑声环境模拟软件的未来发展方向是什么?请思考新技术和创新方法对声学模拟软件的影响,并展望未来可能的发展趋势。
4. 城市声环境模拟的目的是什么?请思考为什么需要对城市声环境进行模拟,以及模拟的应用和价值。
5. 城市中常见的噪声源有哪些?请思考交通噪声、工业噪声等常见噪声对城市声景的影响。
6. 什么是城市声景优化,如何利用声环境模拟支持城市的声景优化?

参考文献

[1] 吴硕贤. 建筑声学设计原理[M]. 2版. 北京:中国建筑工业出版社, 2019.
[2] 熊威, 王红卫, 张光耀. 连云港大剧院的音质设计研究[J]. 噪声与振动控制, 2023, 43(4): 222-227, 234.
[3] 陈佳俊, 傅晨丽, 杨志刚. 苏州奥林匹克体育中心的建筑声学设计[J]. 噪声与振动控制, 2020, 40(5): 206-210, 233.
[4] XIE H, KANG J. Sound Field of Typical Single-bed Hospital Wards[J]. Applied Acoustics, 2012, 73(9): 884-892.
[5] 戴根华, 李晓东. 城市声环境论[M]. 北京:科学出版社, 2011.
[6] 扈军. 基于GIS的声景分析及声景图制作研究——以西湖柳浪闻莺景区为例[D]. 杭州:浙江大学, 2015.
[7] 许聪, 徐文文. 基于Cadna/A的高速公路互通区噪声预测研究[J]. 环境与发展, 2020, 32(10): 244-245.
[8] 杨忠平. 基于Cadna/A的高速铁路单侧高层住宅声屏障降噪效果研究[J]. 铁道标准设计, 2020, 64(10): 153-156.
[9] 徐春阳, 康健. 面向声景的虚拟现实可听化[J]. 西部人居环境学刊, 2021, 36(5): 1-6.

第9章 建筑设计与运维

随着我国社会经济快速发展，我国建筑数量呈指数型增长。建筑全生命周期碳排放总量占全社会碳排放总量的一半左右，而建筑使用阶段的碳排放量占建筑行业排放总量的70%~80%。[1]在"碳达峰、碳中和"的目标下，建筑的绿色节能设计也愈发紧迫。随着绿色建筑设计发展进入深水区，人们开始意识到建筑的设计水平和运行水平并不一定相同，它意味着一个建筑的"设计"可以非常出色（比如可获得绿色建筑三星评级），但实际运行中可能存在能耗过高、设备性能下降等问题（难以达到绿色建筑运行节能评级）。在建筑全生命周期中，运行阶段的能耗远大于建造阶段的能耗，而运行阶段的能耗需要在后期运维过程中体现，在设计阶段往往很难较好地体现或预测运行阶段的性能表现。因此，目前很多建筑的节能设计仍存在与运维脱节的现象。要加快实现建筑行业的节能减排，只有在建筑设计过程中把握"面向运维"的核心设计理念，落实好相关设计内容，才能为绿色建筑节能减排的成功实践奠定内在基础。

绿色建筑设计理念强调在建筑设计过程中积极考虑生态和自然环境，以最大限度地减少不良影响。其核心特点包括低碳、生态保护、健康、节能、自然和环境友好。在绿色建筑项目的全生命周期中，从设计、施工、调试、交付到运营和维护，应该在满足目标需求的前提下，最大限度地保护环境、有效利用资源，并降低能源消耗和浪费，以推动可持续发展。然而，在实际建筑项目中，常常出现设计精良但运维阶段存在大量问题的情况，这表明设计与运维之间可能存在鸿沟，导致了早期绿色建筑设计的目标无法充分实现，也导致了能源和资源的浪费，背离了绿色建筑的初衷。

相比于传统建筑项目，绿色建筑项目对设计与运维的协同作用存在更高的要求。全国获得绿色建筑标识的建筑中设计标识虽然超过90%，但是运行标识不足10%。这表明目前绿色建筑行业中可能存在的"重建设轻运维"现象，同时也意味着众多绿色建筑在设计阶段所预计的绿色、节能、低碳、环境友好效果，经过工程建设和运维实践，较难在实际运维阶段实现理想的效果。因此面向运维的绿色建筑设计理念是今后建筑领域发展的一个趋势，同时也应该成为一个核心要求。

对于建筑项目的全生命周期，建筑设计的目的是将人员、流程、技术和资金整合到建筑项目中创造价值；建筑的运维同样也是一个投入、转换、产出的过程，通过运维来控制建筑的服务质量、运行成本和生态目标，获得价值增值，达到建筑设计初期所期望的目标。两者都在建筑项目的全生命周期发挥着重要作用，它们之间的协同作用也应获得更多的关注。

9.1 建筑设计与运维简介

9.1.1 绿色建筑运维

建筑运维更加注重建筑的运营使用阶段。建筑的运维是对建筑计划、组织、实施和控制的过程，其主要针对的对象是建筑中的围护结构、能源系统、暖通空调系统、机电系统、智能化控制系统（过去常称弱电系统）等。

在整个运维阶段中，室外环境通过围护结构的传热和传质，影响室内环境的各个方面，包括热环境、空气品质、光环境、声环境等。能源系统、暖通空调系统、机电系统、智能化控制系统则对建筑环境进行调控，营造安全、健康、舒适的建筑环境。在营造建筑环境的过程中，会消耗能源（一次能源或电能等），并存在伴随能源利用过程的能源浪费（效率问题）。运维阶段包括了多种控制系统（声、光、热），众多影响因素（设备、人员、室内外环境），这在传统的绿色建筑设计阶段是很难被考虑到的（图9-1）。

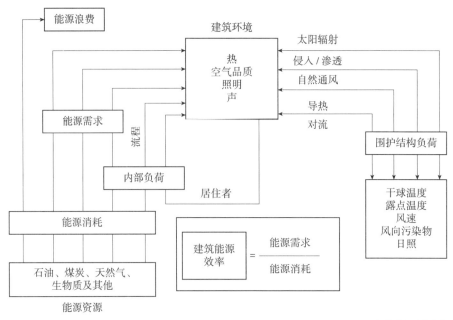

图 9-1 运维阶段所含内容

在绿色建筑的运营使用阶段，环境影响和能源消耗是至关重要的评估参数。实际上，这些参数构成了绿色建筑设计的基础和核心。因此，在设计过程中，需要进行系统化的模拟分析，以评估运维阶段的环境影响和能源消耗，并提前洞悉绿色建筑在长期使用中的情况，然后相应地对设计方案进行调整。通过这种方式，能更好地帮助建筑设计人员了解绿色建筑在运营使用阶段的性能，从而在设计阶段进行必要的改进和优化。这种以运维需求反哺设计的方法已在众多绿色建筑项目中取得了成功，产生了显著的效果。

绿色建筑的运维方法可以分为两种：一种方法是依赖信息技术，通过监测、预警、调优和维护来实现，能够准确诊断问题并提前解决，大幅减少各种潜在风险，确保生命和财产的安全。数字化技术已为实现智能化运维提供了重要的基础和信息支持。这种方法通常适用于建筑启用后的运维阶段，但也有一定的滞后性，因为这时建筑项目已经竣工。另一种方法是依赖信息集成软件和模拟软件，在设计初期获取建筑在投入使用后的运维状态，然后相应地调整初期的建筑设计。

建筑运维主要有以下两个特点：

1. 花费成本高

建筑的运营和管理成本占据了整个生命周期成本的85%以上，而仅有15%的费用用于建设。在运维阶段，保持设备的功能性、确保设备的高效率、实现节能目标以及尽量减少设备故障，都是非常重要的任务。[2]

2. 持续时间长

建筑项目建设的周期一般为2~3年，运维的周期可以达到几十年。运维阶段是使用者体验建筑功能的阶段，使用者对建筑的投资，在运维的阶段获得回报。

由此可见，绿色建筑的运维阶段有着不亚于设计阶段的重要性，却在传统的建筑项目的全生命周期中受到忽视。因此如何从设计阶段有效进行节能设计，确保运维阶段能耗可控，如何解决好脱节问题，在建筑项目之初以及过程中树立"面向运维"的节能设计理念就成为大型商业项目开发方、运营方、设计方、施工方共同面对的重要课题。

9.1.2 建筑设计与运维的关系

建筑项目是一个由设计—施工—调试—交付—运维/运营所组成的全生命周期的流程（图9-2）。绿色建筑更加注重整个流程的能源利用效率和环境友好程度。在传统绿色建筑项目中，该流程通常是单向进行的，但由于施工和调试阶段往往导致所设计的绿色建筑效果一产生损失，从而在运维阶段达不到设计时所期望的效果，因此大多绿色建筑的概念仅仅停留在设计阶段。

由于传统建筑的更新换代率比较低，使得我国的绿色建筑发展的现状与目标的差距比较大，还处在绿色建筑的初级阶段。截至目前，全国获得绿色建筑标识的建筑中设计标识虽然超过90%，但是运行标识不足10%。[3] 相对于建筑全生命周期消耗的资源来说，设计只消耗极少的资源，却决定了建筑存在几十年内的能源与资源消耗特征。但绿色建筑在设计与实际运行中往往

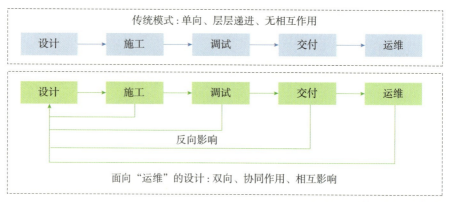

图 9-2 建筑项目流程模式分析

存在着系统、设备适应性不佳,节能设计并未实际发挥作用等问题,导致工况脱节、能耗浪费等一系列问题。

(1)大型建筑的空调设计容量过大,实际运行负荷不到装机容量的 50%。[4] 这种情况导致了资源的浪费,同时也增加了维护和运营的成本。另外,水系统也存在供需不匹配导致的水泵能耗过高的情况,需要进一步优化设计以提高能源利用率。

(2)混合业态建筑的空调系统设计未考虑不同业态建筑经营时间的运行需求,导致系统在部分经营时间低效运行。设计过程中未充分考虑节能管理需求,与节能管理脱节。为了解决这个问题,可以在设计阶段加入灵活调控的机制,以适应不同业态的需求,提高系统的效率。

(3)现有建筑的监控点位和能耗计量表设计不合理,无法有效帮助物业进行用能管理。设备控制和管理系统的功能和界面设计也不适应节能管理的需求。例如,很多商业项目的楼宇控制系统缺乏运行数据记录和数据分析功能,与主要用能设备的电耗数据未进行整合,难以实现高效节能管理。为了提升能耗管理的效果,可以考虑引入先进的监控技术和能耗计量设备,并优化控制系统的功能和界面设计。

(4)传统的楼宇控制系统设计模式需要跨专业协同,存在专业间配合不到位带来的系统使用问题。为了解决这个问题,需要进行技术创新和设计突破,以提高系统的易用性和功能性。

(5)节能设计中忽视系统整体合理性,无法实现理想的节能效果,导致节能项目成为技术与产品的无效叠加。研究表明,建筑使用过程中的能耗和 CO_2 排放占建筑全过程的 70% 以上。因此,在节能设计中应注重系统的整体优化,采取综合性的节能策略,以最大限度地降低能耗和减少 CO_2 排放。综合以上众多问题,设计者需要深入了解绿色建筑的设计与运维的协同作用。通过密切合作,设计者与运维团队可以确保绿色建筑在设计、施工、调试和运维阶段都能够实现预期的环境效益和能源效益。

建筑设计与运维的协同作用对于实现可持续发展的目标至关重要，结合上文提及的内容，运维可以从项目的规划设计阶段开始，也可以从施工后期开始，从诸多研究结果以及实际使用效果的角度考虑，运维工作的考虑宜从建筑项目方案阶段开始，通过一系列软件工具作为手段，涵盖设计、施工和运维全过程。通过在设计阶段就考虑运维的需求和要求，可以避免后期运维过程中的问题和挑战，该思路可确保绿色建筑的成功建造，是可持续发展的关键。

9.2 面向运维的建筑设计

9.2.1 面向运维的建筑设计的内容与流程

为适应绿色建筑运维的发展需求并达到节能减碳的目标，国内设计单位一直在积极探索一条符合绿色建筑运维的设计方法，不少设计单位在设计工作过程中仍采用传统建筑设计流程，即在方案设计完成后，将设计成果发给绿色建筑咨询团队。但诸如此类的"后绿色设计"无法对最终运维交付实效进行把控，究其原因，传统绿色建筑设计流程没有实现以终为始的系统性绿色建筑观，传统绿色建筑设计的流程和工作方式难以确保绿色建筑实际使用效果，最终严重影响绿色建筑运维的发展。[5]

基于BIM（Building Information Modeling）的逆向设计方法是解决上述问题最佳途径之一。其核心理念是以绿色建筑运维为最终目标，从建筑全生命周期的角度，在设计阶段对建筑的各阶段进行模拟，如对建筑形体、建筑材料和建筑设备的性能化模拟、对建筑施工进程的模拟和对建筑运维阶段模拟，从而调整建筑设计参数并借助BIM平台进行全过程设计和管控。

1. BIM协同设计

BIM是协同建筑与其他专业（例如结构、机电、暖通等专业）的重要工具，[6]并将重大设计变更的建筑能耗变化结果动态输出，与总控模型进行量化指标对比，对不符合要求的单项进行再次协调，直到满足要求。

2. 性能化分析

建筑运维阶段的能耗主要取决于建筑围护结构性能和建筑设备能效。[7]提升建筑围护结构热工性能是降低建筑供暖和供冷负荷需求的有效手段之一。同时，采用更加高效的建筑空调系统，可有效降低建筑能耗。因此在性能化分析阶段需要针对建筑的内部空间、外围护结构，以及空调系统进行物理环境和能耗的模拟。在此基础上，合理利用可再生能源替代常规能源，可以进一步降低建筑运行阶段的直接和间接碳排放。

通过性能化分析反复验证和优化设计成果，根据具体的性能化分析数据来完善BIM模型，并在此基础上确定建立详细数据交换机制，实现动态闭环分析。性能化分析验证通过的关键指标、参数、数据将汇入既有总控模型形成下一阶段的指标控制参数（图9-3）。

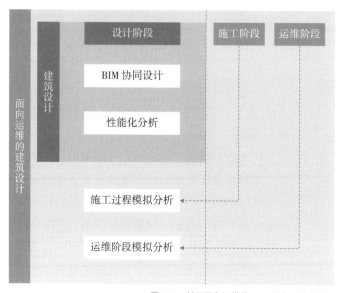

图9-3　基于绿色运维的BIM逆向设计法框架

9.2.2　BIM协同设计

BIM为"Building Information Modeling"的缩写，译为建筑信息模型。目前，较为权威的定义源自现行国家标准《建筑信息模型应用统一标准》GB/T 51212：在建设工程及设施全生命期内，对其物理和功能特性进行数字化表达，并依次进行设计、施工、运维的过程和结果的总称。该技术通过数字化手段，在计算机中建立出虚拟建筑，该虚拟建筑会提供一个单一、完整、包含逻辑关系的建筑信息库。其中建筑信息库的内涵不仅仅是几何形状描述的视觉信息，还包括大量的非几何信息，如材料的耐火等级和传热系数、构件的造价和采购信息等。其本质是一个按照建筑直观物理形态构建的数据库，其中记录了建筑各阶段的所有数据信息。建筑信息模型（BIM）应用的精髓在于这些数据能够贯穿项目的整个寿命期，对项目的建造及后期的运维管理发挥持续作用。[8]

1. BIM全生命周期实施规划

全生命周期是BIM的一个重要特性，以虚拟模拟领导项目和团队，与互联网充分融合，通过建立大数据平台，建筑行业的协作方式将被彻底改变。美国 building SMART alliance（bSa）组织对 BIM 在建筑工程全生命周期中的应用问题进行了详尽归纳。传统的全生命周期仅仅是说明了建筑项目从咨询设计—建造—运维—拆除的全过程，并未进行更深层次的研究，分析各个阶段的特殊情况，因而不能抓住 BIM 在各阶段的重点以及推广策略。新的建筑全生命周期图更符合逻辑，BIM 技术和流程是依赖三维虚拟建筑在数字世界中贯穿建筑的整个全生命周期，相当于将物理建筑建造在了现实世界中，通过这种理念可以将 BIM 全生命周期粗略划分为 3 个阶段：面向咨询设计的 BIM、面向施工建造的 BIM 以及面向运维管理的 BIM（图 9-4）。[9]

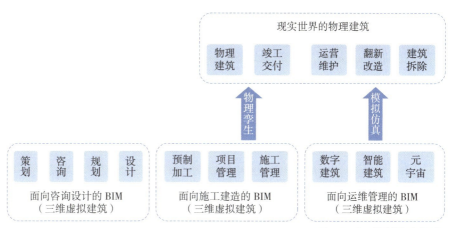

图 9-4　BIM 的建筑全生命周期

美国 bSa 组织曾经对目前美国工程建设行业领域的 BIM 应用情况做过详细调查，并总结出目前美国市场上 BIM 的不同应用并加以分析研究，用于指导工程项目在不同阶段选择合适的 BIM 进行应用。应用跨越了设施全生命周期的 4 个阶段，即规划阶段（项目前期策划阶段）、设计阶段、施工阶段和运维阶段（图 9-5）。我国通过借鉴上述对 BIM 应用的分类框架，结合目前国内 BIM 技术的发展现状、市场对 BIM 应用的接受程度以及国内工程建设行业的特点，对国内建筑市场 BIM 的典型应用进行归纳和分类。[10]

2. 我国设计领域 BIM 技术应用

1）应用概况

BIM 技术自从二十一世纪初被引入国内，受到了建筑行业的普遍关注，也得到了快速发展。2015 年 6 月 16 日，在《住房城乡建设部关于印发推进建筑信息模型应用指导意见的通知》（以下简称《指导意见》）中，[11] 提出如下两条发展目标：

（1）到2020年末，建筑行业甲级勘察、设计单位以及特级、一级房屋建筑工程施工企业应掌握并实现BIM与企业管理系统和其他信息技术的一体化集成应用；

（2）到2020年末，以下新立项项目勘察设计、施工、运维中，集成应用BIM的项目比率达到90%：以国有资金投资为主的大中型建筑；申报绿色建筑的公共建筑和绿色生态示范小区。

为了全面掌握各地各类企业BIM技术研究与应用发展状况，把握未来BIM发展方向，中国建筑业协会工程建设质量管理分会组织开展了"工程建设领域BIM的应用调研"工作。调研结果显示，有关设计企业工作重点的执行情况，"设计模型建立"和"模拟分析与方案优化"是已经在实际项目中开展最多的工作，有46%和49%的企业认为"设计模型建立"应用效果和软件功能满足度已经达到较好和很好，1/3左右的企业认为"分析与规划"和"设计成果审核"的应用效果和功能满足度能达到较好和很好；"投资策划与规划"是开展最少的工作，有44%的企业已经开展过该项应用，其中认为"投资策划与规划"能达到较高水平的不足20%。至少还有32%的企业完全没有开展过任何BIM设计应用；有关工程总承包企业工作重点的执行情况，调查显示，75%左右的企业还没开展设计牵头的总承包BIM应用，只有10%左右的企业半数以上项目开展了BIM总承包应用，其中"设计控制"应用比例最高，只有15%企业认为"设计控制"和"竣工模型交付"两项工作对工程总承包BIM应用效果和功能的满足度能达到较好和很好程度，其余各

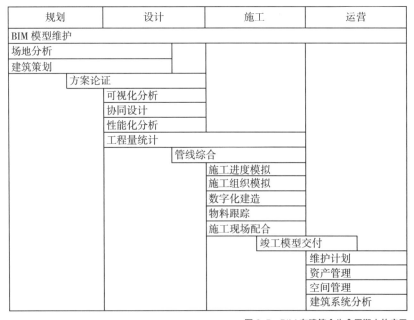

图9-5　BIM在建筑全生命周期中的应用

项应用点的满意度均低于10%。[8]

2）设计阶段BIM应用介绍

（1）BIM模型维护。根据项目建设进度建立和维护BIM模型，实质是使用BIM平台汇总各项目团队所有的建筑工程信息，消除项目中的信息孤岛，并且将得到的信息结合三维模型进行整理和储存，以备项目全过程中各相关利益方随时共享。由于BIM的用途决定了BIM模型细节的精度，同时仅靠一个BIM工具并不能完成所有的工作，所以目前业内主要采用"分布式"BIM模型方法，建立符合工程项目现有条件和用途的BIM模型。这些模型根据需要可能包括设计模型、施工模型、进度模型、成本模型、制造模型、操作模型等。BIM"分布式"模型还体现在BIM模型往往由相关设计单位、施工单位或者运营单位根据各自工作范围单独建立，最后通过统一的标准合成。这将增加对BIM建模标准、版本管理、数据安全的管理难度，所以有时候业主也会委托独立的BIM服务商统一规划、维护和管理整个工程项目的BIM应用，以确保BIM模型信息的准确性、时效性和安全性。[10]

（2）场地分析是研究影响建筑定位的主要因素，是确定建筑的空间方位和外观、建立建筑与周围景观的联系的过程。在规划阶段，场地的地貌、植被、气候条件都是影响设计决策的重要因素，往往需要通过场地分析来对景观规划、环境现状、施工配套及建成后交通流量等各种影响因素进行评价及分析。传统场地分析存在定量分析不足、主观因素过重、无法处理大量数据信息等弊端，通过BIM结合地理信息系统（Geographic Information System，GIS），对场地及拟建的建筑空间数据进行建模，通过BIM及GIS软件的强大功能，迅速得出令人信服的分析结果，帮助项目在规划阶段评估场地的使用条件和特点，从而做出新建项目最理想的场地规划、交通流线、建筑布局等决策。

（3）建筑策划特指在建筑学领域内建筑师根据总体规划的目标设定，从建筑学的学科角度出发，不仅依赖于经验和规范，更以实态调查为基础，运用计算机等近现代科技手段对研究目标进行客观的分析，最终定量地得出实现既定目标应遵循的方法及程序的研究工作。[12]它为建筑设计能够最充分地实现总体规划的目标提供了科学的依据。简而言之，建筑策划就是将建筑学的理论研究与近现代科技手段相结合，为总体规划立项之后的建筑设计提供科学而有逻辑的设计依据。综合国内外相关研究成果和趋势，理清大型建筑工程的建筑策划需要针对不确定性问题，研发有力的科学决策工具。智能化工具在设计决策中的应用不仅应体现在AI辅助设计，还应该向智能策划扩展。[13]

在这一过程中，除了需要运用建筑学的原理、借鉴过去的经验和遵守规范，更重要的是要以实态调查为基础，用计算机等现代化手段对目标进行研究。BIM能够帮助项目团队在建筑规划阶段，通过对空间进行分析来理解复杂空间的标准和法规，从而节省时间，为团队提供更多增值活动的可能。特别是在客户讨论需求、选择以及分析最佳方案时，能借助 BIM 及相关分析数据，做出关键性的决定。BIM 在建筑策划阶段的应用成果还会帮助建筑师在建筑设计阶段随时查看初步设计是否符合业主的要求，是否满足建筑策划阶段得到的设计依据，通过 BIM 连贯的信息传递或追溯，大大减少以后因详图设计阶段发现不合格而需要修改设计的巨大浪费。

（4）在方案论证阶段，项目投资方可以使用 BIM 来评估设计方案的布局、视野、照明、安全、人体工程学、声学、纹理、色彩及规范的遵守情况。BIM 甚至可以做到建筑局部的细节推敲，迅速分析设计和施工中可能需要应对的问题。方案论证阶段还可以借助 BIM 提供方便的、低成本的不同解决方案供项目投资方进行选择，通过数据对比和模拟分析，找出不同解决方案的优缺点，帮助项目投资方迅速评估建筑投资方案的成本和时间。对设计师来说，通过 BIM 来评估所设计的空间，可以获得较高的互动效应，以便从使用者和业主处获得积极的反馈。设计的实时修改往往基于最终用户的反馈，在 BIM 平台下，项目各方关注的焦点问题比较容易得到直观的展现并迅速达成共识，相应的需要决策的时间也会比以往减少。

（5）可视化设计。3Dmax、SketchUp 这些三维可视化设计软件的出现有力地弥补了业主及最终用户因缺乏对传统建筑图纸的理解能力而造成的和建筑设计师之间的交流鸿沟，但由于这些软件设计理念和功能上的局限，使得这样的三维可视化展现不论用于前期方案推敲还是用于阶段性的效果图展现，与真正的设计方案之间都存在相当大的差距。对于建筑设计师而言，除了用于前期推敲和阶段展现，大量的设计工作还是要基于传统 CAD 平台，使用平、立、剖等三视图的方式表达和展现自己的设计成果。这种由于工具原因造成的信息割裂，在遇到项目复杂、工期紧的情况下，非常容易出错。BIM 的出现使得设计师不仅拥有了三维可视化的设计工具，更重要的是通过工具的提升，使建筑设计师能使用三维的思考方式来完成设计，同时也使业主及最终用户真正摆脱了技术壁垒的限制，随时知道自己的投资能获得什么。[14]

（6）协同设计是一种新兴的建筑设计方式，它可以使分布在不同地理位置的不同专业的设计人员通过网络的协同展开设计工作。协同设计是在建筑业环境发生深刻变化、建筑的传统设计方式必须得到改变的背景下出现的，也是数字化建筑设计技术与快速发展的网络技术相结合的产物。现有的协同设计主要是基于 CAD 平台，并不能充分实现专业间的信息交流，这是因为 CAD 的通用文件格式仅能实现对图形的描述，无法加载附加信息，导致专业间的数据缺乏关联性。BIM 的出现使协同设计不再是简单的文件参照，BIM 技术为协同设计提供底层支撑，大幅提升协同设计技术含量。借助 BIM 技术优势，协同设计的范畴也从单纯的设计阶段扩展到建筑全生命周期，需要规划、设计、施工、运维等各方的集体参与,因此具备了更广泛的意义,从而带来综合效益的大幅提升。[15]

(7)性能化分析。利用计算机进行建筑物理性能化分析始于二十世纪六十年代甚至更早,早已形成成熟的理论支持,开发出丰富的工具软件。但是在CAD时代,无论什么样的分析软件都必须通过手工的方式输入相关数据才能开展分析计算,而操作和使用这些软件不仅需要专业技术人员经过培训才能完成,同时由于设计方案的调整,造成原本就耗时耗力的数据录入工作需要经常性的重复录入或者校核,导致包括建筑能量分析在内的建筑物理性能化分析通常被安排在设计的最终阶段,成为一种象征性的工作,使建筑设计与性能化分析计算之间严重脱节。利用BIM技术,建筑设计师在设计过程中创建的虚拟建筑模型已经包含了大量的设计信息(几何信息、材料性能、构件属性等),只要将模型导入相关的性能化分析软件,就可以得到相应的分析结果,原本需要专业人士花费大量时间输入大量专业数据的过程如今可以自动完成,大大降低了性能化分析周期,提高了设计质量,同时也使设计公司能够为业主提供更专业的技能和服务。[16]

(8)工程量统计。由于CAD无法存储可以让计算机自动计算工程项目构件的必要信息,所以需要人工根据图纸或者CAD文件进行测量和统计,或者使用专门的造价计算软件根据图纸或者CAD文件重新进行建模后由计算机自动进行统计。前者不仅需要消耗大量的人工,而且比较容易出现手工计算带来的差错,而后者需要不断地根据调整后的设计方案及时更新模型,如果滞后,工程量统计数据也往往失效了。而BIM是一个富含工程信息的数据库,可以真实地提供造价管理需要的工程量信息,借助这些信息,计算机可以快速对各种构件进行统计分析,大大减少了繁琐的人工操作和潜在错误,非常容易实现工程量信息与设计方案的完全一致。通过BIM获得准确的工程量统计可以用于前期设计过程中的成本估算、在业主预算范围内不同设计方案的建造成本比较,以及施工开始前的工程量预算和施工完成后的工程量决算。

(9)管线综合。随着建筑规模和使用功能复杂程度的增加,无论设计企业还是施工企业甚至是业主对机电管线综合的要求愈加强烈。设计企业主要由建筑或者机电专业牵头,将所有图纸打印成硫酸图,然后各专业将图纸叠在一起进行管线综合,由于缺少二维图纸的信息以及直观的交流平台,管线综合成为建筑施工前让业主最不放心的技术环节。利用BIM技术,通过搭建各专业的BIM模型,设计师能够在虚拟的三维环境下方便地发现设计中的碰撞冲突,从而大大提高管线综合的设计能力和工作效率。这不仅能显著减少由此产生的变更申请单,大大提高施工现场的生产效率,降低了由于施工协调造成的成本增长和工期延误。

9.2.3 性能化分析

计算机模拟技术的发展,为定量化的研究提供了极大便利,方便、灵活、低成本的数值模拟方法,为建筑性能的预测和评价奠定了技术。近年来,在绿色建筑领域利用计算机辅助的建筑性能数值模拟分析与优化技术对绿色建筑设计产生了重要影响。特别是在设计初期进行建筑性能的数值模拟、计算、分析、比较设计方案的优劣,在指导并优化绿色建筑的设计中已经必不可少。[17]

1. 不同类型的优化设计模式

1)基于评价标准的人工循环优化模式

在建筑设计中,通常采用一种被广泛接受的方法,称为"基于评价标准的人工循环优化模式"(图9-6)。这个方法包括以下步骤:第一步,设计师们使用建模软件将他们的构想转化为参数模型,并明确定义需要模拟的参数(源参数);第二步,这个参数模型被引入到模拟软件中,用于评估建筑性能并生成模拟结果(过程参数);第三步,生成的模拟结果会与事先设定的评价标准(目标参数)进行对比。如果模拟结果符合这些标准,那么就得到了一个符合要求的设计方案;第四步,如果模拟结果未能达到评价标准,需要根据这些结果的指导,通过在建模软件中对参数进行调整,进行人工优化。这个过程可能需要多次迭代,直到满足评价标准为止。这个方法的精髓在于它将建模软件、性能模拟软件和人工优化相结合,实现了参数的传递、对比、反馈以及不断迭代的优化过程。目前,这个方法在绿色建筑设计领域得到广泛应用,因为它非常灵活、易于操作,但也要思考如何提高人工优化的效率和精确性。

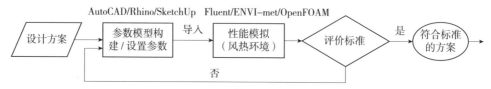

图9-6 基于评价标准的人工循环优化设计模式(以风热环境模拟为例)

2)单目标自动优化设计模式

单目标自动优化设计模式是一种以性能目标为主导的自动优化过程(图9-7)。该过程的核心思想为:首先明确特定的性能目标,并根据设定好的控制逻辑,使用专门的优化算法模块来引导计算机进行大规模的性能模拟和案例性能评价。这样,就可以在短时间内获得在既定目标和逻辑控制下

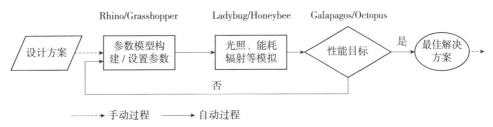

图 9-7 自动优化设计模式（以 Rhino 平台为例）

的最佳结果。在单目标自动优化设计模式中，设计师专注于一个建筑性能目标，并借助优化算法来实现优化过程。常见的优化算法包括遗传优化算法、粒子群算法和模拟退火算法等。其中，遗传优化算法是应用最广泛的一种，它模拟了达尔文生物进化理论和遗传学机制中的生物进化过程，以帮助搜索最佳解决方案。其基本原理是在搜索空间中分析和比较一组样本，然后根据比较结果引导生成下一组更优的样本，如此不断重复，逐步实现性能的"优化"。与传统的基于评价标准的人工循环优化方法相比，单目标自动优化设计模式的核心优势在于它利用了先进的优化算法，使计算机能够自动完成优化过程，避免了繁琐的手动参数调整，同时还能够得到单个建筑性能的最佳解决方案。

3）多目标自动优化设计模式

在绿色建筑设计中，设计师通常面临复杂的问题，不仅有多个变量需要考虑，还存在多个目标，这些目标之间可能相互影响。为了解决这个问题，可以使用多目标自动优化设计模式，它使用了一种特殊的优化方法，可以同时考虑多个目标，以找到最佳的解决方案并满足多目标的要求。多目标自动优化设计模式使用了多目标优化算法，它帮助设计师设定多个目标值，然后通过计算来找到一组最佳解决方案，这些解决方案处于所谓的帕累托边界，满足多个目标需求。在这个过程中，可以使用工具 Octopus，这是一个 Grasshopper 的插件，它使用遗传优化原则来进行参数化设计和问题解决。Octopus 允许设计师一次性搜索多个目标，找到一组最佳解决方案，这些方案在不同目标之间实现了最佳权衡。与单目标自动优化设计模式相比，多目标自动优化设计模式打破了单一目标的限制，允许设计师同时考虑多个互相影响的目标，这是人工无法轻松实现的。因此，多目标自动优化设计对于绿色建筑性能的优化具有重要意义，因为它能让设计师更全面地考虑多个因素。

2. 性能化分析软件平台介绍

1）PKPM

PKPM 是中国建筑科学研究院建筑工程软件研究所研发的工程管理软件（图 9-8），这是一个包含了建筑、结构、设备（给水排水、供暖、通风空

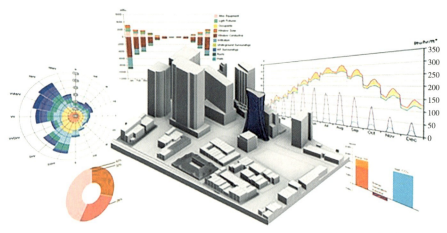

图9-8 建筑性能化分析平台

调、电气）设计于一体的集成化 CAD 系统。此软件近年来在绿色建筑节能领域做了多方面的拓展，在节能、节水、节地、节材、保护环境等方面发挥了重要作用。在规划、节地方面有三维居住区规划设计软件、三维日照分析软件、场地工程和土方计算软件。在环境方面有园林设计软件、风环境计算模拟软件、环境噪声计算分析系统。

目前 PKPM 中涉及性能模拟优化设计的软件包括以下几类：

（1）建筑节能设计软件 PEBCA。该软件是 PKPM 绿建节能系列软件的核心模块，主要解决国家、行业和地方节能设计标准中关于围护结构热工性能及建筑设计判定的指标问题，是施工图审查的必要环节。

（2）工业节能设计软件 PBECAIndustry，该软件是以围护结构热工设计为基础，同时结合环境控制及能耗方式的差异，对不同劳动强度、余热强度的工业建筑类别进行节能设计与权衡判定，是一款依据现行国家标准《工业建筑节能设计统一标准》GB 51245 研发的软件。

（3）建筑光伏设计软件 PKPM-Solar。该软件着眼于可再生能源利用，助力碳减排的 BIM 光伏设计计算软件。该软件支持光伏组件与支架的建模与参数设置、光伏组件倾角优化分析、光伏组件设备选型、光伏发电量逐时模拟计算，光伏系统减碳分析、光伏系统经济性分析、生成光伏发电计算报告书。另外该软件还可以对接支架设计软件，进行光伏支架的荷载分析、截面优化、构型优化。

（4）碳排放计算软件 CES。该软件适用于建筑全生命周期碳排放计算和可再生能源、绿色植被（碳汇）等节碳、减碳、碳中和等措施的优化计算，可支持多建筑类型、多气候区域，提供估算、精算等颗粒度模型碳排放计算，可支撑工程咨询、设计、施工、房地产开发与经营等不同类型用户的建筑碳排放动态核算与碳减排智能决策。同时可提供满足《建筑碳排放计算标准》GB/T 51366—2019、《建筑节能与可再生能源利用通用规范》GB 55015—2021等标准要求的审查或评价资料。

（5）天然采光模拟软件Daylight。该软件可辅助设计师完成建筑领域室内天然采光设计的性能分析，包含窗地面积比、公式法、全阴天稳态计算、全年8760h逐时动态计算等；支持多核并行计算，计算效率高；该软件可根据相关标准的要求计算内外区的采光系数、照度、均匀度、照度达标小时等，并自动统计达标情况输出可溯源的报告书。该软件还提供了"采光多设计方案竞赛"功能，可同时分析多个采光专项设计。

（6）室内外声环境模拟软件Sound。可辅助设计师完成室内外声环境模拟分析。该软件的室外声模块支持背景噪声（在发生、检查、测量或记录系统中与信号存在与否无关的一切干扰）、林带（能够吸收部分声波的自然屏障）、声屏障（专门设计的立于噪声源和受声点之间的一种声学障）反射系数设置，可准确快速地计算建筑监测点噪声值及场地平、立面噪声等，并自动统计达标情况，输出可溯源的报告书。该软件的室内声模块支持建筑构件隔声及室内背景噪声设计的性能分析，内置数十本声学著作或图集，支持公式法、类比法，根据标准要求自动统计达标情况，输出可溯源的报告书。

（7）室内空气品质设计评价软件AQ。该软件可辅助设计师快速完成室内空气品质设计的性能分析。此外，该软件提供一键计算功能、动态计算方法，根据标准要求自动输出室内颗粒污染物及装修污染物的浓度值，并自动统计达标情况，输出可溯源的报告书。

（8）被动式超低能耗建筑模拟分析软件PHEnergy。依据国内被动式低能耗绿色节能标准的要求开发，可对超低能耗建筑、零能耗建筑进行性能化设计与分析，可提供建筑全生命周期的年供暖需求（全年累计热负荷）和制冷需求（全年累计冷负荷）分析、供冷制热能耗分析、照明能耗分析、可再生能源能耗及生活热水能耗分析等。

（9）建筑能耗模拟分析软件Energy。针对我国绿色建筑评价标准中的建筑供暖空调负荷减低比例计算及建筑主要能耗而研发的能耗计算软件，能够计算建筑全年累计冷热负荷、暖通空调系统能耗等，覆盖建筑全生命周期。

（10）绿建设计评价软件GBD&GBtoolds。该软件辅助设计师自动完成绿建对标评分、绿建专篇、绿建审查备案表、自评估报告等工作的设计评价。此外，该软件可帮助设计师快速掌握绿色建筑标准、健康建筑标准、施工图审查规则、标识申报等，提高项目设计效率。

2）Grasshopper

Grasshopper是Rhino的一个插件，专门用于参数化建模（图9-9）。近年来，它已经成为建筑、工程和设计领域的重要工具。与此同时，随着建筑行业对可持续性的日益重视，绿色建筑和性能化设计的需求也在增长。Grasshopper

图 9-9 Grasshopper 的建筑性能分析化软件[18]

在绿色建筑性能化分析方面可以大幅度缩短模拟时间，给设计师更多的思考空间，更加符合设计师的使用习惯，同时可简化建模过程，模型的利用度高，保留了建筑设计和分析逻辑并实现计算结果的优化选择，使得可视化效果更佳。在绿色建筑性能化模拟中，Grasshopper 扮演了以下几个重要角色：

（1）参数化建模。Grasshopper 允许用户创建复杂且可编辑的三维模型。这意味着建筑师和工程师可以轻松修改建筑设计参数，并立即看到结果，从而为建筑的性能优化提供迅速的反馈。

（2）集成其他模拟工具。Grasshopper 可以与其他建筑性能评估工具进行集成，例如 Ladybug、Honeybee 和 Butterfly，这些工具可以评估建筑的能源效率、日光、热环境和空气品质。通过这种集成，设计师可以在 Grasshopper 中进行建筑性能模拟。

（3）优化工作流程。使用 Grasshopper 和相关插件，设计师可以自动化多种性能评估任务，从而加快设计迭代速度。例如，可以设置特定的目标，如最大化自然光或最小化能源消耗，然后使用优化工具自动调整建筑参数以达到这些目标。

（4）可视化工具。Grasshopper 提供了一系列的可视化工具，这些工具可以帮助设计师更好地理解建筑的性能，如温度分布、光线分布和空气流动模式。

Grasshopper 中经常使用的绿色建筑性能化分析插件介绍如下：

（1）Ladybug 是 Grasshopper 中的环境分析插件，可以帮助设计师在建筑方案初期完成气象参数分析，包括气象参数可视化、太阳路径、风玫瑰、遮阳分析、室内 PMV 计算、室外舒适性指标通用热气候指数（UTCI）计算、辐射分析、阴影分析等。

（2）Honeybee 连接 Grasshopper 模型和仿真引擎，可以采用参数化的方式去调用这些模拟分析工具引擎，包括 Radiance、DAYSIM、EnergyPlus、OpenStudio。通过参数化的方式设置系统类型、分区方案、运行时间表，以及进行日光感应器的布置和控制。

（3）Butterfly 本质是一个用 Python 编写的 Grasshopper 插件，用来生成 OpenFOAM 的执行文件。网格及求解器采用 OpenFOAM，后处理采用 RHINO-GH。

（4）Dragonfly 是一款基于 Grasshopper 的插件，可以对气候现象（例如城市热岛、未来的气候变化），以及局部气候因素（例如地形变化）的影响进行建模和分析，此软件主要是通过 urban thermodynamic engines 完成模拟计算。

9.2.4　设计阶段对运维的模拟分析

1. 运维阶段模拟

在设计阶段对建筑运维阶段进行模拟，其模拟结果可以对建筑设计进行有效的反馈和指导，包括以下两个方面：

（1）改进设计。通过对建筑运维阶段进行模拟，可以发现设计中的潜在问题和缺陷。这些问题可能包括施工难度、维护困难、能源效率等。通过模拟不同的气候条件、使用情况和维护策略，可以评估建筑的能源效率、室内舒适度和可持续性等方面的表现。这些评估结果可以为设计团队提供反馈，以改进建筑的性能。

（2）优化运维策略。对建筑运维阶段进行模拟可以帮助运维团队制定更有效的策略和计划。通过模拟不同的运维方案，可以评估其对建筑性能、维护成本和用户体验的影响。这些信息可以反馈给设计团队，以便在设计阶段考虑到运维的需求。

运维阶段的数据收集、环境模拟和能耗预测为运维人员提供了全面的模拟平台，以实现对建筑的智能化管理和优化。

数据收集是模拟的基础。通过安装传感器，可以实时收集室内温度、室内湿度、室内区域人员密度等数据。这些数据对于了解建筑的实际情况至关重要，为后续的环境模拟和能耗预测提供了准确的基础数据。

环境模拟是模拟的核心。通过输入收集到的数据，可以进行实时室内环境模拟。利用机器学习和大数据分析，可以对收集数据进行处理和分析，预测室内环境变化。[3]

基于这些预测结果，可以智能地控制室内灯光系统和暖通系统，以提供更舒适的室内环境。例如，在人员密度较高的区域，可以自动调整灯光亮度和空调温度，以提供更好的舒适度和能源效率。

能耗预测是模拟的重要组成部分。通过机器学习和大数据分析的技术，建筑设计师可以根据历史数据和实时数据，预测建筑的能耗变化趋势。这有助于运维人员合理安排能源使用，优化能源消耗，降低能源成本。设计师可以根据预测结果，调整暖通系统的运行时间和设定温度，以最大限度地减少能源浪费。

基于室内空气污染和人员流动的动态监测，由快速预测模型以及计算机视觉处理得到室内污染与人员的非均匀动态分布，进一步通过环境控制决策系统输出最优通风参数设定，实现通风智能化调控；同时，在通风环境营造基础上构建空气净化消杀系统，对空气环境安全运维形成有力的辅助保障。[19]

该控制方案的具体内容如下：

（1）环境监测。通过环境传感器获取室内环境参数监测数据，作为快速预测模型输入边界；通过视觉图像处理监控视频数据，可得到人员动态分布情况。

（2）设备控制。基于环境和人员快速预测信息，控制器实施快速决策并对通风系统进行智能化调控，进而对污染物浓度或人员密度较高区域进行强化通风，同时耦合室内空气净化消杀系统对室内空气进行处理，以最大限度降低人员感染风险并提升室内环境质量和通风能效。

（3）运维管理。基于智慧云平台与移动端 App，将环境、人员以及能耗监测数据实时展示，将风险评估结果通过语音预警等方式通知管理人员，及时疏散密集人群，同时联动智能通风系统。

扬子江国际会议中心（图 9-10）是世界一流的全球互联互通枢纽，也是南京西跨长江向江北新城市中心扩张的重要资产，并且已经获得三星级绿色建筑认证，为江苏省 2023 年度唯一入选项目，也是住房和城乡建设部绿色建筑评价新标准实施以来，江苏省首个获得三星级绿色建筑标识的项目。

建筑空气环境安全运维控制系统就在该项目中成功应用，该系统在室内空气污染水平和人员流动情况监测的基础上对通风系统进行智能化动态调控，并在建筑空气消杀的辅助作用下确保空气污染物浓度在安全阈值以下。阶段性检测数据显示，通过使用该运维控制系统，可以实现智能化通风并将人员感染风险降低至 4% 以内，其通风节能率可达 44.9%；负氧离子的空间可达性较好且空间消杀率计算值超过 99%，可进一步降低人员感染风险。

图 9-10　扬子江国际会议中心

2. 施工进程模拟

1）施工进程模拟概述

施工进度计划是施工组织设计的关键内容，规定各项工程内容施工顺序和开工、竣工时间，是控制工程施工进度和工程施工期限等各项施工活动的依据，进度计划的合理性直接影响了施工速度、成本和质量。建筑施工进程的模拟对设计阶段有以下几个方面的影响：

（1）风险评估。通过模拟施工进程，预测可能出现的问题和风险，并在设计阶段进行调整和优化。这有助于减少施工过程中的延误和成本超支的风险，并提高项目的成功率。

（2）时间管理。模拟施工进程可以帮助设计团队更好地理解施工时间要求和限制。通过模拟，可以确定关键路径、识别潜在的时间冲突，并在设计阶段进行相应的调整，以确保项目能够按时完成。

（3）资源优化。模拟施工进程可以帮助设计团队更好地规划和优化资源的使用。通过模拟，可以确定资源需求和分配，避免资源浪费和短缺，并在设计阶段进行调整，以提高施工效率和成本控制。

图 9-11 Synchro 4D 软件界面

（4）协调与沟通。模拟施工进程可以帮助设计团队更好地与其他相关方进行协调和沟通。通过模拟，可以可视化地展示施工进程和各个工序之间的关系，促进各方之间的理解和合作，减少误解和冲突。

建筑施工进程的模拟可以在设计阶段提供更全面、准确的信息，帮助设计团队更好地理解和应对施工的挑战，从而提高项目的质量和效率。

2）施工进程模拟软件

Synchro 4D（图 9-11）是一款具有成熟施工进度计划管理功能的可视化施工模拟软件，[20]不但可以针对大型复杂建设工程进行施工管理，还提供了整合其他工程数据的能力以及丰富形象的 4D 工程模拟及施工过程管理。

Synchro 4D 可帮助创建、可视化、分析、编辑及跟踪整个项目，包括运输规划和临时工作，推动施工建造行业从传统的二维规划、孤立的工作流演变为多参与方（包括业主、建筑师、结构师、承包商、分包商、材料供应商等）之间高度协作、高效 4D 可视化规划和虚拟设计与施工（VDC）项目管理流程，帮忙解决大型工程项目在施工进度管理中的难题。

9.3 案例与展望

9.3.1 典型案例分析

图 9-12 南京朗诗钟山绿郡鸟瞰图

南京朗诗钟山绿郡（图 9-12）紧邻在建的紫东国际创意产业园和徐庄软件园，总建筑面积约为 11.5 万 m^2，以 6 层电梯科技洋房为主，配有部分科技双拼别墅，容积率为 1.2，是一座健康舒适、人性化、可持续的智慧社区。该项目在健康、舒适、环保、节能等维度都做出了进一步提升，因而这一项目也获得 BREEAM In-Use 运维体系六星评级，并成为 BREEAM In-Use V6 版首个六星认证住宅项目。该项目实现了面向运维的建筑设计，在设计阶段针对建筑全生命周期的各阶段进行模拟运维并调整设计。

1. 碳排放模拟

南京朗诗钟山绿郡采用 BREEAM In-Use 体系平台独有的碳排放计算及对比系统，对项目评估年的单位面积碳排放量进行了评估。同时也通过评估对其能源消耗及碳排放进行了梳理并讨论制定优化方案。

2. 绿色人居系统

南京朗诗钟山绿郡通过朗诗绿色人居科技系统改善室内人居环境，对空气品质和光照控制等方面进行了优化。在空气品质方面，朗诗绿色人居科技系统能够有效过滤 $PM_{2.5}$、控制室内 VOCs 的浓度和放射性物质的活度。此外，室内温度恒定在 20~26 ℃，空气中 CO_2 含量不超过 10%，能够实现冬季加温、夏季除湿。在光照控制方面，每户都应用智能感应玻璃百叶，形成冬日的"阳光暖房"和夏日的"自然空调"。

3. 能源智慧化管理系统

能源的智慧化管理是减少能源消耗的关键。南京朗诗钟山绿郡项目在保证环境使用照度的情况下，通过智慧能源系统自我调整分配照度；采用智慧梯控系统和 AI 演算法，确保电梯运行调度以最短的途径及时到达，在无人使用时自动关闭主系统以节约电能消耗。除绿色人居科技系统外，大量运用被动式建筑理念，在建筑门窗及外围护的厚度和材料运用上充分考虑建筑的保温性和气密性，以减少室内热损耗。

9.3.2 绿色建筑与可持续运维的原则和前景

人类社会发展的事实已经说明社会发展存在两种选择：一种是继续无限制地以消耗资源、破坏环境为代价地发展经济；另一种是在保护环境、合理科学地使用资源条件下实现人类与自然的协调与持续发展。人类在解决"居者有其屋"的房地产开发中，只能选择后者。随着全球对环境和可持续发展的日益关注，绿色建筑作为一种重要的建筑理念和实践，在未来的发展前景将变得更加广阔。[21]

在"十四五"规划纲要中，建筑和工业、交通等高耗能部门并列，成为可持续转型的关键部门。《双碳目标与中国建筑的可持续使命白皮书》通过对中国建筑全过程能耗等一系列数据的分析，提出"可持续城市，建筑先行"的观点：绿色、可持续的未来城市发展，很大程度上依赖于智慧和可持续的建筑。城市碳排放主要来源之一的建筑行业面临着前所未有的挑战，减少碳排放直至接近"零碳排放"，成为行业发展的关键。

1. 发展前景之一：民众可以感知的绿色建筑

我国绿色建筑的发展还需要大众化和普及化，让人民群众知道什么是绿色建筑，以及绿色建筑会带来什么好处等等。普及绿色建筑有很多创新的办法：

一是推广一款专门为公众设计的手机应用程序，能够让相关人员更加便捷地认知、深入了解、实时监测并评价绿色建筑。此应用不仅旨在普及绿色建筑的相关知识，还意在激励住宅购房者及业主采纳节能行为。二是在绿色建筑的宣传与推广活动中，应更加注重突出其所带来的实际利益，尤其是节能减排方面的经济效益。住房和城乡建设部的数据显示，绿色建筑虽在初期可能有更高的成本，但这些额外的投资在3~7年内即可完全收回。考虑到建筑的使用寿命一般为50年，这意味着居民和业主能享受长达45年的经济收益。此外，绿色建筑还能为居住者提供更健康、舒适的居住环境，以及与环境和谐共生的满足感。三是绿色建筑在设计时应注重性能的可视化。随着信息技术的日新月异，人们有能力将绿色建筑的设计做到更为直观和可比较。设想一下，未来当居民每天查看手机或者社区的电子显示屏时，能够清晰地看到绿色建筑在节能、节水、雨水利用和空气品质等方面的具体表现、相对排名和改进建议。可以更好地向用水单位提供高效、便捷、人性化的服务。四是随着绿色建筑理念的推广，相关的物业管理也将形成一个新兴而庞大的产业。这一产业将聚焦于建筑的可再生能源应用、雨水回收、中水循环利用及废弃物分类回收等方面。相较于传统物业管理，这一新兴产业的潜在市场机会巨大。例如，通过有效的雨水回收和中水循环利用，建筑内部的水资源利用率可显著提高。初步估算表明,若北京市 2/3 的建筑能实现这一节水策略,所节省的水资源量将超过南水北调工程的总供水量。优良的绿色物业管理亦有望鼓励公众积极参与绿色建筑设计和管理。

2. 发展前景之二：互联网与绿色建筑相融合的"互联网 + 绿色建筑"

一是设计互联网化。虽然国内已有众多引进或自主研发的建筑节能软件,但仍缺乏一个综合性的云计算平台。未来的发展趋势将是利用云计算平台整合这些软件,并在建筑新部件、绿色建材、创新型工艺,以及管理运营新模式中广泛应用数据化新技术。二是通过数字化转型来促进新型建筑材料与工艺的发展。互联网为建筑设计师提供了一个平台,使他们能轻松查找和应用符合当地气候和国家标准的新型建材和工艺。建筑材料正处于革命性的发展阶段,各类创新建材层出不穷。这些新型材料除了具有出色的安全性、防腐性和隔热性,还具备环保特性,如能吸附有害气体等。三是标识管理互联网化。可推出一种网络系统,该系统将绿色建筑标识申请、咨询、监测、评估等功能集成于一体,使这些流程更加高效化和便捷化。四是施工互联网化。未来的绿色建筑施工应当实现产业化,全流程都应受到互联网的严格监督,确保各环节的高效对接以实现零库存、低污染、高质量和低成本施工模式。五是运营互联网化。建筑的日常运行应更加智能化。例如,安装有传感器的智能设备实时监测室内环境质量,并通过用户的手机进行调控。六是运行标识管理互联网化。为每栋绿色建筑安装智能芯片在未来将成为趋势。这种芯片不仅能监测建筑的各项数据,而且能将这些数据上传到云端进行进一步的分析与优化,提供更好的服务。

数字化将深度影响绿色建筑的全生命周期。从设计开始,用户可以和设计师合作设计出属于自己的理想住所。各种软件工具,如 BIM,将支持绿色建筑从设计到运行的全过程监督。而且,未来需要更加完善、细致且开放的软件工具,帮助绿色建筑在不同的环境中进行自适应调节。简而言之,未来的技术发展将使每个用户都能通过移动端实时了解并调控自己住所的性能和环境质量。

3. 发展前景之三：建造更加生态友好、更人性化的绿色建筑

诺贝尔奖得主 Richard Smalley 在生前曾经列举了人类未来半个世纪所需面对的十大关键问题。这些问题按其紧迫程度排序,首先是能源,其次是水资源、食品、环境、贫穷,随后是恐怖主义、战争、疾病、教育、民主与人口。若将绿色建筑进行深度的人性化与环保化探索,并融入 Aquaponics 这一循环模式,有可能直接或间接地应对上述中的前五个问题和第八个问题。

在未来,绿色建筑可以通过整合可再生能源、优化水资源循环,并将太阳能转化为供电紫外波段 LED 的能源，这样可以确保建筑内的植物能全天候进行光合作用，从而吸纳更多的二氧化碳并释放氧气。这种方法促成了建筑与植物之间的和谐共生。中国古老的园林文化，向来重视与建筑的和谐共生。将这种文化理念与现代的节能减排设计结合，有可能促成一种立体园林建筑的诞生。这样的建筑不但可以提高居住者的生活质量，让他们即使在繁忙的都市中也能体验到田园的宁静与乐趣，还可以为城市注入全新的生态景观。

4. 发展前景之四：建造更低碳排放、更可持续，具有长期价值的绿色建筑

在"双碳"目标下，建筑的全生命周期碳排放控制需要综合考虑设计、建造和运维阶段的各个环节。通过模拟、数据分析、可持续设计和智能建筑管理，可以实现更低碳节能的建筑设计，符合"双碳"目标，同时提高建筑的长期价值和可持续性。

一是数据采集和分析。收集建筑设计和运维阶段的所有相关数据，包括建筑材料的碳足迹、能源消耗、水资源利用等信息。利用传感器、监控系统和智能建筑技术来实时监测运维阶段的数据，以便获取实际运行情况。二是建筑碳足迹评估。使用全生命周期评估方法，计算建筑的全生命周期碳排放，包括设计、建造、使用和拆除阶段。考虑材料的生产、运输、安装、建筑的使用能源消耗、维护和废弃处理等环节。三是建筑模拟和模型。利用 BIM 等工具创建建筑虚拟模型。使用模拟软件（例如能源模拟工具）来模拟建筑在不同运维条件下的能源消耗和碳排放。四是可持续设计和材料选择。基于模拟结果，优化建筑设计，采用更节能和低碳的材料，降低建筑全生命周期的碳排放。考虑采用再生能源系统，如光伏系统和风力发电系统，以减少能源消耗和碳排放。五是智能建筑管理。部署智能建筑管理系统以实时监测建筑的性能和运行情况。采用智能控制系统，自动优化能源利用，减少浪费。六是建筑运维。定期维护和检修建筑系统，以确保其高效运行，减少不必要的能源浪费。采用可持续的维护和修复方法，减少材料浪费和碳排放。七是监测和报告。建立碳排放监测体系，定期报告建筑的碳排放情况。与相关政府部门和认证机构合作，确保碳排放标准和法规被遵守。八是教育和培训。培训建筑管理和运维人员，使其能够有效管理和减少碳排放。提高住户和员工的环保意识，推广可持续生活方式。

对建筑进行长期能耗和物理环境的监测和模拟是提升建筑可持续性的重要步骤。这一过程的实施可以确保建筑在其全生命周期内最大限度地减少资源浪费、降低对环境的影响、降低运营成本、提高建筑价值，并且提供更好的室内环境。一是能耗监测系统。安装能耗监测系统，如智能电表、传感器和监控系统，以实时跟踪建筑的电力、水和热能使用情况。这些数据可以用来识别能耗高峰期和潜在的浪费，从而采取措施进行优化。二是建筑信息模型。使用 BIM 技术来创建建筑的数字模型，以便进行模拟和分析。BIM 可以在设计和建造阶段提供数据，也可以用于长期运营。它可以帮助建筑管理员更好地了解建筑的性能，包括热性能和结构性能。三是室内环境监测。安装室内空气品质监测设备，以确保室内环境符合健康和舒适的标准。这包括监测温度、湿度、CO_2 浓度等参数，以提供最佳的工作和生活条件。四是建筑能效模拟。使用建筑性能模拟软件（如 EnergyPlus、TRNSYS 等）模拟建筑的能源使用情况。这些模拟可以帮助识别潜在的节能机会，比如改进绝缘、安装节能设备或采用可再生能源。五是数据分析和预测。使用大数据和机器学习分析历史数据，预测未来的能耗和维护需求。这可以帮助建筑管理员制定更有效的维护计划和能源管理策略。六是可持续运维策略。采用可持续运维策略，包括定期维护、设备更新和绿色供应链管理，以确保建筑设施的高效运行。此外，建筑管理员还可以考虑使用可再生能源、废物再利用和水资源管理等可持续实践。七是能源认证和认证体系。将建筑纳入能源认证和可持续认证体系，如 LEED 和 BREEAM 等，以衡量建筑的性能和可持续性水平，并不断改进。

思考题与练习题

1. 阐述建筑设计与运维之间的关系。
2. 说明传统建筑设计与运维之间的关系和绿色建筑设计与运维之间的关系有何相同和不同之处。
3. 说明在建筑设计阶段进行建筑施工和运维内容模拟的益处。
4. 比较传统的绿色建筑设计和面向运维的建筑设计之间的区别。
5. 简述性能化分析对于建筑设计方案的意义，并列举不同类型的性能优化分析模式。
6. 为了实现绿色建筑与可持续运维发展，请从建筑设计师的角度提出一些具体的方案措施。

参考文献

[1] 郝志刚，邓杰文，魏庆芃，等. 公共建筑空调系统全过程管理方法研究（2）：设计阶段系统优化与能耗、能效目标设定 [J]. 暖通空调，2019, 49（1）：77-83.
[2] 袁家海，张军帅. 绿色建筑与能效管理 [M]. 北京：中国电力出版社，2021.
[3] 李德奎，杜书波. 绿色建筑运维中的大数据分析方法 [C]// 中国城市科学研究会，苏州市人民政府，中美绿色基金，中国城市科学研究会绿色建筑与节能专业委员会，中国城市科

学研究会生态城市研究专业委员会. 国际绿色建筑与建筑节能大会论文集. 北京：中国城市出版社, 2020：4.

[4] 张烽. 面向运维的商业建筑节能设计思考[J]. 建筑节能（中英文）, 2022, 50（4）：67-71.

[5] 王凯. 面向绿色运维的建筑信息模型逆向设计法研究与实践[J]. 土木建筑工程信息技术, 2017, 9（2）：88-91.

[6] 王风涛. 建筑设计主导的复杂建筑全生命期BIM应用探索——以城奥大厦为例[J]. 城市建筑, 2021, 18（13）：190-193.

[7] 余本东, 樊苗苗, 颜承初. 基于运维视角的低碳建筑实现路径及关键技术[J]. 南京工业大学学报（自然科学版）, 2023, 45（5）：467-477.

[8] 李云贵. 建筑工程设计BIM应用指南[M]. 2版. 北京：中国建筑工业出版社, 2017.

[9] CHEN C, KOU W, YE S. Research on the Application of BIM Technology in the Whole Life Cycle of Construction Projects[C]//Proceedings of the 2nd International Workshop on Renewable Energy and Development（IWRED）. Guilin, CHINA：The 2nd International Workshop on Renewable Energy and Development, 2018：052041.

[10] 过俊. BIM在国内建筑全生命周期的典型应用[J]. 建筑技艺, 2011（Z1）：95-99.

[11] 中华人民共和国住房和城乡建设部. 住房城乡建设部关于印发推进建筑信息模型应用指导意见的通知[EB]. 中华人民共和国住房和城乡建设部, 2015-6-16.

[12] 全国科学技术名词审定委员会. 建筑学名词[M]. 北京：科学出版社, 2014. 132–133.

[13] 庄惟敏, 苗志坚, 郭崧, 等. 前策划后评估智能化技术的前沿趋势研究[J]. 中国科学：技术科学, 2023, 53（5）：704-712.

[14] 杨茜. 基于BIM的可视化技术在超高层建筑结构设计中的应用[J]. 智能建筑与智慧城市, 2023, 10（7）：75-77.

[15] 倪佰洋. BIM技术在建筑工程设计阶段的应用研究[J]. 房地产世界, 2023（7）：44-48.

[16] 孙璐. "BIM+性能化分析"初探[J]. 建筑技艺, 2018（6）：72-75.

[17] 周浩, 王月涛, 邓庆坦. 基于性能模拟的绿色建筑优化设计模式研究[J]. 城市住宅, 2020, 27（2）：236-238.

[18] 吴奕帆. 基于性能驱动的气候适应性城市开放空间优化设计——以夏热冬冷地区为例[D]. 南京：东南大学, 2018.

[19] 曹世杰, 冯壮波, 王俊淇, 等. 面向人因工程学的公共建筑空气环境安全运维与控制[J]. 科学通报, 2022, 67（16）：1783-1795.

[20] 马金木, 韩要东. Rhino、Revit与Synchro 4D相结合的研究[J]. 建设科技, 2018（17）：26-27, 44.

[21] 应敏, 张伟. 绿色智能建筑技术[M]. 北京：中国建筑工业出版社, 2013.

第10章 绿色建筑模拟软件

建筑室内外物理环境包括风、热、声、光四个方面。通过合理的建筑环境设计,可以在营造健康舒适的建筑室内外物理环境的同时,达到建筑节能的目的。上述建筑物理环境的四个方面是相互依存及影响的。绿色建筑模拟软件可以协助建筑设计师在建筑设计或改造阶段,分析建筑风、热、声、光环境的耦合作用规律及其对建筑能耗的影响。

绿色建筑模拟软件主要包括建筑能耗模拟软件、建筑风热环境模拟软件、建筑声环境模拟软件以及建筑光环境模拟软件。通过使用模拟软件模拟建筑能耗,可以帮助建筑设计师评估建筑的节能潜力,进而预测不同设计策略对建筑能耗的影响。目前国家和地方都制订了建筑能耗、室内外热环境、声环境以及光环境相关标准,在设计阶段采用绿色建筑模拟软件进行上述要素的模拟计算,有助于确保建筑满足相关标准要求。

综上所述,绿色建筑模拟软件为建筑设计师提供了丰富的建筑能耗以及建筑风、热、光、声环境信息,以支持他们选择合适的建筑设计、改造及运行策略,从而建造健康和可持续的建筑。而了解绿色建筑模拟软件的基本原理和架构有助于相关从业人员得出可靠的模拟结果。本章将从基本原理、软件架构和常用软件三个方面介绍绿色建筑模拟软件。

10.1 软件基本原理

10.1.1 建筑能耗模拟软件基本原理

通过建筑能耗模拟可以确定建筑在不同气象条件下的能源消耗，以便更有效地设计、运行和改造建筑。[1] 建筑冷热负荷的计算为建筑能耗模拟的基础。为保持建筑的热湿环境和所要求的室内温度，在单位时间内需从室内除去的热量称为冷负荷，包括显热负荷和潜热负荷（湿负荷）两部分；相反，以补偿房间损失热量而在单位时间内向房间供应的热量称为热负荷。[2] 因此，冷热负荷取决于房间的得、失热量的相互关系。一般民用建筑房间的得热量和失热量主要包括：

①围护结构传热得（失）热量；
②室外空气通过门窗缝隙进入室内导致的得（失）热量；
③通过太阳辐射的得热量；
④室内湿度变化引起的湿负荷变化；
⑤加热或冷却新风消耗的热量；
⑥通风系统将空气从室内排到室外所带走的热量；
⑦室内人员、灯光、设备等室内热源的产热量。

上述建筑的得热和失热途径包括热传导、热对流和热辐射这三种传热方式（图 10-1）。[3] 建筑能耗模拟就是根据室外气象参数、室内热环境设计参数以及建筑的形式特点（包括围护结构、空调系统及功能类型等）来计算建筑通过热传导、热对流及热辐射三种方式的得（失）热量，以确定建筑的冷热负荷。

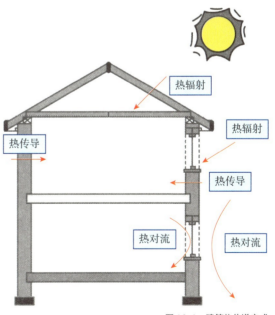

图 10-1 建筑热传递方式

1. 热传导

物体各部分之间不发生相对位移时，依靠分子、原子及自由电子等微观粒子的热运动而产生的热能传递称为热传导。建筑墙体、屋顶等建筑构件内的传热过程均可看作一维非稳态热传导过程。

$$\frac{k}{\rho c_p}\frac{\partial^2 T}{\partial x^2}=\frac{\partial T}{\partial t} \qquad (10-1)$$

式中 k——导热系数，W/(m·K)；

ρ——密度，kg/m³；

c_p——比热容，J/(kg·K)；

T——温度，K；

x——距离，m；

t——时间，s。

2. 热对流

热对流是指由于流体的宏观运动而引起的流体各部分之间发生相对位移，冷、热流体相互掺混所导致的热量传递过程。热对流仅能发生在流体中，因此，渗透和通风导致的不同温度空气间的热交换为热对流。流体流过一个物体表面时流体与物体表面间的热量传递过程，则称之为对流传热，以区别于一般意义上的热对流。在建筑领域，建筑围护结构或其他表面与空气的热量传递过程即为对流传热。

（1）对流传热分为建筑外表面对流传热和建筑内表面对流传热。

$$q_{c,o}=h_{c,o}(T_o-T_{s,o}) \qquad (10-2)$$

$$q_{c,i}=h_{c,i}(T_i-T_{s,i}) \qquad (10-3)$$

式中 $q_{c,o}$——建筑外表面对流换热量，W/m²；

$q_{c,i}$——建筑内表面对流换热量，W/m²；

$h_{c,o}$、$h_{c,i}$——建筑外表面、内表面对流换热系数，W/(m²·K)；

T_o、T_i——室外、室内空气温度，℃或K；

$T_{s,o}$、$T_{s,i}$——建筑外表面、内表面温度，℃或K。

（2）热对流

热对流分为两部分，即为通过门窗缝隙的空气渗透带来的热对流，根据式（10-4）和式（10-5）计算；空调系统通风带来的热对流根据式（10-6）和式（10-7）计算。

空气渗透显热和潜热交换计算如下：

$$\dot{q}_{inf,s}=\dot{m}_{inf}c_p(T_o-T_i) \qquad (10-4)$$

$$\dot{q}_{\text{inf, l}} = \dot{m}_{\text{inf}} i_{\text{fg}} (W_\text{o} - W_\text{i}) \tag{10-5}$$

式中 $\dot{q}_{\text{inf, s}}$——空气渗透显热交换量，W；

$\dot{q}_{\text{inf, l}}$——空气渗透潜热交换量，W；

$\dot{m}_{\text{inf}}$——渗透空气量，kg/s；

c_p——空气比热容，J/（kg·K）；

i_{fg}——相变焓，J/kg；

W_o、W_i——室外、室内空气湿度，kg/kg。

通风显热和潜热交换计算如下：

$$\dot{q}_{\text{sys, s}} = \dot{m}_{\text{sys}} c_\text{p} (T_{\text{sys}} - T_\text{i}) \tag{10-6}$$

$$\dot{q}_{\text{sys, l}} = \dot{m}_{\text{sys}} i_{\text{fg}} (W_{\text{sys}} - W_\text{i}) \tag{10-7}$$

式中 $\dot{q}_{\text{sys, s}}$——通风显热交换量，W；

$\dot{q}_{\text{sys, l}}$——通风潜热交换量，W；

$\dot{m}_{\text{sys}}$——通风量，kg/s；

T_{sys}——通风温度，℃或K；

W_{sys}——通风湿度，kg/kg。

3. 热辐射

物体因热的原因而发出辐射能的现象称为热辐射。热辐射分为长波辐射和短波辐射。长波辐射主要表现形式为地面和大气辐射，短波辐射主要表现形式为太阳辐射（图10-2）。

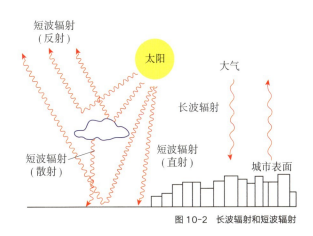

图10-2 长波辐射和短波辐射

（1）建筑外表面短波辐射得热。非透明围护结构辐射得热计算如下：

$$q_{\text{s, o}} = \alpha G_\text{t} \tag{10-8}$$

式中 $q_{\text{s, o}}$——非透明围护结构吸收的太阳短波辐射量，W/m²；

α——太阳能吸收率；

G_t——入射到建筑表面的总太阳辐射量，W/m^2。

透明围护结构辐射得热计算如下：

$$q_{SHG,D}=E_D A_{sunlit} SHGC(\theta) \quad (10-9)$$

$$q_{SHG,d}=A(E_d+E_r)\langle SHGC\rangle_{diffuse} \quad (10-10)$$

$$q_{SHG}=q_{SHG,D}+q_{SHG,d} \quad (10-11)$$

式中 $q_{SHG,D}$——太阳直射短波得热量，W/m^2；

$q_{SHG,d}$——太阳散射短波得热量，W/m^2；

q_{SHG}——太阳总短波辐射得热量，W/m^2；

E_D、E_d、E_r——入射直射短波辐射量、入射散射短波辐射量、入射反射短波辐射量，W/m^2；

A_{sunlit}、A——窗的未遮挡部分面积、包括窗框的窗总面积，m^2；

$SHGC(\theta)$、$\langle SHGC\rangle_{diffuse}$——太阳直射辐射得热系数、太阳散射辐射得热系数。

（2）建筑内表面短波辐射得热。在建筑能耗模拟中，假设透过透明围护结构的直射短波辐射一部分被地面吸收，未被地面吸收部分以漫反射形式同透过透明围护结构的短波散射辐射一起被所有房间表面均匀吸收。

本节介绍了建筑能耗模拟的基本原理。建筑通过热传导、热对流以及热辐射三种方式得热与失热，建筑负荷计算就是通过以上三种热传递方式的基本原理计算建筑围护结构得（失）热量、室外空气通过门窗缝隙进入室内导致的得（失）热量、加热或冷却新风消耗的热量、通风系统将空气从室内排到室外所带走的热量等。室内湿度变化引起湿负荷的变化以及室内人员、灯光、设备等室内热源的产热量可以根据建筑的类别以及建筑内人员数量等参照相关标准及手册进行查表计算。[4]

10.1.2 建筑风热环境模拟软件基本原理

建筑风热环境的模拟仿真是以建筑物理环境为基础、计算机技术为手段，对建筑风热环境进行建模和模拟，分为室内和室外两部分。建筑室内及建筑周围污染物分布的计算分析也是基于建筑风热环境。建筑风热环境模拟软件基于计算流体力学 CFD 模型计算建筑内部及周围空气流动、温度和污染物分布，以及其他与气流分布有关的参数。

建筑风热环境的 CFD 数值模拟是基于基本流动方程的求解，包括：连续性方程、3个动量方程（x 轴、y 轴及 z 轴方向各一个）、能量方程以及组分方程。在本节，上述所有方程都为时间平均，局部湍流由湍流黏度表示，由两个附加的运输方程计算，即湍流动能方程和湍流动能耗散方程。综上所述，对流场的总体描述由 8 个耦合非线性微分方程组成。假设计算一个房间内流场，直接针对整个房间求解这些微分方程，计算量庞大。因此采用数值方法，将房间划分为多个单元，将上述微分方程转化为每个网格点的离散化方程（图 10-3）。图 10-4 显示了数值模拟的 3 个要素之间的关联，包括边界条件、基本流动方程和湍流模型、数值求解方法。

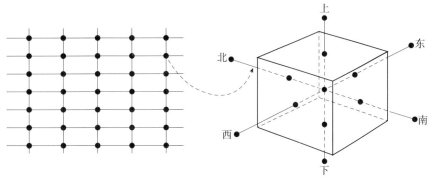

图 10-3 网格划分及控制体

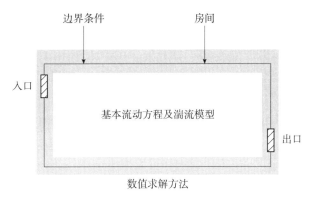

图 10-4 数值模拟的 3 个要素之间的关联

10.1.3 建筑光环境模拟软件基本原理

建筑光环境设计不仅要满足建筑基本功能要求，而且要达到美观、健康和舒适的需求，同时还必须积极响应国家绿色建筑节能要求，不仅在照明初投资上节约成本，而且在照明效果上充分利用自然采光，以节约能耗。建筑光环境模拟可以帮助设计者解决上述问题，使设计者能够预测在特定条件下建筑内部或外部的可用光量，并且预估建筑光环境是否达到相关标准要求。

建筑光环境模拟软件可以实现自然光源和人工光源的结合，确保两种照明方式有机结合。光环境模拟模块还可以嵌入到建筑能耗模拟软件中，以便评估光环境设计策略对建筑能耗的影响。目前建筑光环境模拟软件所采用的光环境分析方法主要有英国建筑研究中心（BRE）分项法（Split Flux）、光线追踪法以及光能传递法。

1. BRE 分项法

BRE 分项法是基于以下基本原理（图 10-5）：房间中某一点的全照明由 3 部分组成，即为直射日光分量、建筑外表面反射光分量以及建筑内表面反射光分量。[3] 建筑内表面反射光分量通过内表面平均反射率、玻璃总面积和外部障碍物校正系数的方程计算。该方法可能会高估或低估入射日光量，因此，仅建议对窗洞与墙平行的空间使用 BRE 分项法。

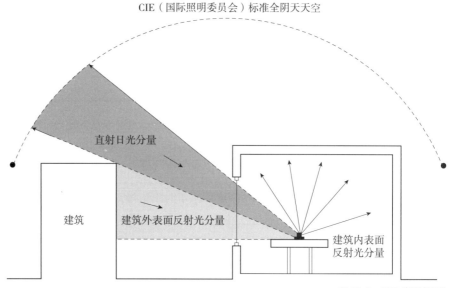

图 10-5　BRE 分项法原理

2. 光线追踪法

从光源发出的光遇到物体表面，发生反射和折射，并继续沿着反射方向和折射方向前进，直到遇到新的物体。光线追踪法即为模拟追踪光的反射、折射、透射、阴影等现象，一旦达到一定数量的反射次数或者光线的相对权重低于给定阈值，光线追踪就会停止。[5] 光线追踪法可分为正向光线追踪法和反向光线追踪法。正向光线追踪法从光源位置跟踪光子穿过场景的路径，该方法通常用于分析光与单个组件（例如灯具或百叶窗）的相互作用；反向光线追踪法则从观察者视角出发向场景发出光线，追踪光线的路径，该方法计算速度比正向光线追踪法快，因为它只计算到达视点的光线（图 10-6）。

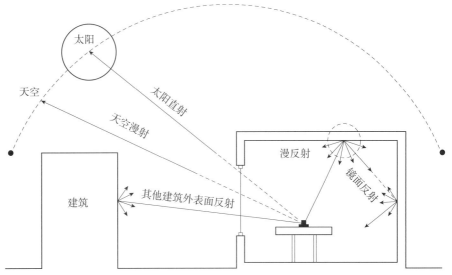

图 10-6　反向光线追踪法原理

3. 光能传递法

光能传递法最初的开发是为了解决不同表面之间的辐射传热问题。自二十世纪八十年代以来，光能传递法也被应用于计算机图形学中，以计算照明或日光的照度水平。[6] 光能传递法的基本物理原理是基于几何学计算光从物体表面的反射。光能传递法计算过程中将场景所有表面都分成若干多边形区域，并从光源所在的多边形区域发射光线，根据光线到达其他多边形表面区域的照射距离、几何面属性等信息进行光能传递的求解计算，并将计算结果保存在多边形区域中，这样就能从任何角度观察光能的分布情况，进而进行光能分析（图 10-7）。

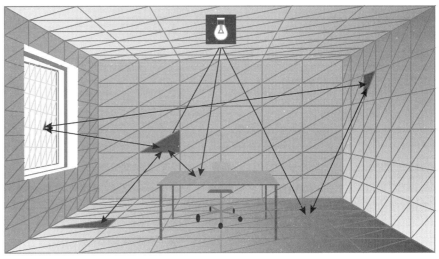

图 10-7　光能传递法原理

10.1.4 建筑声环境模拟软件基本原理

除了风热环境和光环境,建筑物理环境很大程度上还受到声学因素影响。例如:交通噪声、工业噪声、建筑施工噪声和社会生活噪声不仅会在室外环境中对人们日常生活产生负面影响,而且会通过建筑的围护结构在建筑内传播;在建筑内,一个区域内产生的空气传播和撞击声可能会传播到其他区域;建筑空间中的语音清晰度和音乐表演质量受到房间声学特性的决定性影响。因此,建筑的各种声学设计和改造措施是复杂和相互关联的。建筑声环境模拟软件可以协助设计与研究人员评价和制定建筑声环境方面的设计策略和改造措施。

房间中的声音传播可以通过不同的方式建模。一般来说,声音在空间中的传播路径可以被抽象为声音射线,该方法被称为几何声学法。几何声学法主要包括光线跟踪法和图像源法。

1. 光线追踪法

光线追踪方法涉及从源头向各个方向发射声粒子光线(图10-8)。粒子与表面的碰撞导致:①能量损失,其大小是表面吸收系数 α 的函数;②传播方向的改变,如果是镜面反射,根据斯涅尔定律来确定。

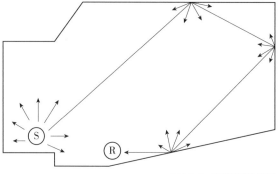

图 10-8 光线追踪法原理

为了确保在建模过程中既不产生虚假反射也不忽视有效反射,发射光线数必须满足某些特定条件。如果每条光线的波前面积小于 $A/2$,光线在时间 t 内找到面积为 A 的表面的概率相当高。基于这一事实,可以使用式(10-12)估算所需的最小光线数 N。

$$N \geqslant 8\pi c^2 t^2 A^{-1} \qquad (10-12)$$

式中 N——最小光线数;

c——光速，m/s；
t——时间，s；
A——面积，m^2。

2. 图像源法

图像源法多应用于空间的外边界由平面组成的情况下。假设给定平面前存在一个点声源，想象来自该表面的每个反射都源自该平面后面的虚拟声源，且该虚拟声源距给定平面的距离与点声源相同。图像源的概念可以扩展为包括更高阶的图像源。图10-9以一个简单房间中的声源S为例，显示了一阶S'和二阶S"的图像源。声音信号发出t时间内，到达接收器位置的反射次数近似值可根据式（10-13）计算。

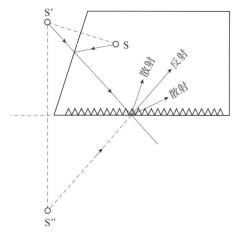

图10-9 图像源示意图

$$N_{ref} \geqslant 4\pi c^2 t^3 (3V)^{-1} \qquad (10-13)$$

式中 N_{ref}——接收器位置的反射次数近似值；

V——房间体积，m^3。

假设一个房间有N个表面和相应数量的一阶图像源，则会出现$N(N-1)$个新的二阶图像源。该过程可以重复，因此产生的图像源数量可以迅速增加，使得图像源法仅在考虑低阶反射就足够以及在具有规则几何形状的简单房间的情况下才适用。

10.2 软件架构

10.2.1 建筑能耗模拟软件架构

建筑能耗模拟软件一般由负荷计算模块和系统模拟模块组成（图10-10）。[7]首先根据气象参数及建筑信息计算建筑负荷，然后基于建筑负荷进行空调模拟计算，确定建筑能耗。

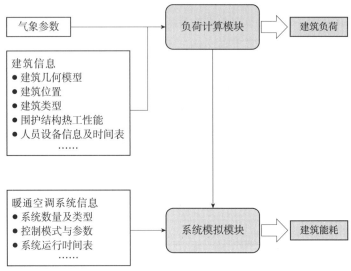

图 10-10 建筑能耗模拟软件架构及操作流程

1. 负荷计算模块

创建或导入建筑的几何模型，包括建筑外观、楼层布局、门窗等。根据模拟软件提供的材料库选择相应的围护结构材料，并对材料热工参数进行设置；确定建筑的地理位置，因为其影响室外设计参数及建筑与外界环境的热交换；确定建筑的类型、使用人数及时间表，建筑的类型影响室内设计参数，使用人数影响建筑内部热源产热量，使用时间表影响建筑的逐时负荷；导入或选择合适的气象数据包括温度、湿度、太阳辐射强度以及风速等。基于以上信息，进行建筑负荷模拟计算。

2. 系统模拟模块

对空调系统进行建模，包括：系统数量及类型的确定、控制模式与参数的设定（送回风温度、风量及水量等）和空调系统运行时间表设定，进而模拟计算建筑能耗。

10.2.2 建筑风热环境模拟软件架构

建筑风热环境模拟软件一般由前处理器、求解器、后处理器3部分组成（图10-11）。

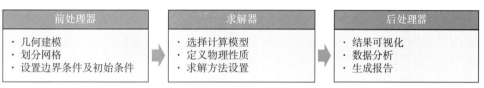

图10-11 建筑风热环境模拟软件架构及操作流程

1. 前处理器

（1）几何建模。创建和编辑模拟对象的几何模型，通过软件建模模块建立或导入。

（2）划分网格。将模拟区域划分为离散网格，网格划分为CFD模拟的关键步骤，直接影响模拟的准确性及计算速度。

（3）设置边界条件及初始条件。设置模拟区域的边界条件，如入口速度、温度、压力和其他相关参数。此外，设定初始状态参数。

2. 求解器

（1）选择计算模型。根据模拟情况选择合适的物理模型，如多相流模型、组分运输与化学反应模型、辐射模型、重力模型等，并选择合适的湍流模型。

（2）定义物理性质。定义所模拟流体的物理性质，如密度及黏性等。

（3）求解方法设置。选择压力—速度耦合算法，如SIMPLE、PISO及SIMPLEC等；选择差分格式，如迎风差分格式、中心差分格式以及QUICK格式等。

3. 后处理器

（1）结果可视化。速度场、温度场、压力场及其他参数的可视化。

（2）数据分析。根据提出的研究问题对模拟结果进行详细分析。

（3）生成报告。编写模拟结果报告，以便做出相关决策或改进报告。

10.2.3 建筑光环境模拟软件架构

建筑光环境模拟主要分为建模、设置空间使用信息及天空模型，并将上

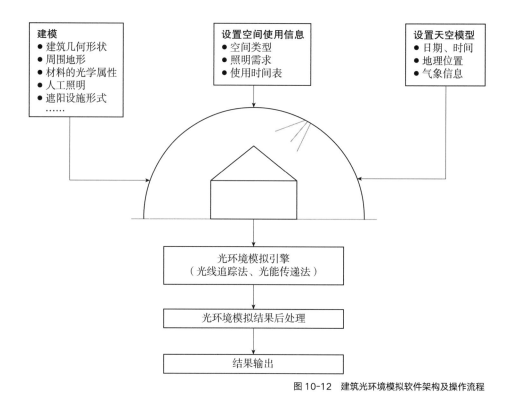

图 10-12 建筑光环境模拟软件架构及操作流程

述信息导入光环境模拟引擎进行模拟,然后通过结果分析和可视化工具输出模拟结果(图 10-12)。具体步骤如下:

1. 建筑模型建模

建立建筑的几何模型,包括计算范围内的遮挡建筑、被遮挡建筑、周围地形及其相互关系,并定义门窗位置及遮阳设施形式,定义材料的光学属性。确定人工光源位置及性能参数。

2. 设置空间使用信息

设置房间的使用功能,例如办公室、教室及卧室等,因为不同类型房间的照明需求不同,设置房间使用时间表。

3. 设置天空模型

设置光环境分析的日期、时间、地理位置及气象信息,以确定太阳运行轨迹及天空照度分布情况。

4. 采光计算(光环境模拟引擎)

此步骤为建筑光环境模拟的核心部分,将前 3 个步骤的信息导入光环境模拟引擎，模拟光线的传播路径，以及其在不同表面上的反射、折射和漫反射等光学过程，实现场景内照度或亮度的计算。

5. 光环境模拟结果后处理与结果输出

分析和可视化模拟结果，将模拟结果以图形、表格及动画的形式导出。

10.2.4 建筑声环境模拟软件架构

建筑声环境模拟软件一般由几何建模模块、声学模拟引擎、可视化界面几部分组成（图10-13）。

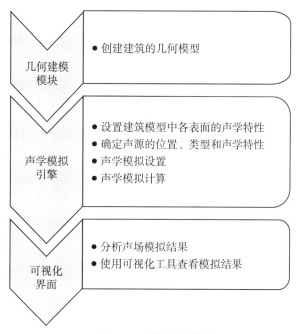

图10-13 建筑声环境模拟软件架构及操作流程

1. 几何建模模块

创建建筑的几何模型，包括房间、墙壁、地板、顶棚及家具等。确保模型尺寸、形状和材料与实际建筑相符。

2. 声学模拟引擎

设置建筑模型中各表面的声学特性；确定声源的位置、类型和声音特性；设置模拟频率范围、模拟时间以及模拟精度等；使用声学模拟引擎对声音的传播路径、反射、吸收和折射等进行计算。

3. 可视化界面

使用可视化工具查看模拟结果（声音传播路径和声音能量分布），分析声场模拟结果，包括声音的强度分布、声音延迟、回声等声学参数。

10.3 常用软件介绍

10.3.1 常用建筑能耗模拟软件介绍

1. EnergyPlus

EnergyPlus 是由美国能源部和劳伦斯·伯克利国家实验室在 BLAST 和 DOE-2 基础上共同开发的一款开源建筑能耗模拟软件。其支持建筑供暖、制冷、照明、通风以及其他能源消耗的模拟分析。EnergyPlus 可以通过文本输入文件进行控制和配置，若配合一些第三方界面和前端工具使用，可以简化模型创建和结果分析过程。例如 OpenStudio、DesignBuilder 以及 Simergy 等。由于 EnergyPlus 为开源软件，其可与多种其他程序开发语言、数值计算软件相结合，进行自动优化与分析，如 JAVA、C++、MATLAB、Python、R 语言等，自定义程度较高。

2. TRNSYS

TRNSYS 是一款用于模拟多种能源系统和过程的建模和仿真软件，由美国威斯康星大学麦迪逊分校开发。TRNSYS 支持多领域建模，包括建筑、暖通空调系统、太阳能热水系统、太阳能光伏系统、地源热泵、风能系统、生物质能系统等。它允许用户创建多个子系统，并将它们组合以模拟复杂的能源系统。TRNSYS 建模环境非常灵活，用户可以根据需要修改或编写新的模块并将其添加到程序库中，并使用 FORTRAN 语言，任意链接及控制各模块，搭建不同形式的复合系统。

3. DeST

DeST 是由清华大学开发的建筑环境系统设计模拟分析软件，目前有两个版本，应用于住宅建筑的住宅版本（DeST-H）及应用于商业建筑的商建版本（DeST-C）。开发人员在 DeST 中开发了图形化工作界面，所有模拟计算工作都基于 AutoCAD 开发的用户界面上进行，操作简单便捷。基于"分阶段模拟"的理念，DeST 实现了建筑与系统的连接。使之既可用于详细地分析建筑的热特性，又可以用于模拟系统性能，较好地解决了建筑和系统设计耦合的问题。

10.3.2 常用建筑风热环境模拟软件介绍

1. Fluent

Fluent 为目前世界范围内使用率最高的 CFD 软件之一，其包含基于压力的分离求解器和耦合求解器、基于密度的显式求解器和隐式求解器，可以用来模拟从不可压缩到高度可压缩范围内的各种复杂流动。由于内嵌了多种求解器和网格加速收敛技术，Fluent 能够达到较快的收敛速度与较高的求解精度。Fluent 内置一阶（二阶）迎风格式、三阶 MUSCL 格式、QUICK 以及中心差分格式等，可以根据收敛性及精度要求选择合适的差分方法。基于以上出色性能，Fluent 不仅可以进行一般的热流体解析，还可以模拟高超音速流场、传热与相变、化学反应与燃烧、多相流、旋转机械、动/变形网格、噪声、材料加工等复杂机理的流动问题。此外，Fluent 用户界面友好并提供了二次开发接口，用户可根据实际情况进行自定义。

2. CFX

CFX 是一款成熟的 CFD 软件，尤其适用于涉及旋转机械和多相流的工程领域，它采用基于有限元的有限体积法。在空间离散化方面，CFX 采用了一阶迎风和二阶迎风混合的高分辨率有界差分方法。采用基于压力的耦合求解器与包含多重网格技术的求解器是 CFX 最显著的特点，使其在应对低质量网格的鲁棒性和减少计算负荷方面具有显著优势。

3. STAR-CCM+

STAR-CCM+ 是目前使用最多的 CFD 软件之一，被广泛应用于汽车、航空航天、消费电子、化工和建筑等需要进行热流体分析的领域。它可以解决问题的范围很广，从简单的热流分析到涉及固体热传导、辐射和太阳辐射的热问题、各种类型的多相流问题、化学反应和燃烧问题、旋转机械问题、流体噪声问题、移动边界问题等。STAR-CCM+ 的网格生成技术包括包面功能（可以将工程案例中复杂且不连续的 CAD 模型自动转化为封闭的面网格）和表面网格重构技术（可以生成高质量的三角形表面网格）。同时具备自动体网格生成功能，可以生成六面体网格、四面体网格及特有的多面体网格。

4. PHOENICS

PHOENICS 是最常用的风环境模拟软件之一，它是世界上第一个投放市场的 CFD 模拟商业软件。PHOENICS 自带建模工具，也提供多种外来数据接口，能够快速实现与 CAD、SketchUp、Revit、GIS 等的数据的对接，实现各种格式模型的导入。模型网格划分可采用直角、多重网格、加密网格、圆柱以及曲面等多种方式。该软件内嵌了湍流模型、多种多相流模型、燃烧模型及辐射模型等（20多种）。

5. COMSOL

COMSOL 是一款多物理场仿真软件，其最大的优势就是含有多个针对不同应用领域的专业模块，涵盖力学、电磁场、流体、传热、化工、声学等。这使得用户能够解决多物理现象耦合的复杂问题，例如流体传热、电动力学等。COMSOL 提供了各种预定义的流体力学模块，包括不可压缩流、多相流以及湍流等。这些模块包括了数学建模、求解器和后处理工具，使用户能够轻松地建立和解决各种流体力学问题。除了预定义模块外，COMSOL 还允许用户添加自定义物理模型、方程和边界条件。COMSOL 使用多网格技术，可提高求解速度和准确性，这对于处理复杂的流体力学问题尤为重要。

6. OpenFOAM

OpenFOAM 是一个基于 C++ 语言编写，在 Linux 下运行的开源 CFD 软件套件。OpenFOAM 是一个针对不同的流动编写的不同 C++ 程序集合，每一种流动都可以用一系列的偏微分方程表示，求解这种运动的偏微分方程代码，即为 OpenFOAM 的求解器。OpenFOAM 自带包括 icoFOAM（用于求解层流下的单相牛顿流体流动）、simpleFOAM（用于求解单相牛顿和非牛顿湍流流动）、interFOAM[用于牛顿和非牛顿流体的多相流（VOF）模型求解]在内的标准求解器，用户也可以根据需求自行编写求解器。OpenFOAM 支持多种网格生成工具，包括 blockMesh 和 snappyHexMesh，可以快速生成六面体和多面体网格，网格质量高。由于 OpenFOAM 本身是基于 C++ 语言编写、在 Linux 下运行的，自身无法图形化，需要使用 Paraview 等软件进行后处理。

10.3.3　常用建筑光环境模拟软件介绍

1. Radiance

Radiance 是由劳伦斯·伯克利国家实验室于二十世纪九十年代初开发的一款优秀的应用于建筑和照明设计领域的开源光环境模拟软件，可帮助设计师和工程师在项目中优化照明设计、提高视觉舒适度和能源效率。它采用了基于蒙特卡洛算法优化的光线追踪引擎，可以通过光线追踪技术模拟自然光、人工光源、光的反射和折射等。Radiance 包含详细的天空模型，允许用户模拟不同天气、时间和地点下的天空条件。该软件还可以生成高质量的光学图像，包括光照分布、视景图和光度曲线等，以便用户可以直观地了解照明效果。Radiance 只能进行瞬时光环境的模拟，但当其结合 DAYSIM 使用时，可以更全面地考虑时间和气象条件的变化，模拟动态光环境。

2. Ecotect

Ecotect 是由 Autodesk 公司开发的建筑性能分析软件，可进行光照、日照阴影、太阳辐射、遮阳、热舒适度以及可视度分析等，但多用于日照分析。Ecotect 提供强大的交互性 3D 建模功能，同时也可以通过 gbXML 数据格式直接将 BIM 模型导入其中。Ecotect 既可以进行建筑群体的日照分析，也可以进行建筑单体（门窗）的日照分析，具体包含：建筑日照时间分析、建筑群的光影变化、建筑群之间遮蔽情况分析等。

3. AGi32

AGi32 是一款专业的灯光设计和照明计算软件。通过 AGi32，用户可以快速创建各种场景的灯光设计方案，可以输入灯具布局、光源属性和材料属性等，并根据输入参数进行全方位的照明计算和渲染。AGi32 提供丰富的灯具库和材质库，让用户可以更加方便地进行灯光设计，并且提供各国家和地区的照明标准，以评价照明设计是否符合要求。此外，AGi32 允许用户评估照明系统的能源效率，以帮助建筑设计师在保证光环境质量的同时提升照明系统的能源效率。

10.3.4 常用建筑声环境模拟软件介绍

1. ODEON

ODEON 由丹麦公司 ODEON A/S 开发，被广泛应用于建筑声学设计领域。ODEON 可以进行室内及室外声环境的模拟。其支持 .dxf/.3ds/.stl 格式模型的导入。并具备丰富的材料库，可以根据不同场景选择不同类型的声源，如：点声源、线声源、面声源以及阵列声源。ODEON 提供了可视化分析工具，用户可以可视化声学数据，包括声音传播路径、声压级和频谱等。此外，用户还可以通过 ODEON 生成详细的声学分析报告。

2. COMSOL

如前所述，COMSOL 是一款多物理场仿真软件，也可以进行声学模拟计算，并且可以实现热声耦合现象的模拟计算。COMSOL 可以用于模拟多种声学现象，例如声音传播、声波散射、声压级分布以及声学谐振等。COMSOL作为一个多物理场建模工具，为声学模拟提供了广泛的功能和灵活性，使用户能够模拟各种复杂的声学问题，并探索不同应用领域中的声学现象，如建筑声环境设计、音响设计、医学声学、声学传感器设计以及声学材料研究等。

3. SoundPLAN

SoundPLAN 为一款专业的环境噪声模拟软件，主要用于评估城市和工业区域中的噪声污染，包括交通噪声、工业噪声、建筑噪声等。用户可以自定义噪声源的位置、性质以及声功率等参数。SoundPLAN 支持导入气象数据，以更准确地考虑温度、风速、风向、大气稳定度等气象因素对噪声传播的影响。软件提供丰富的可视化工具，允许用户生成噪声分布图、等值噪声图、噪声轮廓图等，并生成详细的噪声影响评估报告。

4. INSUL

INSUL 主要用于评估和优化墙体、顶棚、地板、屋顶、窗户等建筑结构的声学性能，特别是隔声和吸声性能。INSUL 允许用户进行多频段声学分析，以考虑不同频率下的声音传播和隔声效果。该软件支持参数化建模，方便用户比较不同材料、结构和设计方案的声学性能，以优化隔声和吸声设计。INSUL 可以在筑设计阶段用于评估建筑结构的隔声性能，确保符合建筑法规和声学标准；可以用于评估工业区域噪声控制措施和隔声材料选择；可以用于评估音响室、录音室和音乐厅等具有特殊声学要求的房间所选用声学材料的实际效果。

本节分别介绍了常用的建筑能耗、风热环境、光环境和声环境模拟软件。然而在实际工程应用和相关研究中，往往需要同时了解建筑能耗及声光热环境，上述软件作为独立软件，需要不断地进行模型转换、导入和相关参数的设置才能实现建筑性能的全面分析。在 Rhino 环境下运行的 Grasshopper 可视化编程语言及其相关插件，可以实现上述建筑性能的一站式模拟。Ladybug 插件可以提供及帮助相关人员分析各种气象参数，包括：温度、湿度、太阳辐射以及风速值等。Honeybee 插件可以基于 Ladybug 的气象参数以及内嵌于 Grasshopper 的 Radiance 模块、OpenStudio 模块以及 EnergyPlus 模块实现建筑光环境、建筑能耗的模拟分析。Butterfly 插件可以基于 Ladybug 的气象参数及内嵌于 Grasshopper 的 OpenFOAM 模块实现建筑风热环境的模拟分析（图 10-14）。

国内关于建筑性能软件的开发近些年发展迅速。北京绿建软件股份有限公司开发的绿建斯维尔系列软件基于 BIM 架构，高效便捷地实现一模多

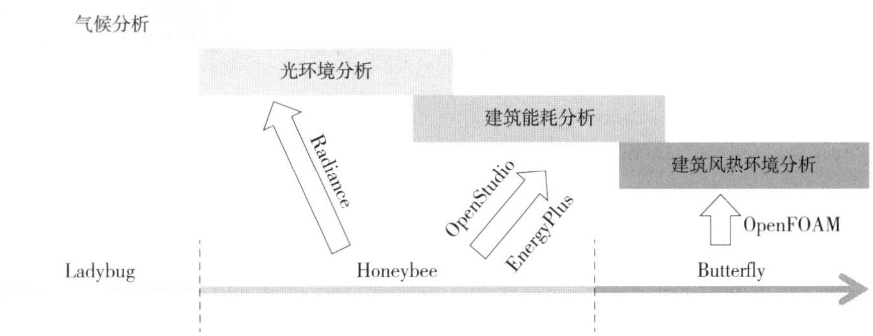

图 10-14 基于 Rhino 环境下 Grasshopper 可视化编程语言及其相关插件的建筑光环境、能耗及风热环境分析流程

算。基于一个 BIM 模型就可以完成绿色建筑全部评估指标的分析计算。该软件可实现建筑碳排放、节能设计、能耗计算、暖通负荷、日照分析、采光分析、建筑通风、建筑声环境、室内热舒适和住区热环境等的模拟计算，从风、光、热、声不同角度分析建筑性能，为方案优化和绿建评价提供技术支撑。

思考题与练习题

1. 常用绿色建筑模拟软件都有哪些类型？它们是如何指导建筑设计的？
2. 建筑光环境模拟软件所采用的光环境分析方法主要有哪几种？简述其主要内容。
3. 简述建筑能耗模拟软件架构及模拟流程。
4. 简述建筑风热环境模拟软件架构及模拟流程。
5. 简述建筑声环境及建筑光环境模拟软件架构及模拟流程。

参考文献

[1] 谢尔·安德森. 建筑设计能源性能模拟指南 [M]. 北京：知识产权出版社，2021.
[2] 陆亚俊. 暖通空调 [M]. 3 版. 北京：中国建筑工业出版社，2015.
[3] HENSEN J, LAMBERTS R. Building Performance Simulation for Design and Operation [M]. 2ed. Oxon: Routledge, 2019.
[4] 陆耀庆. 实用供热空调设计手册 [M]. 2 版. 北京：中国建筑工业出版社，2008.
[5] WARD G, SHAKESPEARE R. Rendering with Radiance. The Art and Science of Lighting Visualization[M]. San Francisco: Morgan Kaufmann Publishers，1998.
[6] IVERSEN A，ROY N，HVASS M, et al. Daylight Calculations in Practice: An Investigation of the Ability of Nine Daylight Simulation Programs to Calculate the Daylight Factor in Five Typical Rooms[M]]. Aalborg: Building Research Institute，2013.
[7] 龙惟定，武涌. 建筑节能技术 [M]. 北京：中国建筑工业出版社，2009.

第11章 绿色建筑评价体系

设计和使用绿色建筑是未来建筑业发展的必然趋势，而绿色建筑评价标准是发展绿色建筑的前提条件。为了有效实现绿色建筑由理念到实践的转变，自二十世纪九十年代以来，世界各国开始着手建立适合本国国情的绿色建筑评价体系，以科学地指导和衡量绿色建筑的设计和运行。1990年，英国率先制定了世界上第一个绿色建筑评价体系——BREEAM。该评价体系的指标架构和认证流程比较完善，成为后来多个国家和地区制定绿色建筑评价体系的参考依据。此后，美国的LEED、澳大利亚的NABERS、日本的CASBEE、我国的ESGB、德国的DGNB等绿色建筑评价体系也相继出台。早期的绿色建筑评价较为单一，主要针对特定地区和特定建筑类型，随着绿色建筑的多元化发展，评价体系也逐渐涉及更多的建筑类型，覆盖更多的建筑功能与地区。

11.1 国际绿色建筑评价体系

持续跟踪和比较国际上绿色建筑评价体系的变化更新，对完善和发展我国的绿色建筑评价体系十分重要。国际上比较有代表性的绿色建筑评价体系主要包括：英国的 BREEAM、美国的 LEED、澳大利亚的 NABERS、日本的 CASBEE、中国的 ESGB、德国的 DGNB 等，上述绿色建筑评价体系的相关信息见表 11-1。

不同国家绿色建筑评价体系信息 表 11-1

国家	评价体系名称	实施时间	发布机构
英国	BREEAM	1990 年	英国建筑研究所
美国	LEED	1998 年	美国绿色建筑委员会
澳大利亚	NABERS	1998 年	澳大利亚政府
日本	CASBEE	2002 年	日本可持续建筑协会、建筑环境与节能研究所
中国	ESGB	2006 年	中华人民共和国住房和城乡建设部
德国	DGNB	2007 年	德国可持续性建筑委员会和德国政府

不同国家绿色建筑评价体系的开发以及评价单位不同。英国 BREEAM 评价体系由第三方社会组织英国建筑研究所（BRE）颁布并负责开展咨询和评价工作，属于行业自发的评价体系。美国 LEED 评价体系由美国绿色建筑委员会（USGBC）制定，同样属于第三方社会组织发布的评价体系。而日本 CASBEE 评价体系是由日本国土交通省组织开展并分地区强制执行的权威评价体系。德国 DGNB 评价体系由德国可持续性建筑委员会（DGNB）制定，德国交通、建设与城市规划部和德国绿色建筑协会共同参与制定，具有国家标准性质，有很高的科学性和权威性。

本节选择有代表性且使用较广的 LEED（美国）、BREEAM（英国）和 CASBEE（日本）作简要介绍，并选择这些评价体系中适用于新建建筑的标准作详细介绍。

11.1.1 英国 BREEAM 绿色建筑评价体系

1. 简介

1990 年，BREEAM 由英国建筑研究所发布，是世界上历史最悠久的绿色建筑的评价、评级和认证方法，也是最广泛使用的绿色建筑评价体系之一。它采用"因地制宜、平衡效益"的核心理念，兼顾国际化和本地化的特点，为绿色建筑的设计、施工和运营提供最佳实践方法。其目标在于：①减轻建筑在生命周期内对环境的影响。②使建筑根据其环境效益而获得认可。③为建筑提供可靠的环保标签。④为可持续建筑、建筑产品和供应链刺激需求并创造价值。

为了推广国际应用，BREEAM 评价体系根据其他国家的具体情况进行调整，针对性地推出了适用于目标国家的标准版本，例如美国的 BREEAM USA、荷兰的 BREEAM NL、挪威的 BREEAM NOR 等。截至 2021 年，全球已有超过 59 万个 BREEAM 认证项目，覆盖了 85 个国家和地区。

2. 主要框架

第一版的 BREEAM 评价体系仅面向新建办公建筑，经过多年的发展，BREEAM 评价体系根据技术的发展不断修订，也逐步扩展成为包含多个标准的评价体系。该评价体系曾力求细分建筑类型，推出多个标准分册分别针对不同的建筑类型，之后将标准统一化使之面向所有的建筑类型，统一推出了新建建筑标准，这也是 BREEAM 评价体系中的核心标准，其指标架构和评价程序是 BREEAM 评价体系的典型代表。目前，BREEAM 评价体系最新的版本为 2018 年以来陆续推出的 BREEAM UK v6，该版本共包含多个子评价标准，由于更新时间不同，各子评价标准属于不同的小版本，如新建建筑标准（BREEAM New Construction）的最新版为 2023 年 6 月发行的 BREEAM UK New Construction v6.1。这些子评价标准源自相同的核心概念和评价框架，但针对不同的建筑类型、尺度和阶段，需根据其特点进行评分项的调整。以目前最新的 BREEAM v6 版本为例，该版本包括以下子评价体系：新建建筑标准（BREEAM New Construction）、改造和装修标准（BREEAM Refurbishment and Fit-Out）、运行标准（BREEAM In-Use）、社区标准（BREEAM Communities）、基础设施标准（BREEAM Infrastructure）、住宅品质标准（Home Quality Mark），见表 11-2。

BREEAM v6.1 评价体系中不同子评价标准所适用的建筑类型及阶段　　表 11-2

子评价标准	适用的建筑类型	适用的阶段
新建建筑标准（BREEAM New Construction）	英国新建非住宅建筑	设计阶段、施工阶段、运行阶段
改造和装修标准（BREEAM Refurbishment and Fit-Out）	建筑改造、室内装修	建筑改造阶段、室内装修阶段
运行标准（BREEAM In-Use）	所有建筑类型	运行阶段
社区标准（BREEAM Communities）	大型社区	规划阶段
基础设施标准（BREEAM Infrastructure）	基础设施	设计阶段、施工阶段
住宅品质标准（Home Quality Mark）	住宅	设计阶段、施工阶段

3. BREEAM UK New Construction v6.1

在 BREEAM UK v6 所包含的各子评价标准中，新建建筑标准可应用于新建非住宅建筑的设计和施工阶段，应用十分广泛，选择于 2023 年 6 月推出的最新版本 BREEAM UK New Construction v6.1 为例进行详细说明。BREEAM UK New Construction v6.1 的适用建筑范围覆盖除了住宅之外的几乎所有建筑类型。如表 11-3 所示，该标准适用的建筑类型分为 4 大类，分别是商业建筑、非居住性公共建筑、集体居住类建筑（长期）和其他建筑。

BREEAM UK New Construction v6.1 适用的建筑类型　　　表 11-3

类别	建筑功能分类
商业建筑	办公、工业、零售
非居住性公共建筑	教育、医疗、监狱、法庭
集体居住类建筑（长期）	宿舍、护理院、军营
其他建筑	居住（短期）、非居住、聚会休闲

该标准共包括："管理""健康和舒适""能源""交通""水""材料""废弃物""用地和生态""污染"和"创新"共 10 个标准分项。每个分项下包含最少 1 个最多 8 个条目（共 47 项条目）。项目得分表展示了各标准分项所包含的条目以及各条目的分值分布，见图 11-1。

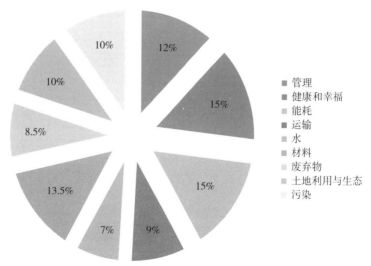

图 11-1　BREEAM UK New Construction v6.1 各标准分项及其分项分值占比

在评分的基础上，BREEAM UK New Construction v6.1 还引入了标准分项的权重系数，该权重系数随建筑服务功能完善程度不同而有所不同，共分为 4 个评价类型，见表 11-4，而每个评价类型所对应的各标准分项权重系数见表 11-5。

BREEAM UK New Construction v6.1 4 个评价类型的界定方式　　表 11-4

分类	界定方式	图标
仅外壳建筑	如果开发商的工程范围仅涵盖建筑的结构、下部结构和上部结构，则可以使用此评价和认证选项，包括：外墙、窗户、门（外部）、屋顶、核心内墙、结构地板；硬质和软质景观区域（若存在且在工程范围内）	
外壳与核心	如果开发商的工程范围涵盖建筑的外壳以及核心建筑，则可以使用此评价和认证选项。其中，核心建筑涉及中央或公共交通系统、供水系统、公共区域的装修、中央机械和电气系统（包括暖通空调）的安装	
简单建筑	简单建筑被定义为主要服务容量有限且服务系统本地化的建筑，这些服务系统在很大程度上独立于建筑结构中的其他系统，并且不包含复杂的控制系统。如果建筑包含复杂的服务、系统、功能或设施，则不能将其定义或评价为简单建筑	
完全安装建筑	除了可被归类为"简单建筑"外的所有建筑	

BREEAM UK New Construction v6.1 4 个评价类型所对应的各标准分项权重系数　　表 11-5

标准分项	权重系数			
	仅外壳建筑	外壳与核心	简单建筑	完全安装
管理	0.12	0.11	0.075	0.11
健康和舒适	0.07	0.08	0.165	0.14
能源	0.095	0.14	0.115	0.16
交通	0.145	0.115	0.115	0.1
水	0.02	0.07	0.075	0.07
材料	0.22	0.175	0.175	0.15
废弃物	0.08	0.07	0.07	0.06
用地和生态	0.19	0.15	0.15	0.13
污染	0.06	0.09	0.06	0.08
总共	1	1	1	1
创新	0.1	0.1	0.1	0.1

在应用 BREEAM UK New Construction v6.1 进行评级的时候，必须选择适当的评价类型，并遵循下述等级评价步骤：

（1）计算 BREEAM UK New Construction v6.1 10 个标准分项的得分 Q_i（i=1~10）。

（2）通过将标准分项得分 Q_i（i=1~10）除以该项总分 T_i（i=1~10）计算每个标准分项得分的百分比 P_i（i=1~10）。

（3）将每个标准分项得分的百分比 P_i（i=1~10）乘以当前评价类型下对应标准分项的权重 W_i（i=1-10），得出不同标准分项的得分 $P_i \times W_i$（i=1~10）。

（4）将各个部分的分数相加得出 BREEAM UK New Construction v6.1 的总分 $Q=\sum_{i=1}^{10} P_i \times W_i$。

（5）将总分与 BREEAM 评级的评分要求（表 11-6）进行比较，得到评级。

（6）为了确保在追求特定评级过程中不会过于重视某个标准分项而忽视其他标准分项，BREEAM UK New Construction v6.1 在总分要求的基础上还设置了某些标准条目的最低标准（表 11-7）。

（7）若该项目满足总分要求的同时也满足最低标准要求，则获得对应评级。

BREEAM UK New Construction v6.1 的评级及其评分要求　　表 11-6

BREEAM UK New Construction v6.1 评级	评分要求（%）
杰出（Outstanding）	≥ 85
优秀（Excellent）	< 85 且 ≥ 70
很好（Very good）	< 70 且 ≥ 55
好（Good）	≥ 45
通过（Pass）	≥ 30
未达标（Unclassified）	< 30

BREEAM UK New Construction v6.1 不同评级的最低标准要求　　表 11-7

条目	通过	好	很好	优秀	杰出
负责的施工措施	无	无	无	1 分	2 分
调试和移交	无	无	1 分	1 分	1 分
	无	无	无	仅指标 11	仅指标 11
后续支持	无	无	无	1 分	1 分
降低能耗和碳排放	无	无	无	4 分	6 分
能耗监测	无	无	无	1 分	1 分
用水量	无	1 分	1 分	1 分	2 分
用水监测	无	仅指标 1	仅指标 1	仅指标 1	仅指标 1
建造产品采购溯源	仅指标 1	仅指标 1	仅指标 1	仅指标 1	仅指标 1
建造废弃物管理	无	无	无	无	1 分
运行废弃物	无	无	无	1 分	1 分

11.1.2 美国 LEED 绿色建筑评价体系

1. 简介

1998年，LEED评价体系由美国绿色建筑委员会（USGBC）发布。LEED评价体系一直保持高度权威性和自愿认证的特点，取得了很大成功。LEED评价体系注重量化评价建筑的性能表现，即评价建筑在综合性能上的绿化程度，使得绿色建筑的设计开发和对绿色措施的选择更具灵活性。LEED评价体系是目前世界各国环保评价、绿色建筑评价及建筑可持续性评价标准中较有影响力的绿色建筑评价标准，已成为世界各国建立各自绿色建筑及可持续评价标准的模板，目前广为世界各国所引用。

2. 主要框架

LEED评价体系经历了多次修订和改版，框架和内容逐步得到了完善，针对所面向的评价对象也从类型和尺度上进行了更严谨的细分，从最初LEED v1.0版本中仅仅包含新建建筑和建筑改造的评价标准（LEED NC，LEED for New Construction）发展到LEED v4.0版本中个性化地针对不同评价对象设置全面系统的子评价体系，致力于覆盖所有房屋开发类型并包含建筑的全生命周期。2019年推出了当前最新的LEED v4.1版本，该版本更具包容性，引入了关于成本和温室气体排放的内容。

LEED v4.1评价体系包括多个子评价体系（表11-8），这些子体系源自相同的核心概念和评价框架，但针对不同的建筑类型、尺度和阶段，会根据其特点进行评分项的调整。以目前最新的LEED v4.1版本为例，该版本包括以下子评价体系：建筑设计和建造标准（LEED BD+C, LEED for Building Design and Construction）、室内设计和建造标准（LEED ID+C,

LEED v4.1评价体系中不同子评价标准所适用的建筑类型及阶段　　表11-8

子评价标准	适用的建筑类型	适用的阶段
建筑设计和建造标准 （LEED v4.1 BD+C）	所有除住宅外的建筑类型：学校/零售/数据中心/仓库和配送中心/宾馆接待/医疗保健/其他非住宅建筑	新建阶段、重大改造阶段
室内设计和建造标准 （LEED v4.1 ID+C）	室内设计：商业/零售/宾馆接待	新建阶段、重大改造阶段
建筑运营和维护 （LEED v4.1 O+M）	所有建筑 室内设计	运营和维护阶段
住宅 （LEED v4.1 Residual BD+C）	住宅建筑：单户住宅/多户住宅/多户住宅	新建阶段、重大改造阶段
城市和社区 （LEED v4.1 Cities and Communities）	城市、社区	规划/设计阶段、现存阶段

LEED for Interior Design and Construction）、住宅建筑设计和建造标准（LEED Residential BD+C，LEED for Residential Building Design and Construction）、城市和社区的标准（LEED for Cities and Communities）以及建筑运营和维护标准（LEED O+M，LEED for Building Operations and Maintenance）。

根据评价目标项目的类型以及使用阶段来选择评价标准，若某评价目标项目不同部分适用于不同的评价标准，则根据适用不同标准的面积占比来选择，即 40/60 规则。若某评价标准适用于 LEED 项目建筑或空间总建筑面积的 40% 以下，则不应使用该标准；而若评价标准适用于 LEED 项目建筑或空间总建筑面积的 60% 以上，则应使用该标准。若适当的评价标准占总面积的 40%~60%，则项目团队须独立评价其情况，并决定哪种评价标准最适用。

3. LEED v4.1 BD+C

LEED v4.1 BD+C 标准所对应的阶段为新建阶段和重大改造阶段，涵盖除住宅外的所有建筑类型，包括学校、零售、数据中心、仓库和配送中心、宾馆接待和医疗保健等。该标准包括："流程一体化""选址与交通""可持续发展场地""水资源效率""能源与空气""材料与资源""室内环境质量""创新"和"地域优先"共 9 个标准分项。每个分项下包含最少 1~13 项条目（共 66 项条目），条目分为先决条件和评分项，先决条件评价结果为满足或不满足，评分项的评价结果是具体分值。项目得分表展示了各标准分项所包含的条目以及不同建筑类型在该条目的分值分布。

通过上述项目得分表评价先决条件条目的达标情况并计算总分，然后根据先决条件条目的达标情况和总分决定认证等级，LEED v4.1 共分为认证级（40~49 分）、银奖（50~59 分）、金奖（60~79 分）和铂金奖（大于 80 分），其认证条件是满足所有要求的先决条件并达到分数要求。

11.1.3 日本 CASBEE 绿色建筑评价体系

1. 简介

2002 年，建筑环境效率综合评价系统（CASBEE）由日本可持续建筑协会（JSBC）发布，是工业、政府、学术联合项目的一部分。与 BREEAM 和 LEED 类似，CASBEE 同样旨在最大限度地减少建筑对气候变化的影响。BREEAM 和 LEED 由非营利社会组织发布，而 CASBEE 由政府部门联合发布。一方面，这使得 CASBEE 在很多条目上都体现了国家政策：如通过限制建筑建造、运营和拆除过程中排放的二氧化碳来助力实现日本"2050 年实现碳中和"目标；另一方面，CASBEE 也在日本的很多场合被作为强制实行的标准，如许多日本地方政府规定在申请建筑许可证时出具 CASBEE 评价结果。

2. 主要框架

从空间尺度角度来看，CASBEE 绿色建筑评价体系由不同规模的评价工具组成：建筑（房屋和建筑）、城市（城镇发展）和城市管理。这些工具统称为"CASBEE 家族"。其中，CASBEE-Housing（房屋）和 CASBEE-Building（建筑）分别用于评价单个房屋和建筑的环境性能；CASBEE-Urban Development（城镇发展）用于评价城市街区和城镇发展的环境性能；CASBEE-City（城市）则在地方政府层面上评价环境性能。而在 CASBEE-Building（建筑）中，又根据建筑的全生命周期阶段分为了 CASBEE for Pre-design、CASBEE for New Construction、CASBEE for Existing Buildings 和 CASBEE for Renovation 4 种评价标准，服务于设计各阶段。

3. CASBEE for Building（New Construction）—2014

和 BREEAM UK New Construction v6.1 和 LEED v4.1 BD+C 类似，CASBEE for Building（New Construction）用于评价新建的建筑，应用相对广泛（表 11-9），其最新版本于 2014 年发布。以该标准为例进行详细说明。

适用于 CASBEE for Building（New Construction）—2014 的建筑类型　表 11-9

类型	建筑类型	典型建筑
非居住类	办公	办公室、政府大楼、图书馆、博物馆、邮局等
	学校	小学、初中、高中、大学、技术学院、高等职业学校等各类学校
	零售	百货公司、超级市场等
	餐饮	餐厅、食堂、咖啡馆等
	厅堂	礼堂、大厅、保龄球馆、体育馆、剧院、电影院、弹珠厅等
	工厂	工厂、车库、仓库等
居住类	医院	医院、敬老院、福利院等
	旅馆	宾馆等
	公寓	公寓（独立住宅除外）

CASBEE 最重要的创新是提出了建筑环境效率（BEE）指标。受"生态效率"概念的启发，CASBEE 从效率的角度来综合评价绿色建筑的可持续性能。效率通常根据投入和产出数量来定义，而生态效率通常被定义为"单位环境负荷下产品和服务的价值"。因此可以提出一个新的模型来扩展生态效率的定义，即"有益产出/（投入 + 非有益产出）"。这个新的环境效率模型就是 BEE，CASBEE 将其作为最主要的评价指标。

该指标的构建前提是建立一个由场地边界和其他建筑元素定义的假想封闭界面作为划分"建筑空间"和"外部环境"的依据。将假想封闭空间内部建筑使用者生活舒适性的改善定义为"建筑环境质量"。在此封闭空间外是公共区域（非私有空间），将公共区域的负面环境影响定义为"外部环境负荷"。其比值即为 BEE，比值越高，环境性能越好。

CASBEE 包括以下 4 个评价领域：能源效率、资源效率、局部环境和室内环境。这 4 个领域在很大程度上与日本和国外现有的评价工具的目标领域相同，但它们并不一定代表相同的概念，因此很难在相同的基础上进行处理。因此，必须审查和重新组织这 4 个领域内的评价类别。将评价类别划分为 BEE 的分子 Q（建筑环境质量）和 BEE 的分母 L（建筑环境负荷）。Q 进一步分为 3 个评价项目：$Q1$（室内环境）、$Q2$（服务质量）和 $Q3$（现场室外环境）。同样，L 分为 $L1$（能源）、$L2$（资源和材料）和 $L3$（场地外环境）。$Q1~Q3$ 和 $L1~L3$ 的具体条目见表 11-10。

$Q1~Q3$ 和 $L1~L3$ 的具体条目　　　　　　表 11-10

$Q1$. 室内环境	1. 声环境	1.1 噪声
		1.2 声侵扰
		1.3 声吸收
	2. 热舒适	2.1 室温控制
		2.2 湿度控制
		2.3 空调系统类型
	3. 照明和采光	3.1 采光
		3.2 防眩光措施
		3.3 照度水平
		3.4 照明可控制性
	4. 空气品质	4.1 源头控制
		4.2 通风
		4.3 操作计划
$Q2$. 服务质量	1. 服务能力	1.1 功能和可用性
		1.2 便利设施
		1.3 维护
	2. 耐久性和可靠性	2.1 抗震
		2.2 部件使用寿命
		2.3 可靠性
	3. 灵活性和适应性	3.1 空间余量
		3.2 楼板荷载余量
		3.3 系统的可更新性

续表

Q3. 室外环境	1. 生物群落的保存与创造	
	2. 城市景观	
	3. 地方特色及户外设施	3.1 注重地方特色，提高舒适度
		3.2 改善场地热环境
L1. 能源	1. 建筑外表面热负荷的控制	
	2. 自然能源利用	
	3. 楼宇服务系统的效率	
	4. 高效的操作	4.1 监控
		4.2 操作管理系统
L2. 资源和材料	1. 水资源	1.1 节水
		1.2 雨水和灰水利用
	2. 减少使用不可再生资源	2.1 减少材料使用
		2.2 现存结构框架的继续使用
		2.3 使用回收物料作结构材料
		2.4 使用回收物料作非结构材料
		2.5 可持续林业的木材
		2.6 努力提高组件和材料的可重用性
	3. 避免使用含有污染物的材料	3.1 使用不含有害物质的材料
		3.2 消除氟氯化碳和哈龙
L3. 室外环境	1. 对全球变暖的考虑	
	2. 考虑当地环境	2.1 空气污染
		2.2 热岛效应
		2.3 本地基础设施负荷
	3. 周边环境考虑	3.1 噪声、震动及气味
		3.2 风/沙损害和日光障碍
		3.3 光污染

在项目评分中，首先计算 SQ（Q 类的加权总分）和 SL（L 类的加权总分），其权重系数由投票和 CASBEE 研究与发展委员会专家的案例研究确定。其次，分子 Q 定义为 $Q = 25(SQ-1)$，从而将建筑环境质量的 SQ（取值范围从 1 到 5）转换为 0 到 100 的取值范围。同样的，将分母 L 定义为 $L = 25(5-SL)$，将 SL（取值范围从 1 到 5）转换为 0 到 100 的取值范围。最后将 Q 数值除以 L 数值，得到 BEE 数值。

使用图表法可以更简单、更清楚地展示建筑环境绩效评价结果。BEE 值在图中表示为：L（建筑环境负荷）在 x 轴上，Q（建筑环境质量）在 y 轴上。BEE 值评价结果表示为经过原点的直线梯度。Q 值越高，L 值越低，表示坡度越陡，建筑可持续性越强。使用这种方法，可以用图形化的方式呈现由这些梯度限定的区域的建筑环境评价结果。建筑的评价结果可以在一个图表上按照 BEE 值的递增顺序排列为 C 级（差）、B- 级（比较差）、B+ 级（好）、A 级（很好）、S 级（优秀），以若干颗星来表示（表 11-11）。

基于 BEE 值和评估的等级之间的对应关系　　　表 11-11

等级	评价	数值	评级
S	优秀	$BEE \geq 3.0$ 并且 $Q \geq 50.0$	★★★★★
A	很好	BEE 为 1.5~3.0 且 $Q<50.0$	★★★★
B+	好	BEE 为 1.0~1.5	★★★
B-	比较差	BEE 为 0.5~1.0	★★
C	差	$BEE<0.5$	★

11.2 我国绿色建筑评价体系

面对我国建筑业高能耗、高污染的现状，发展绿色建筑已经刻不容缓。选择绿色建筑是未来建筑业发展的必然趋势，因此需要明确的绿色建筑评价标准。对于绿色建筑的评估，有许多技术性的指标和非量化的评判，如何将这些错综复杂且相互影响和联系的数据进行梳理和总结，是一个主要问题。标准应该凸显重要因素，弱化非重要因素，并得出与被评价建筑本身节能环保方面特征相符的结论。

绿色建筑评价标准应该具有很强的地域适应性。不同国家和地区的绿色建筑业发展程度、资源储存、经济水平以及人们对于绿色建筑的观念都不同。因此，绿色建筑评价标准不能是一个通用的标准，而应该具有很强的针对性和适用性。

由于建筑是使用寿命比较长的产品，在其全生命周期中，各种因素此消彼长，交替出现，在不同时期表现出不同特征。因此，对于绿色建筑的评价必须从建筑全生命周期的角度进行审视和评判，才能得出较为准确的结论。

11.2.1 我国绿色建筑评价体系发展历程和主体框架

1. 发展历程

我国绿色建筑评价体系发展以国家和地方政策推动和法律法规为主，以行业标准和规范体系为辅。沿循国家层面各类方案标准的持续修订、补足和拓展历程，可大致将该体系的发展划分为 3 个主要阶段：探索起步阶段、快速成长阶段、细化发展阶段。

（1）探索起步阶段

我国在绿色建筑评价体系方面的探索始于二十一世纪初。2001年建设部组织国内外的专家编制并发布了《中国生态住宅技术评价手册》，首次明确了生态住宅的量化标准；2003—2004年《绿色奥运建筑评价体系》《绿色奥运建筑实施指南》先后出版，尝试在奥运建筑中贯彻"绿色建筑"理念，推动绿色理念在建筑中的落实，也为在全国城市建设中推广绿色建筑理念探索积极有效的发展模式；2005年，建设部和科技部联合印发了《绿色建筑技术导则》，明确给出了绿色建筑的定义，而且对于绿色建筑的规划设计、施工、智能、运营管理等技术要点提出了指导性意见，将原有分散的绿色建筑技术统一在"节能、节水、节材、节地与环境保护"的技术框架之下，使绿色建筑技术从研发到应用目标更明确、体系更集成化。

（2）快速成长阶段

2006年，我国发布了《绿色建筑评价标准》GB/T 50378—2006，该标准首次明确了我国"绿色建筑"定义，是我国总结实践和研究成果、借鉴国际经验制定的第一部多目标、多层次的绿色建筑综合评价标准，确立了以"四节一环保"为核心内容的绿色建筑发展理念和评价体系，成为我国绿色建筑评价体系发展过程中的一个重要里程碑。但该评价标准适用范围仅包括我国的住宅建筑、办公建筑、商场建筑和旅馆建筑，且评价方法采用了操作相对简单的按照满足条义数量确定绿色建筑等级的方法。因此，《绿色建筑评价标准》GB/T 50378—2006存在许多不足，亟需修订。

2014年，为响应绿色建筑发展的新变化，住房和城乡建设部公布了《绿色建筑评价标准》GB/T 50378—2014。《绿色建筑评价标准》GB/T 50378—2014吸取了旧版标准在执行过程中积累的经验，并借鉴学习国外新版绿色建筑标准的优点，对标准的适用范围和评价方法都做了改进，使标准有了更大的适用性，能够更加有效地控制绿色建筑建设质量，使建设单位能够根据地域气候特征和自然资源因地制宜地建设绿色建筑。该标准的适用范围覆盖了我国大陆地区的各类民用建筑，包括住宅建筑和各类公共建筑。评价分为设计和运行评价，并采用评分的方法。绿色建筑评价等级根据得分多少确定为一星级、二星级、三星级3个等级。

（3）细化发展阶段

2014版标准在实施过程中反映出了一些问题，不能完全满足绿色建筑评价工作实施过程中的要求：①据统计，截至2017年底，全国获得绿色建筑评价标识的项目累计超过1万个，建筑面积超过10亿m^2，但绿色建筑运行标识项目还相对较少，占标识项目总量的比例为7%左右，而且随着近几年部分地方绿色建筑施工图设计文件审查工作的普遍开展，绿色建筑运行标识项目所占的比例则更低，可见相当数量的建筑在进行绿色建筑设计评价后并未继续开展绿色建筑运行评价。② 2014版与2006版的标准更多考虑的是建筑本身的绿色性能（能源与资源节约、环境保护等），考虑"以人为本"及"可感知"的技术要求涉及不够，这导致建筑使用者难以感受到绿色建筑在健康、舒适等方面的优势；③随着建筑科技的快速发展，建筑工业化、海绵城市、建筑信息模型、健康建筑等高新建筑技术和理念不断涌现并投入应用，而这些新领域方向和新技术发展并未及时反映在旧版标准中。

2019年8月1日，针对旧版本标准在实行过程中出现的问题，住房和城乡建设部公布了《绿色建筑评价标准》GB/T 50378—2019。本次修订在上一版的基础上重新构建了绿色建筑评价技术指标体系，调整了绿色建筑的评价时间节点，增加了绿色建筑等级，拓展了绿色建筑内涵，并提高了绿色建筑性能要求。此次修订将上一版标准的"节地、节能、节水、节材、室内环境、施工管理、运营管理"七大绿色建筑评价指标体系，更新为"安全耐久、健康舒适、生活便利、资源节约、环境宜居"五大指标体系，重新设定评价时间节点，在原本三星级的基础上，新增了绿色建筑等级"基本级"，简化了计分评价方式，将原本的得分率计分方式修改为直接累计计分方式。新标准引入了"以人民为中心"的发展理念以及"以人为本"的核心要求，更加关注使用者的体验，更有利于推动新时代绿色建筑的实践和评价工作。

2. 主体框架

我国的绿色建筑评价体系以《绿色建筑评价标准》GB/T 50378[①]为主，以针对不同建筑类型、运行阶段的国家标准、行业标准以及针对各省市的地方标准为辅。

该标准作为我国绿色建筑相关标准编制的重要基础，提供了一个相对统一的绿色建筑评价的指标框架，其他标准都在该标准的基础上进行调整：一方面，由于不同建筑类型的特殊性导致其绿色建筑评价的侧重点不同，而不同运行阶段的评价条件也都不尽相同，国家部门、各行业以及各团体针对不同建筑类型和运行阶段发布了更具针对性的标准；另一方面，由于不同省市的发展水平、环境气候、资源分布各具特点，各地方住房和城乡建设主管部门组织编写了更具地方特色的绿色建筑评价标准。而上述标准基本依照《绿色建筑评价标准》GB/T 50378的框架进行评价，只是调整了相关条目以及指标要求，使得评价标准更具针对性。上述这些标准共同形成了我国健全且相对细化的绿色建筑评价体系。

（1）《绿色建筑评价标准》GB/T 50378

《绿色建筑评价标准》GB/T 50378作为规范和引领我国绿色建筑发展的

---

① 《绿色建筑评价标准》GB/T 50378表示该标准在当年的现行版本。

根本性技术标准，自2006年发布以来，历经10多年的三版两修。2006年3月7日，由中国建筑科学研究院和上海市建筑科学研究院联合国内多家单位共同编写的《绿色建筑评价标准》GB/T 50378—2006发布，该标准是在立足我国实际的基础上，借鉴国际先进经验制定的第一部多目标、多层次的绿色建筑综合评价标准。该标准从选址、材料、节能、节水、运行管理等多方面，对建筑进行综合评价，其特点是强调设计过程中的节能控制。2014年版本的标准增加了两项指标体系，将一般项和优选项改为了评分项和加分项，将原先通过计算满足要求的项数来评价等级的方法，改为打分方式，通过计算总分来评价等级，使评价结果更加精确化。2019年8月1日起，《绿色建筑评价标准》GB/T 50378—2019开始实施，对以下方面进行了更新：①从"四节一环保"到"五大性能"，重新构建了绿色建筑评价技术指标体系。将上一版标准的"节地、节能、节水、节材、室内环境、施工管理、运营管理"七大绿色建筑评价指标体系更新为"安全耐久、健康舒适、生活便利、资源节约、环境宜居"五大指标体系。②取消设计评价，调整了绿色建筑的评价时间节点，以保证绿色技术措施的落地。③在原本三星级的基础上，新增了绿色建筑等级"基本级"。同时简化了计分评价方式，将原本的得分率计分方式修改为直接累计计分方式。④拓展了绿色建筑内涵。新标准中强调了对节约资源的强制措施，又强调了"以人为本"的核心要求。⑤提高了某些绿色建筑性能要求，体现在一些指标要求的大幅度提升。

（2）针对不同建筑类型和运行阶段的标准

一方面，为了拓展绿色建筑标准体系对不同建筑类型的兼容性，同时也响应政府要求建立健全绿色建筑标准体系，除了修订《绿色建筑评价标准》GB/T 50378外，住房和城乡建设部陆续启动了针对不同建筑类型和阶段的相关评价标准和技术文件的编写工作。

（3）各省市关于绿色建筑评价的地方标准

另一方面，地方住房和城乡建设主管部门依据《绿色建筑评价标准》GB/T 50378，基于当地自然环境、气候、资源、经济的特点，组织编写了一系列更具地方特点的绿色建筑评价地方标准。

11.2.2 《绿色建筑评价标准》GB/T 50378—2019（2024年版）

1. 基本原则

（1）绿色建筑评价应遵循因地制宜的原则，结合建筑所在地域的气候环境、资源、经济和文化等特点，对建筑全生命周期内的安全耐久、健康舒适、生活便利、资源节约、环境宜居等性能进行综合评价。

（2）绿色建筑应结合地形地貌进行场地设计与建筑布局，且建筑布局应与场地的气候条件和地理环境相适应，并应对场地的风环境、光环境、热环境、声环境等加以组织和利用。

（3）绿色建筑评价除应符合《绿色建筑评价标准》GB/T 50378—2019（2024年版）的规定外，尚应符合国家现行有关标准的规定。

2. 一般规定

（1）绿色建筑评价应以单栋建筑或建筑群为评价对象。评价对象应落实并深化上位法定规划及相关专项规划提出的绿色发展要求；涉及系统性、整体性的指标，应基于建筑所属工程项目的总体进行评价。

（2）绿色建筑评价应在建筑工程竣工后进行。绿色建筑预评价应在建筑工程施工图设计完成后进行。

（3）申请评价方应对参评建筑进行全生命周期技术和经济分析，选用适宜技术、设备和材料，对规划、设计、施工、运行阶段进行全过程控制，并应在评价时提交相应分析、测试报告和相关文件。申请评价方应对所提交资料的真实性和完整性负责。

（4）评价机构应对申请评价方提交的分析、测试报告和相关文件进行审查，出具评价报告，确定等级。

（5）申请绿色金融服务的建筑项目，应对节能措施、节水措施、建筑能耗和碳排放等进行计算和说明，并应形成专项报告。

（6）绿色建筑应在施工图设计阶段提供绿色建筑设计专篇，在交付时提供绿色建筑使用说明书。

3. 评分方法

《绿色建筑评价标准》GB/T 50378—2019（2024年版）以"四节一环保"为基本约束，遵循"以人民为中心"的发展理念构建了新的绿色建筑评价指标体系，将绿色建筑的评价指标体系调整为安全耐久、健康舒适、生活便利、资源节约、环境宜居5类指标，见表11-12。

绿色建筑评价分值　　　　表11-12

类型	控制项基础分值	评分项满分值				
		安全耐久	健康舒适	生活便利	资源节约	环境宜居
预评价分值	400	100	100	70	200	100
评价分值	400	100	100	100	200	100

控制项的评定结果应为达标或不达标；评分项和加分项的评定结果应为

分值。控制项的评价方式同该标准 2014 年版。评分项的评价，依据评价条文的规定确定得分或不得分，得分时根据项目情况确定达标子项得分或达标程度得分加分项的评价，依据评价条文的规定确定得分或不得分。《绿色建筑评价标准》GB/T 50378—2019（2024 年版）中评分项和加分项条文主干部分给出了该条文中的"评价分值"或"评价总分值"，是该条可能得到的最高分值。

对于多功能的综合性单体建筑，应按《绿色建筑评价标准》GB/T 50378—2019（2024 年版）全部评价条文逐条对适用的区域进行评价，确定各评价条文的得分。不论建筑功能是否综合，均以各个条 / 款为基本评判单元。对于某一条文只要建筑中有相关区域涉及，则该建筑就应参评并确定得分。对于条文下设两款分别针对住宅建筑和公共建筑，所评价建筑如果同时包含住宅建筑和公共建筑则需按这两种功能分别评价后再取平均值。总体原则为：

（1）只要有涉及则全部参评。以商住楼为例，即使底商面积比例很小，但仍要参评，并作为整栋建筑的得分（而不按面积折算）。

（2）系统性、整体性指标应按项目总体评价。

（3）所有部分均满足要求才给分，例如《绿色建筑评价标准》GB/T 50378—2019（2024 年版）第 7.2.5 条（冷、热源机组能效），如果综合体公共建筑部分使用集中空调系统，住宅部分使用分体空调，只有所有的冷、热源均达到相应要求才能得分（公共建筑部分达到要求而住宅部分未满足不得分）。

（4）递进分档得分的条文，按"就低不就高"原则确定得分。以《绿色建筑评价标准》GB/T 50378—2019（2024 年版）第 7.25 条（冷、热源机组能效）为例，若公共建筑集中空调系统冷水机组 COP 提高 12%（对应得分为 10 分），住宅建筑房间空气调节器能效比为节能评价值（对应得分为 5 分），则该条文最终得分为 5 分。

（5）上述情况之外的特殊情况可特殊处理。此类特殊情况，如已在《绿色建筑评价标准》GB/T 50378—2019（2024 年版）条文、条文说明中明示的，应遵照执行。对某些标准条文、条文说明的补充说明均未明示的特定情况，可根据实际情况进行判定。

4. 评级方法

目前我国多个省市已将绿色建筑一星级甚至二星级作为绿色建筑施工图审查的技术要求，这种模式有力推进了绿色建筑发展，在未来一段时间还会继续推行实施。《绿色建筑评价标准》GB/T 50378—2019（2024 年版）作为划分绿色建筑性能等级的评价工具，既要体现其性能评定、技术引领的行业地位，又要兼顾其推广普及绿色建筑的重要作用。

当满足全部控制项要求时，绿色建筑等级应为基本级。控制项是绿色建筑的必要条件，当建筑项目满足全部控制项要求时，绿色建筑的等级即达到基本级。绿色建筑星级等级应按下列规定确定：①一星级、二星级、三星级3个等级的绿色建筑均应满足本标准全部控制项的要求，且每类指标的评分项得分不应小于其评分项满分值的30%；②一星级、二星级、三星级3个等级的绿色建筑均应进行全装修，全装修工程质量、选用材料及产品质量应符合国家现行有关标准的规定；③当总得分分别达到60分、70分、85分的要求时，绿色建筑等级分别为一星级、二星级、三星级。

5. 评价流程和标识

（1）基本规定

绿色建筑三星级标识认定统一采用国家标准，二星级、一星级标识认定可采用国家标准或与国家标准相对应的地方标准。新建民用建筑采用《绿色建筑评价标准》GB/T 50378—2019（2024年版）进行认定，工业建筑采用《绿色工业建筑评价标准》GB/T 50878—2013进行认定，既有建筑改造采用《既有建筑绿色改造评价标准》GB/T 51141—2015进行认定。

（2）申报和审查程序

绿色建筑标识认定需经申报、推荐、审查、公示、公布等环节，审查包括形式审查和专家审查。绿色建筑标识申报应由项目建设单位、运营单位或业主单位提出，鼓励设计、施工和咨询等相关单位共同参与申报。申报绿色建筑标识应具备以下条件：①按照《绿色建筑评价标准》GB/T 50378—2019（2024年版）等国家标准或相应的地方标准进行设计、施工、运营、改造；②已通过建设工程竣工验收并完成备案。

申报单位应按下列要求提供申报材料，并对材料的真实性、准确性和完整性负责。申报材料应包括以下内容：①绿色建筑标识申报书和自评估报告；②项目立项审批等相关文件；③申报单位简介、资质证书、统一社会信用代码证等；④与标识认定相关的图纸、报告、计算书、图片、视频等技术文件；⑤每年上报主要绿色性能指标运行数据的承诺函。

三星级绿色建筑项目应由省级住房和城乡建设部门负责组织推荐，并报住房和城乡建设部。二星级和一星级绿色建筑推荐规则由省级住房和城乡建设部门制定。

（3）标识管理

绿色建筑标识，是表示绿色建筑星级并载有性能指标的信息标志，包括标牌和证书。绿色建筑标识由住房和城乡建设部统一式样，证书由授予部门制作，标牌由申请单位根据不同应用场景按照制作指南自行制作。

11.3 绿色建筑评价案例分析

前文分别介绍了国际绿色建筑评价体系和我国的绿色建筑评价体系，而本节选择基于国内绿色建筑评估标准评估的绿色建筑进行举例说明，分别为属于居住建筑类型的甘肃兰州新区保障性住房建设项目（二期）和属于居住、公共建筑混合类型的天津南站科技商务区九年一贯制学校。

11.3.1 甘肃兰州新区保障性住房建设项目（二期）

1. 项目简介

本项目位于兰州新区的物流产业组团，东到经十二路、南近纬十二路、西邻经十一路、北靠纬十四路，交通便利，区位优势明显。规划建设用地面积为 37 798.1m^2，总用地面积为 56 198.2m^2，总建筑面积为 99 169.96m^2，建筑容积率为 1.89，建筑密度为 24%，绿地率为 30%，居住总户数为 627 户，居住总人数 2006 人，机动车停车位 630 个（其中地上停车位 4 个，地下停车位 626 个），非机动车停车位 627 个（地中地上停车位 200 个，地下停车位 427 个）。本项目主要包括 1~10 号住宅建筑，其中 1~5 号和 8 号、10 号为钢管混凝土柱+钢梁框架，6 号、7 号和 9 号为 H 型钢框架-钢板剪力墙。建筑层数有 10 层和 11 层（其中 1~3 号、6 号、7 号五栋为 10 层；4 号、5 号、8~10 号五栋为 11 层）（图 11-2）。本项目由天津大学建筑设计规划研究总院绿色建筑与生态城市研究中心完成绿色建筑设计与技术咨询工作，获得设计阶段二星级评价。

图 11-2 项目效果图

2. 节地与室外环境

（1）土地利用

位于兰州新区的物流产业组团，建设用地为新建居住用地，场地原为民宅、耕地及荒地，开发建设前为空地；场地无滑坡、崩塌、泥石流等影响工程建设的不良地质作用。经现场测试，严格按照土壤氡的检测细则，10 栋住宅最高平均浓度为 3725Bq/m^3（3 号楼）。建设用地面积为 37 798.1m^2，总人数为 2006 人，层数为 10 或 11 层，人均居住用地指标为 18.84m^2/人；绿地率为 30.00%，人均公共绿地为 3.55m^2/人；地下空间主要为地下车库和设备用房，地下建筑面积为 30 282.42m^2，与地上建筑面积的比率为 42.38%。

（2）室外环境

主要噪声为交通噪声，方案通过绿化带进行隔声降噪。采用建筑声环境分析软件 SEDU 进行模拟计算分析。场地噪声环境模拟结果表明场地内环境噪声符合现行国家标准《声环境质量标准》GB 3096 的有关规定（图 11-3、图 11-4）。

冬季建筑周围人行风速最大为 1.7m/s，且室外风速放大系数为 1.69，除迎风第一排建筑外，建筑迎风面与背风面表面最大风压差为 2.51Pa，过渡季、夏季典型风速和风向条件下；场地内人活动区不出现涡旋或无风区，外窗中室内外表面风压差大于 0.5Pa 的可开启外窗的面积比例大于 50%（图 11-5、图 11-6）。

（3）交通设施与公共服务

本项目共两个场地出入口，分别设在基地南侧和西北角，为车行和人行的主要通道。本项目共两个地库出入口，分别设置在基地东南角和西北角，

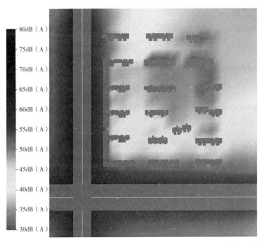

图 11-3 场地 1.5m 高度处声压级分布图（昼间）

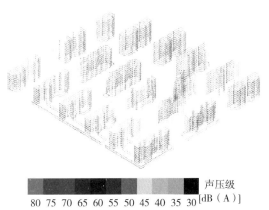

图 11-4 参评建筑附近区域声压级鸟瞰分布图（昼间）

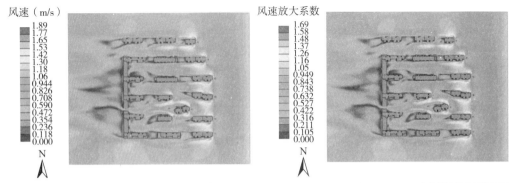

图 11-5　1.5m 高度风速云图　　　　　图 11-6　1.5m 高度风速放大系数云图

均靠近基地出入口。车行流线为进入场地后直接驶入地下车库,尽量做到人车分流。人行流线分为硬质景观散步道和生态游憩散步道,有主要景观节点的地方和商业外侧为硬质景观散步道,有组团景观的地方为生态游憩散步道（图 11-7）。

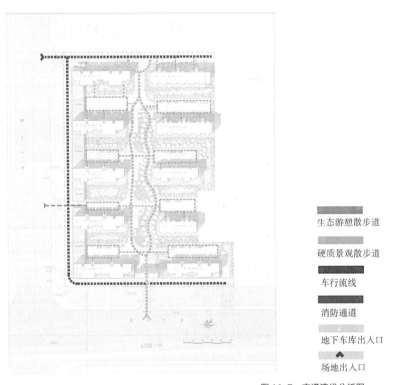

生态游憩散步道

硬质景观散步道

车行流线

消防通道

地下车库出入口

场地出入口

图 11-7　交通流线分析图

场地出入口步行距离 800m 范围内设有 3 条及以上线路的公共交通站点,距出入口步行 482m 处为建投保障房站,经过 7 路车,距离出入口步行 600m 处为 AC 区保障房站,经过旅游线、新区 16 路车。根据建筑总图,小区出入口均设置了无障碍坡道；根据建筑首层平面图，首层入口处设置了坡道、扶手和平台；道路坡度平缓，与小区出入口和建筑入口合理衔接，满足无障碍设计要求。

兰州新区出城入园企业保障性住房建设项目共包括7个（A-G）居住组团，本项目属于出城入园工程的G组团。公共服务设施按照组团考虑，并实现共享。组团内设出城入园幼儿园，500m内有兰州新区第五小学和兰州新区第三小学，具有教育、商业服务、物业管理、热力供应、社区服务5种公共服务设施。

（4）场地设计与场地生态

乔木：云杉、白皮松、圆柏、金叶榆、国槐、白蜡、垂柳、香花槐、榆树、山杏、杜梨、枣树、红叶李；灌木：红叶碧桃、木槿、紫丁香、榆叶梅、连翘、西府海棠、冬青球、紫叶矮樱球、金叶榆球、紫藤等；草地：冷季型草地。景观绿地面积为13 273m^2，乔木的数量为542株，平均每100m^2绿地面积上的乔木数为4.08株（室外绿地示意图见图11-8）。

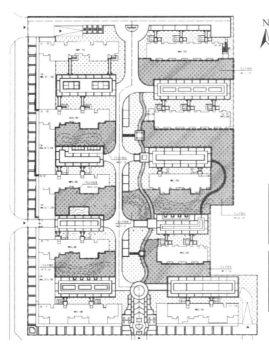

绿地率：30%
景观绿地面积：13 273m^2
公共绿地面积：7122.5m^2
人均公共绿地：3.55m^2/人
透水铺装面积：5969m^2
透水铺装面积比例：52.99%

公共绿地总面积为7122.5m^2

序号	名称	数量	备注
01	1号公共绿地	730.5m^2	宽度不小于8m，面积不小于400m^2
02	2号公共绿地	770.5m^2	宽度不小于8m，面积不小于400m^2
03	3号公共绿地	806.0m^2	宽度不小于8m，面积不小于400m^2
04	4号公共绿地	402.0m^2	宽度不小于8m，面积不小于400m^2

序号	名称	数量	备注
05	5号公共绿地	2540.5m^2	宽度不小于8m，面积不小于400m^2
06	6号公共绿地	780.5m^2	宽度不小于8m，面积不小于400m^2
07	7号公共绿地	1093.0m^2	宽度不小于8m，面积不小于400m^2
总计		7122.5m^2	

图11-8 室外绿地示意图

3. 节能与能源利用

（1）建筑与围护结构

建筑为正南北朝向，楼间距为29.83m；建筑各向窗墙比均满足标准要求；10栋住宅楼中，有7栋住宅的体形系数达到0.34，大于标准要求的0.3。经权衡计算后，建筑节能满足规范要求。兰州属于寒冷地区，夏季以东南风为主，冬季以东风为主。整体规划布局规整，无遮挡，日照和采光效果较好；建筑的布局和进深有利于夏季的自然通风。

(2) 供暖

本住宅项目供暖为市政热力管网，过渡季不供暖。供暖热源为换热站提供的 75 ℃/50 ℃ 的热水，住宅供暖系统采用共用供、回水立管的水平分环系统。户内供暖系统采用下分双管散热器供暖系统。每组散热器供水支管上安装有 1 个恒温控制阀，实现分室控温。

(3) 通风与空调

住宅预留分体空调位，住户依需安装分体空调。地下车库设机械排风系统，进风采用机械送风结合部分自然送风。地下车库各设备用房配电间、生活水泵房、消防泵房、换热站等房间设机械排风系统，采用箱式风机、方形壁式风机或排气扇进行排风。电梯机房采用壁式轴流风机排风，排风次数按 10 次/h 计。住宅卫生间排风采用建筑主副风道机械排风，并预留排风扇电源。

(4) 照明与电气

灯具选型与参数：严格控制照明用电指标，不采取降低推荐照度的方法来节能。选择高效灯具，荧光灯均采用低谐波（谐波电流分量小于 10%）节能电子镇流器（满足国家能效标准）；一般照明选用细管径直管形荧光灯及 LED 节能灯；并搭配开放式灯具（效率为 75%）、带透明保护罩式灯具（效率为 70%）、带磨砂棱镜式保护罩（效率为 55%）或格栅式灯罩（效率为 65%）。

照明节能的控制措施：普通房间照明采用就地控制；地下车库采用分区控制；楼梯间照明采用红外线感应光控节能自动控制。疏散用消防应急照明同时受火灾自动报警系统联动控制，要求火灾自动报警系统联动控制具有最高优先权（照明参数汇总见表 11-13）。

照明参数汇总　　　　　　表 11-13

房间类型	照度 (lx)		不舒适眩光值		照度均匀度		一般显色指数	
	设计值	标准值	设计值	标准值	设计值	标准值	设计值	标准值
地库	54.17	50	28	28	0.6	0.6	60	60
电梯机房	184.44	200	25	25	0.6	0.6	80	80
排风机房	107.60	100	—	—	0.6	0.6	60	60
配电间	191.94	200	25	25	0.6	0.6	80	80
弱电间	275.22	300	22	22	0.6	0.6	80	80
首层候梯厅	70.82	75	—	—	0.4	0.4	60	60
消防水箱间	104.98	100	—	—	0.6	0.6	60	60

（5）能量综合利用

兰州市属于甘肃省中部地区，属于太阳能资源较丰富地区。可再生能源利用形式：本工程住宅设置分户太阳能热水系统，间接换热，电辅助加热。太阳能水箱设置于阳台，本项目太阳能热水供水系统不循环配水支管长度均小于或等于7m。可提供生活热水（或发电量）的比例：总户数为627户，设计太阳能热水户数为627户，占100%。

4. 节水与水资源利用

（1）节水系统

小区南侧纬十二路和西侧经十一路分布有环状市政给水管网，从这两条不同方向的市政给水管上分别引入一根DN200给水管（引入管上设低阻型倒流防止器），在小区内形成环网，提供本小区生活及室外消防用水，市政给水引入管供水压力不小于0.25MPa。小区周围分布有市政雨污水管网，满足本小区内各单体排放要求。小区生活给水系统采用分区供水方式，地下一层至三层为市政区，采用市政给水管入户直接供水的方式；四层至十一层为加压区（其中4~7层设支管减压阀，减压阀后压力0.2MPa）。加压区均由给水泵房内的变频调速泵组供水，区域加压供水设备设置于地下车库设备用房内，其水量及水压满足本工程生活用水要求。生活水箱采用臭氧消毒，以保证生活水质不受污染。本工程住宅设置分户太阳能热水系统，间接换热，电辅助加热。本工程各单体建筑的生活污水与生活废水采用合流制排出。室内污水按照就近排出原则依靠重力流管道直接排出室外，采用专用通气、伸顶通气排水系统，首层污水单独排出。地下层污水采用压力排水系统，经集水坑收集，由污水泵提升至室外污水管。

（2）节水器具与设备

住宅水表前给水管道及地下车库内给水管道均采用钢塑复合管及管件，丝扣连接；住宅水表后明装给水管道采用无规共聚聚丙烯（PP-R）管及管件，热水支管采用无规共聚聚丙烯管，热熔连接。给水系统直径小于等于DN50的阀采用全铜截止阀；大于DN50的阀采用铸钢铜芯阀。本项目给水系统中，供水压力大于0.20MPa的配水支管均设支管减压阀，控制各用水点处水压小于或等于0.20MPa，满足给水配件最低工作压力要求。

5. 节材与材料资源利用

（1）节材设计

6号、7号、9号楼为规则形体，其余为不规则。建筑造型要素简约，无装饰性构件。

（2）材料选用

本项目100%采用预拌混凝土和预拌砂浆。

混凝土结构或混合结构中400MPa级及以上受力普通钢筋用量为2338.45t；受力普通钢筋用量为2476.36t；400MPa级及以上受力普通钢筋用量的比例为94.43%；钢结构建筑或混合结构中Q345及以上高强钢材用量为4832.208t；钢材用量为4832.208t；Q345及以上高强钢材用量比例为100%；项目可再循环材料用量为1266.55t，建筑材料总用量为12 520.62t，可再利用和可再循环材料用量所占所有建筑材料用量比例为10.12%。

6. 室内环境质量

（1）室内声环境

室外噪声主要为交通噪声和人员社会生活噪声。通过外围护结构的隔声和室内面层的吸声作用，实现等效连续A声级：卧室昼间为41dB（A），夜间为37dB（A），满足低限要求；起居室昼间为41dB（A），夜间为37dB（A），满足平均值要求。主要功能房间的外墙、隔墙、楼板和门窗的隔声性能应满足现行国家标准《民用建筑隔声设计规范》GB 50118中的低限要求。楼板为现浇钢筋混凝土楼板（110mm）+水泥砂浆（20mm）+电子交联聚乙烯减震垫板（5mm）+预留地砖（8~10mm），参考相关声学资料中对应构造的楼板撞击声压级，计算楼板的计权规范化撞击声压级，作为楼板撞击声隔声性能的评价标准，最终评价达到高要求标准限值。

（2）室内光环境与视野

9号楼和10号楼楼间距最小，相邻建筑的水平视线距离为29.83m，直接间距大于18m。所有户型的起居室和卧室窗地面积比，均满足1/6的要求。合理控制窗墙比，改善室内采光效果，通过眩光模拟计算，以计算空间眩光满足标准要求。

（3）室内热湿环境

本项目主要有两种户型：两室两厅和三室两厅，供暖末端为散热器，每组散热器供水管安装恒温控制阀，实现分室控温。

（4）室内空气品质

住宅预留分体空调机位，住户根据需要安装分体空调。安装位置不造成冷风直吹，室外机安装不造成气流短路。

7. 提高与创新

本项目在性能提高方面采用了资源消耗少和环境影响小的建筑结构体系。1~5号、8号、10号住宅楼均采用钢管混凝土柱+钢梁框架体系。6号、7号、9号则采用H型钢框架-钢板剪力墙，节点采用H型钢梁柱刚接节点及H型钢钢梁刚接、铰接节点。地下车库为框架结构，楼盖均采用现浇钢筋混凝土结构。

11.3.2 天津南站科技商务区九年一贯制学校

1. 项目简介

本项目（图 11-9）位于天津市西青区张家窝镇，北至丰泽道，西至裕盛路，东侧毗邻规划城市绿带，南侧毗邻规划停车场、幼儿园等城市公共设施用地。本项目为九年一贯制学校，分为小学部和初级中学部。小学部办学规模为 6 年制共 36 个教学班，初级中学部办学规模为 3 年制共 30 个教学班，招生规模为 3120 人。规划总用地面积为 58 744.8m²，规划可用地面积为 54 719.7m²，规划总建筑面积为 62 444.84m²。地上为 44 802.20m²，地下为 17 642.64m²。建筑容积率为 0.82，绿地率为 40%，建筑密度为 20%，建筑高度为 23.4m，机动车停车位为 140 个，非机动车停车位为 1297 个。本项目由天津大学建筑设计规划研究总院绿色建筑与生态城市研究中心完成绿色建筑设计与技术咨询工作，申报绿色建筑设计标识时，中学宿舍性质为居住建筑，其余为公共建筑，项目整体以混合建筑定位申报绿色建筑标识，获得设计阶段三星级评价。

图 11-9 项目效果图

2. 节地与室外环境

（1）土地利用

本项目合理开发利用地下空间，可用于开发地下空间开发的用地面积为 34 728.7m²。地下共一层，包括地下车库、设备用房等。

(2)室外环境

根据幕墙设计说明,玻璃幕墙可见光反射比小于0.2。室外照明采用节能灯具,将照明的光线严格控制在被照区域内,限制灯具产生的干扰光,超出被照区域内的溢散光不应超过15%,灯具的上射光通比的最大值和夜景照明在建筑立面和标识面产生的平均亮度满足标准要求。

经过软件模拟计算,预测出昼间和夜间两种时段下的场地噪声分布情况,包括场地噪声平面分布、参评建筑沿建筑底轮廓线1.5m高度处噪声分布(图11-10)、参评建筑立面噪声级分布等彩色分析图和数据分析图。

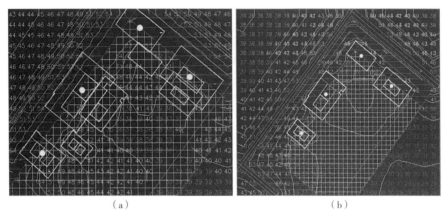

(a) (b)

图11-10 场地噪声结果分析图
(a)场地噪声结果分析图(昼间);(b)场地噪声结果分析图(夜间)

综合上述分析,对声功能区内每栋噪声敏感建筑达标情况进行了判定统计,本项目声功能区内部全部参评建筑达标情况汇总见表11-14,场地噪声环境模拟结果表明场地内环境噪声符合现行国家标准《声环境质量标准》GB 3096的规定。

声功能区达标统计表　　　　表11-14

名称	类型	包含建筑	噪声最大值 dB(A)		噪声限值 dB(A)		达标情况
			昼间	夜间	昼间	夜间	
区域	1类	中学宿舍、中学教学楼、小学教学楼、风雨操场及食堂	54	45	55	45	达标

经过室外风环境模拟可知(图11-11),人行区没有出现风速大于5m/s的区域,无风速放大系数大于等于2的区域,且未出现建筑迎风面与背风面表面风压差大于5Pa的建筑(冬季工况达标判断表和过渡季、夏季工况达标判断表见表11-15和表11-16)。

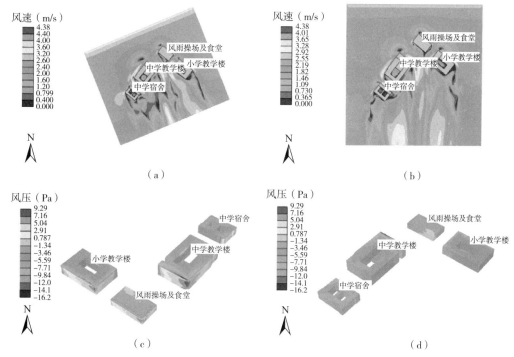

图 11-11 室外风环境模拟结果
(a) 1.5m 高度水平面风速云图 – 冬季;(b) 1.5m 高度水平面风速云图 – 夏季;
(c) 建筑迎风面风压云图;(d) 建筑背风面风压云图

冬季工况达标判断表   表 11-15

评价项目	标准要求	项目计算结果	达标判定	得分
风速	冬季典型风速和风向条件下,建筑周围人行区风速小于 5m/s,且室外风速放大系数小于 2	人行区没有出现风速大于 5m/s 的区域	达标	2 分
风速放大系数		人行区没有出现风速放大系数大于或等于 2 的区域		
建筑迎风面/背风面风压值	除迎风第一排建筑外,建筑迎风面与背风面风压差不超过 5Pa	项目未出现建筑迎风面与背风面表面风压差大于 5Pa 的建筑	达标	1 分

过渡季、夏季工况达标判断表   表 11-16

评价项目	标准要求	项目计算结果	达标判定	得分
无风区	人行区不出现涡旋或无风区	人行区无风区	达标	2 分
涡旋		人行区无涡旋		
外窗室内外表面的风压差	50% 以上可开启外窗室内外表面风压差大于 0.5Pa	可开启外窗室内外表面的风压差满足标准要求	达标	1 分

（3）交通设施和公共服务

场地共 2 个出入口，中学和小学出入口分开设置；共 2 个地下车库出入口，车行流线为进入场地后直接驶入地下车库，尽量做到人车分流，其中人行流线分为硬质景观散步道（图 11-12）。

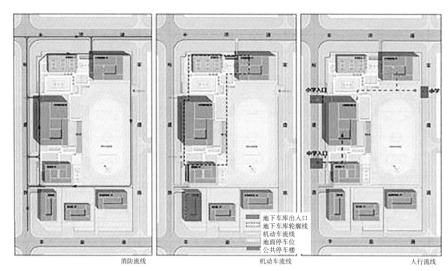

图 11-12 场地交通分析

场地出入口到达"张家窝工业园（天津南站科技商务区）"的步行距离为 405m 和 454m，不大于 500m；场地出入口步行距离 800m 范围内设有一个站点"张家窝工业园（天津南站科技商务区）"，共设有 1 条线路：707 路。

（4）场地设计与场地生态

充分利用场地空间合理设置绿色雨水基础设施。场地中，下凹式绿地占绿地面积的比例为 11.59%；硬质铺装地面中透水铺装面积的比例为 34%。场地的下凹式绿地的下凹深度为 15cm，溢流口顶部高于绿地 10cm，可控制雨量 259.62m^3。场地设有两个雨水调蓄池，收集该项目内路面、屋面雨水。路面雨水和屋面雨水未直接排放到雨水管道，经雨水调蓄池后溢流外排。西北方向设置一座 207.36m^3 的雨水调蓄池（1 号调蓄池），长 21.6m、宽 6m、高 1.6m，收集该项目内路面、屋面雨水。降雨时，起到错峰调蓄、缓解市政雨水管道压力的作用，降雨停止时，雨水缓慢释放，为周围土壤补给水分。东北方向设置一座 204m^3 的雨水调蓄池（2 号调蓄池），长 21.25m、宽 6m、高 1.6m，收集该项目内路面、屋面雨水。经过收集、处理后的雨水用于绿地浇洒、道路冲洗、景观补水。根据雨水调蓄池图纸，1 号调蓄池容积为 207.36m^3，2 号调蓄池容积为 204 立方，雨水调蓄池总容积为 411.36m^3。场地共可以控制的容积为 670.98m^3。

3. 节能与能源利用

1）供暖、通风与空调

建筑供暖、通风与空调系统分区原则如下：

（1）中学宿舍。热水泵房及新风机房为散热器，其余房间采用风机盘管+新风的处理方式。

（2）小学教学楼。门厅设低温地面辐射供暖系统，其余房间采用风机盘管+新风的处理方式。

（3）中学教学楼。主门厅及五层舞蹈教室设低温地面辐射供暖系统，报告厅采用全空气系统，其余房间采用风机盘管+新风的处理方式。

（4）食堂及风雨操场室内。门厅处设低温地面辐射供暖系统，其余房间均采用风机盘管+新风的处理方式。

冬夏季冷热负荷相差较大，为调节室外地埋管吸热和放热平衡问题，增设一台冷却塔作为调峰设备，根据地埋管地温场检测数据调节地源热泵机组的运行。地源热泵机组夏季运行4台，冬季运行3台（各建筑冷热负荷见表11-17）。

各建筑冷热负荷 表11-17

建筑名称	冷负荷（kW）	热负荷（kW）
中学宿舍	639.1	624.4
小学教学楼	2413.0	1943.0
中学教学楼	2284.0	1832.0
食堂及风雨操场室内	570.0	630.0
合计	5906.1	5029.4

2）照明与电气

在满足眩光限制和配光要求下，本工程照明设计选择高效的灯具，并符合现行国家标准《建筑照明设计标准》GB 50034的相关要求，嵌入式格栅灯具效率大于65%，敞开式灯具效率大于75%，透明防护罩类灯具率应大于70%。本工程照明设计结合建筑使用条件及天然采光状况，合理进行分区和分组控制；小房间照明通过面板开关控制，尽量缩减各照明面板开关控制灯数量。以利于管理及节能；同时，在窗边及人不经常去的区域单独设置面板开关，以利于节能；对于大空间、公共走廊、楼梯间、地下停车场等场所，采用智能照明控制系统增加灵活性，以利于节能（照度和照明功率密度统计表见表11-18）。

照度和照明功率密度统计表　　　　表11-18

房间类型		照度（lx）		照明功率密度（W/m²）	
		设计值	标准要求	设计值	目标值
主要功能房间	宿舍	143.50	150	4.50	4.5
	小学教室	307.65	300	7.99	8.0
	中学教室	307.14	300	8.00	8.0
	中学办公室	303.83	300	7.74	8.0
	食堂就餐区	204.30	200	6.95	8.0
其他房间	宿舍走道	54.22	50	1.78	2.0
	小学智能化机房	296.73	300	7.56	8.0
	中学新风机房	103.26	100	2.95	3.5
	食堂热水机房	108.67	100	3.11	3.5

4. 节水与水资源利用

1）节水系统

本项目采取了有效措施避免管网漏损：

所有管道下均设200mm厚石屑垫层。室外市政给水管、室外市政中水管、室外高区给水管、室外高区中水管、消防管、喷淋管铺设砂垫层敷设，垫层敷设至相应管道上皮以上100mm。污水管、雨水管道下面设砂石基础，压力给水管道穿越车行道路处设钢筋混凝土套管。室外市政给水干管埋深1.2m、室外市政中水干管埋深1.2m、室外高区中水干管埋深1.2m。本项目按使用用途，对厨房、卫生间、空调冷却水、游泳池和绿化用水分别设置用水计量装置；按管理单元分别设置用水计量装置，统计用水量。

2）节水器具与设备

给水系统的管材、阀门、洁具、附件满足了下列要求：

（1）采用节水器具和设备，卫生器具用水效率等级为一级。

（2）公共卫生间水龙头采用感应式，小便器采用感应式冲洗阀，蹲式大便器采用自闭式冲洗阀，坐便器冲洗水箱容积不大于4.5L，并为两档式。

（3）选用了开启力矩小、灵活方便、省力节能、密封性能可靠、无泄漏的阀门。

3）非传统水源利用

室内冲厕100%采用市政中水；室外绿化灌溉、道路浇洒用水100%采用市政中水。

5. 节材与材料资源利用

（1）节材设计

依据结构扭转、凹凸、楼板连续性、刚度变化、构件连续性、抗剪承载力变化各项技术指标对单体规则性进行判定。

（2）材料选用

本项目大量采用预制构件：预制装配式蒸压轻质砂加气混凝土墙板、预制混凝土楼梯。预制构件用量比例为17.22%。

6. 室内环境质量

（1）室内声环境

中学宿舍构件隔声：外墙、分户墙的隔声性能满足现行国家标准《民用建筑隔声设计规范》GB 50118中的低限要求，分户楼板、门和外窗隔声性能满足高标准要求。教学楼构件隔声：外墙、分户墙的隔声性能满足现行国家标准《民用建筑隔声设计规范》GB 50118中的低限要求，阅览室隔墙和楼板的隔声性能满足低限要求。

（2）室内光环境与视野

居住建筑室内照明的照度、一般显色指数和公共建筑室内照明的照度、照度均匀度、统一眩光值、一般显色指数均符合现行国家标准《建筑照明设计标准》GB 50034的相关规定。

（3）室内热湿环境

采用集中供暖空调系统的建筑，房间内的温度、湿度、新风量等设计参数应符合现行国家标准《民用建筑供暖通风与空气调节设计规范》GB 50736的相关规定（表11-19）。

（4）室内空气品质

室内空气品质监测系统对每个教室检测其温度、湿度、二氧化碳、$PM_{2.5}$、可挥发性气体，共142组。污染物浓度超标时报警，保证室内空气清洁，并可与新风系统联动，空气浑浊情况下开启排风模式。

7. 提高与创新

本项目通过控制年径流总量提升性能。根据《天津市海绵城市建设技术导则》第4.2.5条，综合径流系数为0.4。场地的下凹式绿地下凹深度为15cm，溢流口顶部高于绿地10cm，可控制的雨量为259.62m^3。根据雨水调蓄池图纸，1号调蓄池207.36m^3，2号调蓄池204m^3，雨水调蓄池总容积为411.36m^3。场地共可以控制的容积为：259.62m^3+411.36m^3=670.98m^3。

各房间的温度、湿度、新风量设计参数表 表 11-19

建筑	房间名称	夏季空调		冬季空调、供暖		新风量
		干球温度（℃）	相对湿度（%）	干球温度（℃）	相对湿度（%）	
中、小学教学楼	教室	26	≤60	20	≥30	20m³/(h·人)
	办公室	26	≤60	20	≥30	30m³/(h·人)
	会议室	26	≤60	20	≥30	15m³/(h·人)
	门厅、走道	28	≤60	16	≥30	20m³/(h·人)
	报告厅	26	≤60	20	≥30	12m³/(h·人)
	更衣室	26	≤60	20	≥30	—
	卫生间	28	≤60	16	—	—
	水箱间、风机房	—	—	10	—	—
中学宿舍	宿舍	26	≤60	20	—	2.5 次/h
	活动室	26	≤60	20	—	15m³/(h·人)
	管理室	26	≤60	20	—	30m³/(h·人)
	卫生间	28	≤60	18	—	—
	洗衣房	28	≤60	18	—	—
	走廊	28	≤60	18	—	—
	热水泵房	—	—	10	—	—
食堂、风雨操场室内	就餐区	26	≤60	20	≥30	20m³/(h·人)
	办公室	26	≤60	20	≥30	30m³/(h·人)
	门厅、走道	28	≤60	16	≥30	20m³/(h·人)
	更衣室	26	≤60	20	≥30	—
	卫生间	28	≤60	16	—	—
	风机房	—	—	10	—	—

思考题与练习题

1. 我国绿色建筑评价体系和国际绿色建筑评价体系在评价方法上有哪些异同？
2. 如何理解英国 BREEAM UK New Construction v6.1 的 4 个评价类型？
3. 美国 LEED v4.1 评价标准中包含哪几个子评价标准？
4. 我国绿色建筑评价体系包括哪几个部分？它们之间的关系是怎样的？
5. 我国绿色建筑评价标准经历了几次修订？分别有什么变化？

第12章 典型案例分析

　　全球气候变暖加剧对建筑行业提出了新的挑战。建筑行业对全球能源消耗和碳排放负有重要责任，因此建筑节能和可持续建筑设计变得至关重要。本章将引导探索如何运用仿真模拟软件来辅助和优化建筑设计方案，以降低能源消耗、改善室内环境，同时降低建设和运行成本。通过深入了解这些现代工具和技术，可以帮助建筑设计师更好地理解如何运用它们来设计更具创新性和可持续性的建筑。

　　本章以实际典型工程为案例向学生详细演示如何应用仿真模拟软件，从建筑的能源效率到环境适应性，从历史建筑的保护到现代建筑的创新。使学生对建筑设计的方方面面有更全面的认识，从而更好地应对建筑行业未来的挑战，促进可持续建筑的发展。因此，本章由4部分内容组成，分别是新建和改造建筑的节能低碳案例分析、环境健康舒适案例分析、节能低碳和环境健康舒适多目标综合设计案例分析以及历史建筑保护和改造案例分析。

12.1 节能低碳案例分析

12.1.1 中国广州珠江城大厦

1. 建筑概况

珠江城大厦,是位于我国广州珠江新城CBD(中心商务区)核心区域的一座71层的超高层办公楼,高度达309m,占地面积约为1.06万m^3,建筑面积约为21.2万m^3。这座大厦由Skidmore, Owings & Merrill LLP(简称SOM)公司负责设计,于2012年建设完成。

2. 设计理念和目标

珠江城大厦是我国广州一座超高层办公楼,其总体设计理念旨在打造一座高效、节能和低碳建筑。最初,这个项目被称为零能耗建筑,其目标是不依赖外部能源供应。

为了实现高效节能和低碳目标,设计团队采用了一系列创新的可持续设计策略,以充分利用建筑周围的自然资源和被动能源。这些策略包括双层幕墙、冷却顶棚系统、太阳能电池板和风力涡轮机。其中,最引人注目的是建筑中的风力涡轮机,它们位于建筑不同高度,如图12-1所示,分别位于建筑的第24层和第50层,借助建筑形态引导风进入机械层的开口,从而触发涡轮机以产生能源。此外,建筑采用双层玻璃幕墙,以减少能源消耗,并通过自然采光和智能控制系统提高能效。

图12-1 珠江城大厦及装载的风力涡轮机位置[1]

(图片来源:LI Q S, SHU Z R, CHEN F B. Performance Assessment of Tall Building–Integrated Wind Turbines for Power Generation[J]. Applied Energy, 2016, 165: 777-788.)

尽管最终未能完全实现零能耗目标，但珠江城大厦在实际运行过程中成功节省能耗约40%。因此，它曾被誉为"世界最节能的超高层建筑"，并且获得了美国绿色建筑委员会（USGBC）颁发的LEED铂金级认证，代表了国际公认的可持续设计最高水平。这座建筑的成功建设为未来的绿色建筑树立了重要的典范，展示了如何通过创新的技术和策略实现可持续性和高效的能源利用，为未来的绿色建筑提供了重要范例。

3. 节能策略的选择

珠江城大厦采用了一系列创新的节能策略，旨在实现高效节能和环保的目标。这些策略可以分为4个相互依赖的步骤：减少、回收、吸收和发电。

（1）减少（Reduction）：

双层玻璃幕墙：为最大限度降低室内外温差，减少供暖和冷却需求，设计团队选择了双层玻璃幕墙。这种幕墙提供卓越的隔热性能，降低了热能传输，保持了室内温度的稳定性。此外，它还提供了充足的自然采光，减少了对人工照明的依赖。

高效照明系统：采用高效的LED照明和日光感应控制系统，LED照明比传统照明更节能，寿命更长。日光感应控制可根据室内光线水平智能地调整照明强度，降低了照明系统的能耗。

（2）回收（Reclamation）：

热回收：最初计划通过冷却系统和发电机回收废热，以供暖、供热水和发电。这个策略的目标是有效地利用废热资源，提高能源利用效率。然而，由于设计复杂性和成本问题，这个策略最终未能实施。

（3）吸收（Absorption）：

风力涡轮机：建筑中设计了风力涡轮机，充分利用建筑形状和通风口引导风力，触发涡轮机以产生电力。这是一项创新策略，旨在充分利用自然风力资源来生成电能。珠江城大厦的设计使低速的广州地区风能够被引导和增强，以生成可用的电力。

（4）发电（Generation）：

微型涡轮机：最初计划使用微型涡轮机在建筑内部发电，以实现零能源消耗的目标。这种技术利用自然气流来产生电能，是一种可再生能源发电方式。然而，由于初始启动成本和其他限制，这一策略未被采用。

这些策略相互协作，旨在最大限度地减少能源消耗。虽然最终未能完全实现零能源目标，但珠江城大厦成功地减少了约40%的能源。这个案例凸显了在高效节能和可持续性目标方面，选择和优化多种节能策略的重要性。

4. 模拟与分析

双层玻璃幕墙在珠江城大厦的设计过程中，作为一项重要的节能构件扮演着关键的角色。这一策略旨在提高建筑的隔热性能、采光效果以及整体能效，从而减少对外部能源的依赖。然而，实施双层玻璃幕墙需要仔细的设计和性能评估，以确保其能够在不同气候条件下达到预期的效果。在这一过程中，仿真模拟发挥了关键作用，以帮助设计师们做出明智的决策。下文将深入探讨双层玻璃幕墙的使用，以及仿真模拟在其中的重要作用，以深刻理解这一节能策略是如何应用到实际项目中的。

设计团队考虑在珠江城大厦中集成双层玻璃幕墙作为节能策略时，进行了一系列的模拟分析，以确保幕墙的设计和性能能够满足建筑的节能需求，分别为：

（1）热性能模拟分析：设计团队的目标是确保双层玻璃幕墙在不同气候条件下具有良好的隔热性能，以减少暖通空调系统的能源消耗。首先，团队收集了广州地区的气象数据，包括温度、湿度和太阳辐射。然后在 EnergyPlus 模拟软件中建立了建筑的三维模型，并在不同季节和时间段进行了模拟。[2] 通过模拟分析，设计团队得以确定最佳的隔热材料以及窗户设计方案，以在夏季提供隔热效果，以及冬季保持温暖，以减少建筑对空调等系统的依赖，降低了能源消耗。

（2）采光性能模拟分析：双层玻璃幕墙的采光性能对于室内环境和照明系统的效率至关重要。设计团队的目标是最大限度地利用自然光线，减少照明系统的使用。在这个分析中，设计团队考虑了太阳位置、建筑朝向和室内布局。他们使用 Daylight 模拟软件，模拟了不同时间段光线进入建筑的情况。通过模拟，设计团队能够确定最佳的窗户控制策略，以确保充足的自然采光，从而减少照明系统的使用，并降低能源消耗。

这些模拟分析不仅帮助设计团队优化了双层玻璃幕墙的性能，还确保了建筑在不同气候和风条件下的高效能源利用，减少了能源浪费，是珠江城大厦成为节能绿色建筑的关键因素之一。

5. 经验总结

在珠江城大厦的设计和建设过程中，设计团队在实现总体设计目标时面临着许多关键问题，解决这些问题让设计人员积累了许多宝贵的经验。首先，多层次的节能策略是实现高效能源利用的关键。通过采用多种策略，例如双层玻璃幕墙、冷却天花板、太阳能电池板和风力涡轮机等，可以显著减少能源消耗，从而实现建筑的可持续性发展。其次，风力涡轮机的创新应用为高层建筑提供了新的可持续能源来源。通过精心设计建筑的形态和风道，设计团队成功地将风力涡轮机集成到建筑中，实现了自然风能的捕获和利用。第三,模拟分析在建筑设计中扮演了关键角色。通过模拟,建筑设计师能够提前预测建筑在不同条件下的性能,从而进行优化设计,确保建筑在实际运行中达到预期的效果。第四,跨学科合作是成功的关键。建筑设计师、结构工程师和机械工程师之间的紧密协作有助于解决复杂的设计和工程问题,确保各个系统协调一致。这些经验教训不仅在珠江城大厦项目中得以体现,也为未来的可持续建筑项目提供了宝贵的实践指导和启示。它们强调了可持续性、创新和协作在建筑设计和建设中的重要性,为后续迈向更绿色、更高效的未来建筑铺平了道路。

12.1.2 深圳国际低碳城会展中心改造项目

1. 建筑概况

深圳国际低碳城会展中心改造项目位于深圳市龙岗区,毗邻丁山河生态河岸。项目由4栋多层建筑以及连廊组成,如图12-2所示,建筑包括低碳城展厅(A馆)、低碳国际会议馆(B馆)、低碳建筑技术交易馆(C馆)以及由集装箱模块搭建而成的一组服务性建筑群落——低碳市集(D馆)。该项目的总占地面积为8.6万 m^2,总建筑面积2.93万 m^2。该项目由同济原作设计工作室负责设计改造,于2021年12月完工。

图12-2 深圳国际低碳城会展中心

2. 设计理念和目标

2021年,为推动更多国家级低碳产业、新能源研究机构在低碳城落户,经过对国际低碳城项目现场踏勘和项目方案分析,确定了通过改造实现近零能耗建筑的目标。

近零能耗建筑的评价目标是建筑整体性能化的指标,需要根据项目所在地区气候特征进行建筑方案和能源系统的设计改造。改造内容包括拆除幕墙系统，对屋面和外墙进行隔热处理，优化围护结构关键性能参数，控制建筑自身供冷需求，结合不同的机电系统方案、可再生能源应用方案和设计运行与控制策略等方面，以确认关键设备改造的性能参数要求。最终，制定满足能耗和碳排放目标的设计改造方案，图12-3是项目应用的低碳技术应用示意。

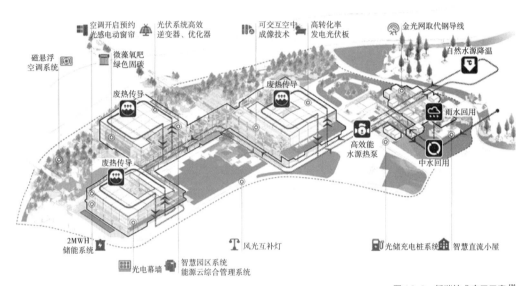

图12-3 低碳技术应用示意[3]
(图片来源：同济大学建筑设计研究院（集团）有限公司原作设计工作室. 深圳国际低碳城会展中心改造[J]. 当代建筑, 2023（7）: 74-83.)

3. 节能策略的选择

为了实现深圳低碳城会展中心的近零能耗改造，团队采用了多项技术手段，主要从减少供冷供暖需求、提高机电系统能效和应用可再生能源三个方面来达成节能目标。

（1）减少制冷供暖需求

该项目通过被动式手段改善了场地的微气候，降低热岛强度，并且利用自然通风和采光设计，减少对人工通风和照明的需求。此外，高性能的围护结构和可调节的遮阳设计也能有效减少内部热量损失和阻止外部热量侵入。

（2）提高机电系统能效

设计采用了高效新风热回收和空气过滤系统，利用排风中回收的能量预热或预冷新风，同时去除空气中的污染物。此外，建筑中还采用了智慧风扇系统、智能照明系统、高效机房系统，以及能源管理系统来实现节能减排，从而提高整体能效。

（3）应用可再生能源

采用了太阳能光伏发电系统、光储充电桩系统和风光互补照明系统等绿色可持续系统为本项目中各建筑提供可再生能源，从而降低建筑对传统化石能源的依赖。为最大限度减少化石能源的使用，项目采用启发式算法，将含有储热、储电、蓄冷、光伏和光热的多元储能耦合至能源系统，对储能设备的配置及运行策略进行协同优化。经测算后发现，通过建筑本体可再生能源应用，建筑本体年总发电量达 127.9 万 kWh，能够在满足 A 馆、B 馆的全年运营用电基础上，同时为 C 馆提供高比例的可再生能源供电。

4. 模拟与分析

本项目在设计过程中，仿真模拟软件 ANSYS Fluent 在方案的优化过程中起到了关键作用。设计团队在充分了解当地的气象条件、自然资源的前提下，通过合理布置绿化和采用浅色外饰面以及垂直绿化等措施实现以气候特征为引导的被动式设计。并利用 ANSYS Fluent 软件进行建筑室外夏季风环境模拟，以检验和优化所提出的设计方案在降低场地热岛强度和改善下垫面温度方面的效果。

建筑在设计过程中，考虑了多种遮阳形式。采取有效的遮阳措施，降低外窗太阳辐射形成的建筑空调负荷是实现夏热冬暖地区夏季建筑节能的有效方法之一。因此，本项目采用多种形式的遮阳系统，包括生态连廊遮阳、项目立面绿化遮阳等，最大限度减少太阳得热。

一方面，生态连廊的设计解决了 3 个场馆间交通的问题。另一方面，连廊位于三个单体建筑西侧，有效减少了太阳西晒产生的影响，为建筑遮阳提供条件。因此，在改造方案中保留了原有生态连廊的主体结构，仅对立面和楼面铺装进行了更新改造。同时，为解决项目西晒问题，结合立面效果，对原有绿植墙面进行了更新以及部分的拆除。在项目东、西向立面增设了灰绿色穿孔铝板，穿孔率为 30%。为了更大面积接收光照，A 馆西侧立面采用双玻单晶硅组件光伏百叶，如图 12-4 所示，有效降低太阳辐射。

5. 经验总结

深圳国际低碳城改造项目是我国在绿色建筑和可持续发展方面的重要尝试。以"近零能耗建筑、零碳园区"作为设计目标，同时通过集成主被动式设计和可再生能源技术的应用实现所制定的目标。项目落成后，A、B 两馆每年可再生能源产量大于年终端能源消耗量，C 馆可再生能源利用率达 69%，

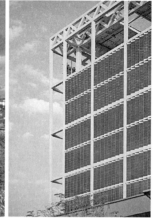

图 12-4　建筑外立面遮阳和双玻单晶硅组件光伏百叶[3]
（图片来源：同济大学建筑设计研究院（集团）有限公司原作设计工作室. 深圳国际低碳城会展中心改造 [J]. 当代建筑, 2023（7）: 74-83.）

园区减碳比例达 95.3%，同时设计和建设过程中融合了 120 项绿色和低碳技术应用，融绿色展示与体验于一身，使这座建筑成为一座真正的"低碳之城"。获取了中国建筑节能协会颁发的零能耗建筑（A 馆和 B 馆）与近零能耗建筑（C 馆）设计认证，为项目节能减排运行管理提供了有力支持，为夏热冬暖地区同类型既有公共建筑的近零能耗改造提供了有效参考。

12.2 环境健康舒适案例分析

12.2.1　上海中心大厦

1. 建筑概况

上海中心大厦，如图 12-5 所示，是位于上海市浦东新区陆家嘴金融贸易区一座超高层摩天大楼，建成于 2016 年，建筑总面积约为 57.6 万 m²，建筑高度 632m，共有 128 层。该建筑由美国 Gensler 建筑设计事务所设计，上海建工集团施工。目前是中国第一高楼，也是全球第三高楼，仅次于迪拜塔和默迪卡 118 大楼。

2. 设计理念和目标

上海中心大厦的建筑形式独特，圆角三角形外立面层层收分，连续 120° 缓缓螺旋上升，形成了独特优美的"龙型"流线玻璃形体。它的设计灵感来源于中国传统文化和现代技术的结合，旨在打造一个独一无二的地标性建筑。为了实现这个目标，设计师采用了先进的建筑设计技术和方法，包括三维建模、风洞试验和结构分析等，以确保建筑的稳定性和安全性。

上海中心大厦的设计充分考虑了建筑的可持续性。它采用了多项先进的绿色建筑技术，包括双层幕墙、风力发电、水资源管理等，（图12-6）。这些技术旨在降低建筑的能耗和碳排放，减少对环境的负面影响。此外，上海中心大厦还配备了先进的空气净化和循环系统，以确保室内空气品质达到最佳水平。在光污染控制方面，上海中心大厦采用了先进的照明技术和设备，包括LED灯具和节能智能照明控制系统等，以节约能源和减小光污染对周围环境和居民的影响。

图12-5　上海中心大厦[4]
（图片来源：顾建平. 上海中心大厦综述[J]. 建筑实践，2018，1（11）：26-35.

图12-6　双层幕墙和风力发电机组[4]
（图片来源：顾建平. 上海中心大厦综述[J]. 建筑实践，2018，1（11）：26-35.

上海中心大厦从立项开始就把"绿色环保"的理念贯彻始终，也因此荣获了美国LEED铂金级和中国绿色三星认证，成为全球唯一一栋400m以上获得中美绿色双认证的超高层建筑，为国际建筑业树立了一个"绿色标杆"。[4]

3. 节能策略的选择

上海中心大厦采用多种绿色建筑技术，旨在实现高效节能以及为人们提供健康环保的舒适空间。

（1）BIM技术

上海中心大厦运用BIM技术指导全过程设计，包括设计方案、施工建造、工作量计算及后期更新维护等。该技术用于建筑全生命周期，使用计算机将全过程建设信息进行组合，以实现不同部门工作人员的信息交流与共享，并最终形成直观、精细空间模型，同时模型的建立可以帮助设计团队及时地发现和处理建造过程中出现的问题。

（2）智能电气化系统

基于不同时间段、光照强度及温度，上海中心大厦内智能照明与智能空调通风系统可根据人员数量自动调节冷热电三联供系统，通过运行发电设备向大厦供电，排出的余热通过回收设备回收使用，若电路出现故障，发电设备可作为备用电源供建筑使用。上海中心大厦采用电梯电能回馈装置和智能控制系统，前者可将电梯运行时产生的重力势能转化为电能供大厦使用，后者可根据自动监测的人数控制电梯运行数量，通过配备变速系统控制高峰期和非高峰期两个时间段的运行速度，提高电梯使用效率和服务质量。上海中心大厦通过 CO_2 监测系统来监测特定空间中的人数，并以此为依据调控新风系统的排风量，实现精准控制和提高能耗使用效率。另外，还设置建筑能耗监控系统，既可在能耗超标时发出预警提醒，又可实时监测设备运行情况。

（3）建筑外围护结构

建筑外立面采用双层玻璃幕墙。传统玻璃幕墙耗能较大，建筑师综合考虑各方面因素，决定采用玻璃自遮阳与水平固定外遮阳方式。双层玻璃幕墙选取25%彩釉玻璃作为外幕墙玻璃材料，低辐射中空玻璃作为内幕墙玻璃材料，内外玻璃中间形成温度缓冲区，从而减少室内外热量的交换，以起到保温与隔热作用。此外，上海中心大厦幕墙上设有外挑10cm的可调节水平遮阳板，起到提高建筑遮阳能力的效果。

（4）建筑风环境

作为超高层建筑，上海中心大厦与周围2幢超高层建筑形成超高层建筑群，对区域的风环境会产生较大影响。上海中心大厦外部结构框架与传统超高层建筑不同，其外立面高度每提升1层，即不规则扭曲1°，形成不规则螺旋形态，一定程度上可延缓风流，使风荷载降低24%以减少大厦负荷。[5] 此外，建筑内部中庭与双层幕墙中间的空中花园设计改善了内部风环境。

4. 模拟与分析

光污染问题是整个外墙概念设计和玻璃选择中面临的最大挑战。在中国的城市地区，光污染被认为是玻璃高反射率对周围住宅、市政或公共建筑或机构带来的有害影响。标准要求建筑上的玻璃比例不能超过70%，玻璃的反射率不能超过5%。上海中心大厦外幕墙A的玻璃比例过高，约为87%（包括隔墙面积），内幕墙B的玻璃比例约为60%，如图12-7所示。针对该建筑的高玻璃率要求；Gensler团队需要准备一份由第三方咨询机构出具的光污染研究报告。

选择两种方案进行测试，即"交错式"和"平滑式"，如图12-8所示，

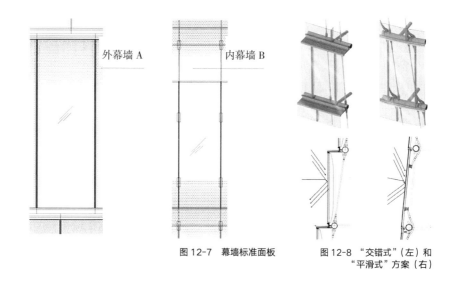

图 12-7　幕墙标准面板　　图 12-8　"交错式"(左)和"平滑式"方案(右)

并在周围 3km 范围内进行了测试。设计团队通过 Ecotect 模型的建模和测试结果,确定选择将"交错式"方案应用于大厦中。设计团队通过系统的模拟和多方案的比对,证实了垂直于地面的玻璃反射的角度不如指向太阳的玻璃的反射角度。因此,在最终的设计方案中,上海中心大厦玻璃幕墙最大倾斜角度为 9°,最小可见光反射率为 12%。而 Ecotect 的结果显示"交错式"方案的光污染程度小于"平滑式"方案(图 12-9)。最终借助模拟结果,上海中心大厦成功解决了光污染问题,同时也决定了幕墙使用方案。

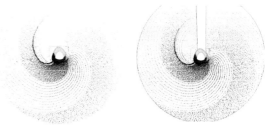

图 12-9　"交错式"(左)和"平滑式"(右)方案光污染比较

5. 经验总结

上海中心大厦的环境影响报告显示,建筑综合节能率大于 60%,室内环境达标率为 100%,非传统水资源利用率大于 40%,可循环材料使用率大于 10%。[5] 上海中心大厦为我国的绿色超高层建筑的发展树立了榜样。在这一领域,上海中心大厦为同类型建筑树立了很多标杆。它不仅在功能规划上做了合理实践,且还致力于尽可能通过合理的设计和规划以实现资源的节约。

同时，该建筑与城市轨道交通连通，为城市居民提供了便利交通条件。在空间设计上，它营造了舒适宜人的环境，为人们的日常生活增添了乐趣。上海中心大厦的设计理念以人为本，注重环境保护，展现了未来超高层建筑的巨大潜力。

12.2.2 零舍

1. 建筑概况

零舍是按照现行国家标准《近零能耗建筑技术标准》GB/T 51350 建成并获得评价标识的中国第一座近零能耗建筑，位于北京大兴区半壁店村。这是一座单层乡居改造项目，如图 12-10 所示，由天津大学任军工作室设计，竣工于 2019 年，建筑面积为 402.34m²。建筑改造采用了性能化设计方法，荣获 2020 年 WAN 世界建筑新闻网大奖中可持续建筑类别的银奖，同时也是北京市科学技术委员会"绿色智慧乡村技术集成与示范"课题示范项目。

2. 设计理念和目标

该项目的主要目标是探索装配式近零能耗农宅改造的技术可能性和建造的可实现性。该改造项目以提高乡村建筑的健康舒适度为核心，同时力求在节能和环境之间找到最佳平衡点。零舍从乡村可持续发展的未来出发，探讨了低成本近零能耗、多模式装配式体系的乡村建筑技术与模式，最终建筑综合节能率达到 80% 以上（图 12-11）。

图 12-10 零舍

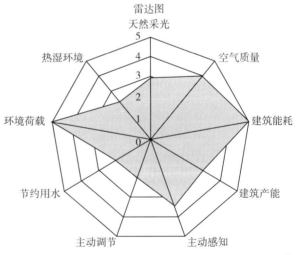

图 12-11 零舍主动式建筑评价雷达图[6]
（图片来源：任军. 从零舍到零环——面向低碳目标的主动式建筑实践[J]. 建筑学报，2023（6）：44-49.）

3. 节能策略的选择

零舍设计之初就根据近零能耗建筑定位确定了低碳核心策略。零舍运用呼应气候的超低能耗技术实现最小能源需求，结合新型太阳能利用方式实现能源替代，以及用装配式模块快速建造重建部分以减少建材及施工排放。针对能耗最小化的目标，设计团队在建筑设计过程中借助仿真模拟软件，通过调整输入参数和快速输出能耗结果来优化被动式技术参数的组合。经过多轮的性能优化，零舍达到了最小化能源需求的目标。与此同时，该项目还注重环境、舒适和主动性的综合考虑，融入了地方材料和乡村文脉。

（1）能源

零舍的能源系统通过主被动节能技术集成实现能源平衡。通过被动式节能和再生能源利用，项目运营中实现了近零能耗建筑设计目标——建筑每平方米年均耗电量为29.3kWh/（$m^2 \cdot a$），光伏年发电7050kWh，折合17.6kWh/m^2。相比我国北方农村农宅124kWh/（$m^2 \cdot a$）的平均能耗，零舍节约了76.4%的能耗，并实现了60.2%的可再生能源利用率。

（2）循环

零舍呼应北方乡村的环境风貌，将砖、木和灰瓦（光伏瓦）融入北京乡土文脉。在融入环境的同时也做到了资源的循环。零舍改建的部分保留了原有的砖木结构，新建部分采用低碳的轻木结构和工厂预制的轻钢模块装配式结构，废旧木窗、旧砖瓦等废弃材料也成为景墙、铺装的一部分。

（3）舒适性

零舍的前身作为传统农宅，其在冬、夏季的热舒适性都比较欠缺。因此，在改造过程中，设计团队采用了性价比高的铝包塑钢材质的被动窗，以及高性能的围护结构，从而大幅度改善了冬季室内温湿度。传统农宅单侧开窗易导致室内采光较差的情况，因此设计团队在坡屋面的木屋架上设置了恰当的天窗，以大幅提升室内照度和采光均匀度。

（4）主动性

在主动感知层面，屋顶平台设置了气象站，室内设置物联网传感器可以收集多种分项能耗数据，包括温湿度、光伏发电量等，所有这些信息都在展示大屏幕上实现监测可视化。在主动调节层面，注重低成本与适宜技术的选择，利用天窗和风塔高侧窗的开关来调节自然通风，并且利用慢速吊扇配合环能一体机实现制冷低能耗及舒适性。

4. 模拟与分析

（1）天然采光

良好的天然采光系统既能有效地利用阳光，又不会因为阳光直射造成多余的亮度和热量，在零舍项目中天然采光系统主要由外窗、屋顶天窗及阳光房 3 种形式组成，经模拟分析，零舍项目室内天然光采光系数平均值为 3.88%。在室内采光设计中，设计团队借用仿真模拟软件 Daylight 对不同位置天窗的室内采光性能进行分析（图 12-12），最终确认了最佳的天窗位置。从而在确保室内热舒适的前提下改善了室内采光情况。

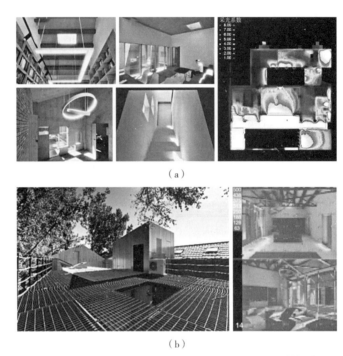

图 12-12　建筑采光分析
（a）整体采光性能模拟分析图；（b）室内采光性能模拟分析图

（2）自然通风

在零舍项目设计阶段，设计师采用计算流体力学（CFD）工具对室内外自然通风效果进行优化模拟设计（图 12-13）。基于模拟的结果，设计团队通过调整外窗的位置及开启方式促进过渡季室内自然通风效果，以及通过合理调整建筑高度及院落大小合理降低冬季西北季风下的冷风渗透，营造舒适的室外行走风环境。同时，本项目合理设置楼梯间以实现楼梯间兼作自然通风塔的功能，以增强过渡季室内自然通风。

5. 经验总结

零舍项目在追求健康、节能、终生低碳等目标下，对建筑进行主动式改造，通过增加室内外气候的监控调节等主动式技术措施，不但使得建筑居住环境的采光、通风、空气品质等健康性的性能指标有了大幅度提高。同时，由于引进了建筑主动监测控制系统并增加了产能设计及相应装置，净能耗由 30kWh/（$m^2 \cdot a$）降低到 17kWh/（$m^2 \cdot a$）。[6]

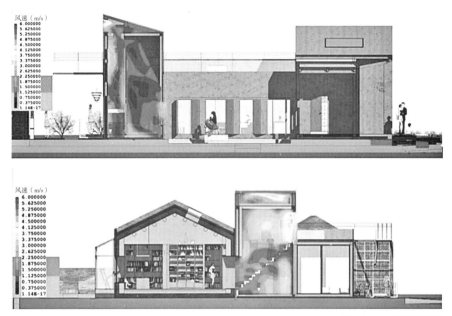

图 12-13 通风性能模拟

本项目对被动式建筑、绿色建筑以及主动式建筑等不同的可持续建筑理论体系，进行大胆的比对、测试和研究，并在不同阶段取得了相对完整、准确的运行数据，对主动式建筑在北方农村居住建筑领域方面的推广，可起到一定的示范和推动作用。

12.3 节能低碳和环境健康舒适多目标综合设计案例分析

12.3.1 布利特中心

1. 建筑概况

布利特中心（The Bullitt Center）（图 12-14）位于美国华盛顿州西雅图市，于 2013 年完工。它是可持续建筑的标志性典范，以创新的设计理念成为全球最环保的商业建筑之一。这座六层建筑占地约 4645m^2，包含多功能办公空间。布利特中心由 The Miller Hull Partnership 事务所设计，采用尖端的可持续技术，包括光伏板、雨水收集系统和废水处理设施，旨在实现对环境的净零影响。因此，

图 12-14 布利特中心

该建筑获得了著名的 LEED 铂金认证，堪称可持续建筑的杰出典范。

2. 设计理念和目标

布利特中心是一个以自然为灵感的生态建筑，设计者希望创造一个能够在特定的环境中具有舒适和高效的特点，同时尽可能地减少对资源需求的"活的建筑"，它能够产生自己所需的能源、水和食物，同时处理自己产生的废物和污水。此外，布利特中心是一个展示当今先进建筑技术的示范项目，它将当今先进的建筑技术以一种创新的方式结合起来，实现了多重的协同效应，起到了推动市场的效应。它旨在加速建筑行业的进步，激励更多的人追求更高的环保标准。

布利特中心不仅关注自身性能，也关注对社会和环境带来的影响。它通过使用太阳能、雨水、堆肥厕所等方式，减少了对公共基础设施的依赖和负担。它也通过使用无毒材料、提供充足的自然光和鼓励使用楼梯等方式，保障了人们的健康，提高了人们的幸福感。

3. 节能策略的选择

（1）系统集成

布利特中心的各种系统之间有着紧密的联系，以实现最高的性能和效率。例如，水循环系统、空气循环系统、地源热泵系统、光伏发电系统相互配合，实现能源、水、材料等方面的自给自足和零排放。

（2）窗户和遮阳

布利特中心的窗户采用了自动化控制系统，可以根据室内外的气象条件来调整通风和采光。窗户是平行开启式，可以最大化有效开口面积。窗户外部还安装了自动化百叶窗，可以遮挡直射阳光，减少夏季的过热和眩光，同时提高散射光的利用率。

（3）自然通风和被动冷却

布利特中心的自然通风系统为居住者提供了洁净的空气，当 CO_2 传感器检测到浓度超标时，窗户会自动打开以引进室外的新鲜空气。此外，窗户还可以在夜间打开，利用冷空气来降低建筑室内的温度，为第二天的被动冷却提供条件。建筑还利用了混凝土板等大质量材料来吸收多余的热量，以保持室内舒适度。

（4）新风与热回收

布利特中心的主要新鲜空气由位于屋顶的专用新风处理机组提供，该机组配备了一个热回收组件，可以从排风中回收 65% 的热能并转移到新风中。送风量由 CO_2 传感器控制，其目的是保持室内 CO_2 水平不超过室外 500ppm。

（5）供暖与制冷

布利特中心的供暖与制冷主要依靠地源热泵系统，该系统可以通过26个约122m深的井来与地下空间进行热交换。该系统可以在冬季提供热水并通过地板辐射供暖，在夏季提供冷水并通过地板辐射制冷。这些供暖与制冷系统都由光伏发电系统提供电力或者从西雅图市电网购买电力。

（6）建筑外壳设计

布利特中心的建筑外壳设计了高效的隔热、防风和防水性能，使用了三层玻璃幕墙系统、雨屏系统、矿物棉和玻璃纤维夹层等材料，达到了平均热阻值为21.4（$m^2 \cdot k$）/W的隔热效果。

（7）建筑控制系统

布利特中心使用了KMC（Kreuter Manufacturing Company）控制系统来实现直接数字控制，该系统可以监测、记录和控制建筑的机械供暖与制冷系统、供水与废水系统、空气供应与排放系统和水泵等。该系统还可以从气象站和室内传感器收集数据，并显示在建筑仪表板上。另外，还有一个门户系统可以将电气、水和能量的数据汇总，用于跟踪建筑的能源性能。

4. 模拟与分析

布利特中心在窗户设计方面采用了高度智能化的通风设计，旨在最大限度地提供新鲜空气、采光以及在不需要通风时提供密封性。

布利特中心注重室内环境质量，在需要通风时，CO_2传感器检测到室内空气需要新鲜空气时，窗户会自动打开，以确保室内的空气品质得以维护。此外，窗户还被设计为一种被动冷却系统，能够在夏季通过夜晚通风来防止建筑在炎热的白天过热。这种设计有助于减少空调系统的使用，从而提高能效。

同时，布利特中心的窗户系统采用了智能控制系统，该系统根据室内和室外的气象条件自动调整窗户的状态。当室外温度适宜并且室内温度偏高时，窗户会自动打开以进行通风。如果室外温度太高或者室内温度下降到设定的温度以下，窗户会关闭。这种自动调整有助于最大限度地利用外部气象条件来实现通风，并确保室内舒适度。

在窗户设计的过程中，进行了各种模拟和分析来确定最佳设计方案。

（1）热分析：为了达到玻璃-地板面积和玻璃-隔热墙面积的最佳比例，使用Ecotect和EnergyPlus软件进行热分析，并使用辐射和物理模型进行采光分析。由此产生的窗户面积略低于现代办公楼的典型面积。使用简单的Ecotect形式研究进行的设计前分析表明，通过增加墙壁和屋顶的隔热水平以及提高窗户的性能，可能具有降低建筑的热负荷的巨大潜力。图12-15是CFD对细分办公楼层的分析模型模拟图，设计团队利用CFD分析了各办公楼层对通风和被动冷却性能的影响，并根据结果确定冷却舒适度和窗户尺寸的关系。结果显示居住者应保持隔断墙上的最小开口，以维持设计的横向通风率，从而保证室内有足够的通风，确保舒适度。

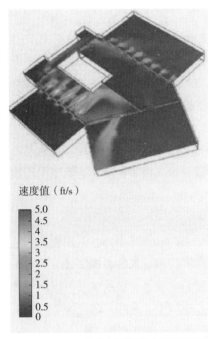

图 12-15 CFD 对细分办公楼层的分析模型模拟图

（2）采光模拟分析：在布利特中心的设计中，要求每个可居住的空间必须有可操作的窗户，以获得新鲜空气和自然光。设计团队采用了 Radiance 进行数字采光分析，目的是满足建筑内部空间的自然光需求。最初的设计方案采用了中庭设计，旨在将更多的楼层靠近自然光源和新鲜空气，并将自然光引入核心区域。最初有两种设计方案："O"形和"U"形。然而，在使用 Radiance 进行数字采光分析时，他们发现中庭设计在第三楼和第四楼（距离屋顶 3 和 4 层）的采光效果相对较差。这是因为中庭的屋顶开口相对较小，无法提供足够的光线，并且中庭的开口还与屋顶的光伏阵列"竞争"光线，同时增加了热量损失。

为了改善这种情况，设计团队进行了多次的模拟和分析。首先，他们采用了全玻璃幕墙和约 3.5m 的层高进行了采光分析。然而，结果显示，近 77% 的楼层面积无法满足 2% 的日照因子要求。为了提高采光效果，设计团队决定提高顶棚的高度，将其提高到 4.22m。采用相同的交替窗户和不透明墙配置进行模拟，结果显示，低于目标日照因子的区域减少到 38%，而大部分区域位于每层的服务核心内部。

最终，根据这些模拟结果，建筑高度增加了约 3m，使得建筑内部拥有足够的日光照射区域，增加了这座商业办公楼的舒适性和能源效率。

5. 经验总结

布利特中心是一座具有创新性和典型可持续性的绿色建筑。其设计突出了综合性能优化和多方合作的重要性。通过综合运用各种技术和策略，该建筑成功实现了"几乎零能耗"的目标。实时监测和教育推广也被证明是持续改进的关键。这个案例为学生和建筑从业者提供了宝贵的实践经验，强调了在未来绿色建筑项目中应该采取的方法和策略。在设计和建造中，综合性能优化、实时监测、教育推广和多方合作将是关键要素，帮助人们实现更可持续的建筑未来。

12.3.2 中新天津生态城公屋展示中心

1. 建筑概况

中新天津生态城公屋展示中心是天津市首座零碳建筑，位于天津市中新

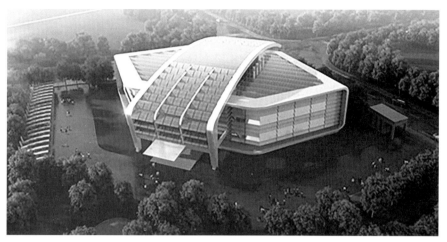

图 12-16　中新天津生态城公屋展示中心 [7]
（图片来源：伍小亭. 超低能耗绿色建筑设计方法思考与案例分析——以中新天津生态城公屋展示中心为例 [J]. 建设科技，2014（22）：58-65.）

天津生态城 15 号地公屋项目内，如图 12-16 所示，总用地面积为 8090m^2，总建筑面积为 3467m^2，其中地上两层，地下一层，结构体系为钢框架结构，建筑总高度为 15m。建筑功能一部分为公屋展示、销售；另一部分为房管局办公和档案储存。该项目目前已获得我国绿色建筑设计三星级设计标识，设计达到美国 LEED 铂金奖、新加坡 GREENMARK 铂金奖、生态城绿色建筑铂金奖的要求 [7]。

2. 设计理念和目标

该建筑旨在实现能源的自给自足性，确保建筑所生产的能源能够满足其运行所需的所有能源，实现净零能耗。为了实现这一目标，采用了计算机模拟分析和多重技术手段不断优化设计方案，包括被动和主动式技术措施，以及可再生能源的利用，将建筑打造成低能耗、环保可持续的绿色建筑，并为社会提供更加可持续的建筑空间。[7]

3. 节能策略的选择

如图 12-17 所示，该方案所采用主要技术措施包括：通过被动技术式措施降低建筑的能量需求；通过主动式技术措施提高建筑用能系统效率，降低建筑能耗；利用可再生能源降低建筑的化石能源消耗，如地源热泵；利用光伏发电实现年运行周期的"零能耗"。

（1）被动式设计

气候分析及建筑布局设计：项目位于大陆性季风气候地区，根据气候特点，采取了建筑保温和遮阳措施，选择了合适的建筑朝向，优化了建筑布

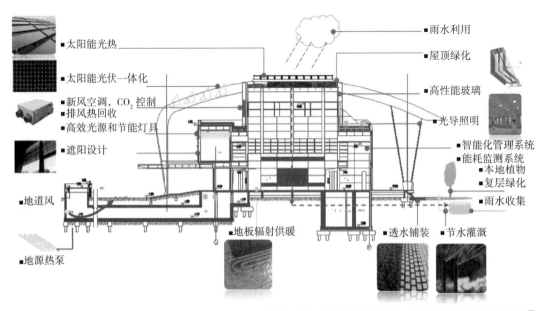

图 12-17　中新生态城公屋展示中心超低能耗绿色建筑技术体系[7]
（图片来源：伍小亭. 超低能耗绿色建筑设计方法思考与案例分析——以中新天津生态城公屋展示中心为例[J]. 建设科技，2014（22）：58-65.）

局，提高了自然采光和通风效果。

太阳辐射分析和建筑位置选择：通过太阳辐射分析确定建筑位于东北区域，以充分利用太阳能，增强自然采光和提高光伏发电量。

场地风环境分析和建筑形状设计：通过场地风环境分析，确定建筑呈梭形，利用自然通风，同时避开冬季高风速区，确保自然通风效果。

太阳辐射照度分析、窗墙比及自然采光设计：通过日照模拟和优化，确定了窗墙比为 0.26，结合外窗阳台和屋顶浅色发光板，强化了自然采光效果，降低了能耗。

（2）主动式技术

空调系统设计：采用了高温地源热泵耦合太阳能光热系统、溶液调湿系统和变制冷剂流量的空调系统，实现了夏季制冷和冬季供暖，通过地源热泵、太阳能和变制冷剂流量的系统组合，优化了系统能效，降低了能耗。

供暖系统优化：采用了地板辐射供暖及低温散热器系统，提高了供暖系统的利用效率，降低了供暖电耗。

（3）可再生能源利用技术

光伏发电系统：在建筑屋顶和南向设置了光伏板支架，光伏发电总装机容量峰值功率约为 292.95kW_p，全年发电量约为 295MWh，满足了建筑的用电需求。[7]

4. 模拟与分析

1）采光设计

采光不仅关系到建筑的照明能耗，同时关系到建筑内人员的身体健康。最初建筑中央大厅未设置有侧面高天窗、屋顶没有导光筒，采用 Ecotect Analysis 软件进行首层和二层的采光模拟分析发现，首层 47% 的空间采光系数大于 2%，二层 63% 的空间采光系数大于 2%，自然采光利用欠佳，不满足采光标准要求，[8] 如图 12-18（a）所示。

当采取改善自然采光措施，在首层挑空的大堂设置侧面高天窗并在屋顶设置导光筒后，室内自然采光效果改善非常明显。其中首层 82.22% 的空间采光系数大于 2%，二层 84.22% 的空间采光系数大于 2%，满足相关标准要求，[8] 如图 12-18（b）所示。

首层采光模拟图　　二层模拟采光图　　首层采光模拟图　　二层采光模拟图
　　　　（a）　　　　　　　　　　　　　　　　（b）

图 12-18　建筑采光分析模拟图 [8]
（a）初始情况的采光模拟效果图；（b）改造后的采光模拟效果图
（图片来源：孙玲，王东林，董维华. 基于建筑光环境的绿色照明设计方法 [J]. 建筑电气，2018. 37（5）：112-117.）

2）自然通风设计

本项目从以下 3 个方面考虑增强室内自然通风效果：

（1）建筑朝向。中新天津生态城公屋展示中心夏季主导风向为东南方向，过渡季主导风向为西南方向。项目建筑呈梭形，为东西对称，朝向为南北朝向，充分利用夏季和过渡季节的主导风向。

（2）外窗设置。经核算在夏季和过渡季节主导风向下外窗和幕墙的可开启面积比例达到 66% 以上，以通过开窗实现自然通风。此外，在过渡季节可利用室外的采风口、室内地下层的自然通风来满足室内的需求。

（3）合理利用建筑中庭、天窗等，增强热压通风效果。过道及屋顶电动天窗，可以将室外自然风引入室内共享大厅，在室外温度为 18℃时，基本保证室内较舒适环境，达到强化自然通风的效果。[9]

通过 CFD 软件对本项目室内自然通风效果进行模拟，得到各房间的换气次数如表 12-1 所示。可以看出，在夏季，本项目建筑首层及次空间整体换气次数在 6 次 /h 以上，大于现行国家标准《绿色建筑评价标准》GB/T 50378 规定的 2 次 /h，自然通风效果良好，有利于保证室内良好的空气品质，实现空调系统节能。[9]

自然通风模拟效果[9]　　　　　　　　　表 12-1

房间名称	地板面积（m²）	房间高度（m）	通风量（m³/s）	换气次数（次/h）
首层	1477.7	4	11.264	6.86
二层	1082.6	4	12.72	10.57

5. 经验总结

超低能耗建筑的发展，需要从设计方法、性能控制等方面落实，它应是由多项建筑节能技术的优化组合而成的适应当地气候条件及经济发展的节能技术体系。本案例以生态城公屋展示中心为案例，详细探讨了所提出的设计方法的实际应用。通过采用多项建筑节能技术，并充分落实可再生能源的利用方案，该展示中心在建设后还将进行深度的实施和运行调试。在我国的建筑节能领域，在积极降低单位建筑面积的能源需求同时，也要更加注重可再生能源在建筑中的应用。这不仅可以显著减轻建筑在使用过程中对环境的负担，同时也为社会的可持续发展贡献了积极力量。[7]

12.4 历史建筑保护和改造案例分析

1. 建筑概况

文远楼坐落于同济大学东北角，建成于 1953 年，总建筑面积为 5050m²，是典型的三层不对称错层式的钢筋混凝土框架结构建筑（图 12-19）。整座建筑布局自由、功能流线合理、立面简洁平整，是受中国现代主义风格深刻影响的优秀本土现代建筑，是"现代主义建筑在中国的经典之作"，也是我国最早的包豪斯风格的代表建筑。1993 年获得"中国建筑学会优秀建筑创作奖"，1999 年入选了"新中国 50 年上海经典建筑"，建成至今也一直作为教学楼使用。

图 12-19　文远楼实景图

2. 设计理念和目标

文远楼建成年代尚早,受限于建造年代技术以及建筑标准,文远楼未做室内空调系统设计,其单层黏土砖填充外墙和较大面积的单层玻璃钢窗使得建筑保温性能极差。同时数次装修导致外墙凌乱不堪,严重影响建筑的外观,这些都是历史保护建筑改造亟待解决的问题。文远楼的生态节能更新开创了基于保护建筑的改造与生态节能技术相结合的先河,也为大规模的新建建筑提供了技术支撑,取得更广泛的使用价值。

3. 节能策略的选择

文远楼的建筑风格及保护价值决定了在修缮改造过程中不能破坏其外立面的建筑风格,并且作为教学建筑,其内部的教室、展览室及会议室都必须保证有充足光照,以上两点就决定了缩小横向大玻璃面积是不可行的,这样就只能通过外围护结构保温措施来实现节能的目的。[10]

(1)节能窗及 Low-E 玻璃

加强窗户的热工性能是文远楼改造的关键。窗户的节能技术措施主要是选择隔热性能好的窗框材料和玻璃制品,利用空气间隔层增加窗户传热阻并加强窗户气密性。在各类玻璃制品中 Low-E 玻璃在节能门窗中的应用越来越广泛,这是因为 Low-E 玻璃在夏季将强烈的不可见红外线辐射热阻挡在室外,从而减少了夏季室内得热,起到很好的遮阳作用(表 12-2)。

不同窗户的保温性能比较[10]　　　　表 12-2

窗户类型	窗框比	K 值 [W/($m^2 \cdot K$)]
普通钢窗(单玻)	16~25	6.0~6.9
铝合金中空玻璃窗	22~29	3.9~4.5
铝合金断热 Low-E 中空玻璃窗	22~29	2.2~2.6

(2)外墙内保温系统

文远楼在主要教学使用功能区采用聚氨酯硬质泡沫、挤出聚苯乙烯板等具有高热阻和热稳定性的保温材料进行围护结构内保温处理,以最小的材料厚度减少室内外的热交换,并对于热桥部位采取重点构造技术处理,以减弱敏感点的温度衰减,从而达到降低空调负荷、低碳节能的目标。

(3)屋顶花园

为了解决屋顶的传热问题,文远楼的改造采用了屋顶绿化的方式,通过植被对太阳能的吸收、转化作用而降温,能将照射到屋顶的太阳辐射热进行自然式化解,从而降低屋顶表面传热,减少屋顶向室内传热。同时,屋顶绿化的设置有美化环境的功效,且大大降低了建筑对周围环境的热反射和热辐射，有效改善了建筑周边环境。据统计，窗改造、外墙内保温及屋顶绿化这三项措施就可以使文远楼节能达到17.1%。

（4）冷辐射吊顶与多元通风

冷辐射吊顶系统具有节能、舒适、室内空气品质高等特点，是一种符合可持续发展目标的新型绿色空调系统。冷辐射吊顶系统主要是以吊顶为辐射表面，管内以水位供冷媒介，通过辐射方式与室内进行热交换。因此，不需要过低温度的冷水就可达到节能舒适的目的。冷辐射吊顶系统加新风除湿系统与传统的全空气系统相比可以节约能耗达25%左右。

除上述节能策略之外，其他的许多节能技术也功不可没，包括利用地热提供空调供暖的地源热泵技术、太阳能光伏发电技术、雨水收集系统以及LED节能灯具等。

4. 模拟与分析

文远楼周围的环境因素对建筑能耗影响很大，也是整个改造的重要考虑因素，包括改造方式的推敲和能耗标准的确定，而仿真模拟在其中扮演着重要的角色。

（1）通风分析

通过Fluent Air-Pak可以对文远楼的风流场进行分析，准确地模拟通风系统的空气流动、空气品质、传热、污染和舒适度等问题。如图12-20（a）所示，中间部分为走廊，两侧为对称的教室，新风从教室外侧窗户进入室内，再从教室内侧一排高窗中排入走廊，最后由上侧通风口向上排出，室外送风速设定为1.5m/s。通过模拟计算可以看出，室外的新风从两侧窗口进入教室内，再从教室内侧的窗口排出，风速逐渐加大，由于室内上层空气的运动，带动下层空气随之运动，从而达到改善室内空气品质的效果[图12-20（b）]。在走廊上部排气口，下层空气也随之形成了一个低速涡旋，从而起到改善走廊通风的效果，并且不会造成室内人员的不适。在室外温度适宜的春、秋或初夏时节，利用大楼自身的自然通风，可以有效降低室内温度，提高热舒适性，降低空调能耗，从而达到节能降碳目标。

（2）微气候分析

文远楼的屋顶改造相较于传统的设计内容，具有更强的专类化特征，这归因于建筑本身的特殊性，涉及保护建筑规范、建筑结构、植物运维等相关内容。因此在设计方案得到系统的呈现之前，设计团队先后前往几处具有示范性的屋顶绿化空间详尽考察，结合无人机、热力仪、红外线测距仪等完成数字模型搭建，在此基础上使用ENVI-MET（图12-21）、GIS和Rhino等软件对风速、风向等内容进行微小尺度的模拟[12]，并采集能耗、降雨、光照等数据作为坚实依据，为之后决定设计策略奠定基础。

（a）

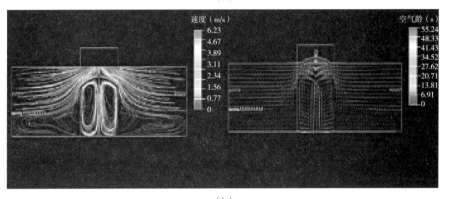

（b）

图 12-20 文远楼通风分析
（a）室内通风走廊图 [10]；（b）通风模拟图 [11]
（图片来源：（a）：钱锋，魏崴，曲翠松．同济大学文远楼改造工程历史保护建筑的生态节能更新 [J]．时代建筑，2008（2）：56-61．（b）：钱锋．文远楼外围护结构节能系统分析 [J]．华中建筑，2010（10）：35-38．）

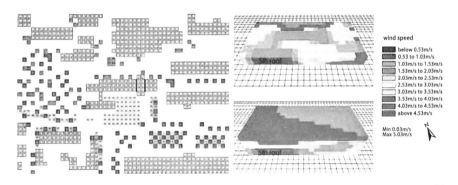

图 12-21 ENVI-MET 小气候分析图 [13]
（图片来源：刘艾，戴旺，董楠楠．本土化与国际视野兼容并发的设计教学——以文远楼屋顶再改造设计课程为例 [J]．城市建筑，2019，16（19）：113-115．）

5. 经验总结

文远楼的生态节能改造案例，体现了历史保护建筑改造中多学科配合的必要性，较好地解决了建筑立面保护和外窗、围护结构节能改造的矛盾，较好地解决了检测鉴定与修缮设计的协调、结构安全和功能提升并举等问题，并对历史建筑"第五立面"改善做出了全新的尝试，节能性能达 65%，远远超过国家提出的关于公共建筑节能达到 50% 的目标，为完善我国关于保护优秀历史建筑的规范及技术应用提供了典型案例。

思考题与练习题

1. 列举3个可能的改进措施,以减少中庭对教学楼热环境的负面影响。

2. 解释如何利用仿真模拟软件的结果来优化选定的教学楼中庭设计,以实现可持续建筑设计的目标。讨论如何平衡热环境改进与节能的目标。

参考文献

［1］ LI Q S, SHU Z R, CHEN F B. Performance Assessment of Tall Building-Integrated Wind Turbines for Power Generation[J]. Applied Energy, 2016, 165: 777-788.

［2］ SEÇLUK S A, ILGIN H. Performative Approaches in Tall Buildings: Pearl River Tower[J]. Eurasian Journal of Civil Engineering and Architecture, 2017, 1(2): 11-20.

［3］ 同济大学建筑设计研究院(集团)有限公司原作设计工作室. 深圳国际低碳城会展中心改造[J]. 当代建筑, 2023(7): 74-83.

［4］ 顾建平. 上海中心大厦综述[J]. 建筑实践, 2018, 1(11): 26-35.

［5］ 邵凡茜. "双碳"目标下绿色建筑技术应用——以上海中心大厦为例[J]. 城市建筑空间, 2022, 29(8): 88-90.

［6］ 任军. 从零舍到零环——面向低碳目标的主动式建筑实践[J]. 建筑学报, 2023(6): 44-49.

［7］ 伍小亭. 超低能耗绿色建筑设计方法思考与案例分析——以中新天津生态城公屋展示中心为例[J]. 建设科技, 2014(22): 58-65.

［8］ 孙玲, 王东林, 董维华. 基于建筑光环境的绿色照明设计方法[J]. 建筑电气, 2018. 37(5): 112-117.

［9］ 郑福居, 杜涛, 魏慧娇, 等. 中新天津生态城——公屋展示中心绿色建筑节能技术探讨[J]. 建设科技, 2012(20): 48-52.

［10］ 钱锋, 魏崴, 曲翠松. 同济大学文远楼改造工程历史保护建筑的生态节能更新[J]. 时代建筑, 2008(2): 56-61.

［11］ 钱锋. 文远楼外围护结构节能系统分析[J]. 华中建筑, 2010(10): 35-38.

［12］ 杨丽. 同济大学文远楼周边风环境研究[J]. 华中建筑, 2010(5): 29-30.

［13］ 刘艾, 戴旺, 董楠楠. 本土化与国际视野兼容并发的设计教学——以文远楼屋顶再改造设计课程为例[J]. 城市建筑, 2019, 16(19): 113-115.